Leslie Marder

Reisen durch die Raum-Zeit

Physik hat viele Facetten: historische, technische, soziale, kulturelle, philosophische und amüsante. Sie können wesentliche und bestimmende Motive für die Beschäftigung mit den Naturwissenschaften sein. Viele Lehrbücher lassen diese „Facetten der Physik" nur erahnen. Daher soll unsere Buchreihe ihnen gewidmet sein.

Prof. Dr. Roman U. Sexl, Herausgeber

Leslie Marder

Reisen durch die Raum-Zeit

Das Zwillingsparadoxon –

Geschichte einer Kontroverse

Friedr. Vieweg & Sohn   Braunschweig/Wiesbaden

CIP-Kurztitelaufnahme der Deutschen Bibliothek

Marder, Leslie:
Reisen durch die Raum-Zeit: d. Zwillingsparadoxon,
Geschichte e. Kontroverse / L. Marder. [Übers.:
Johanna Aichelburg]. — Braunschweig, Wiesbaden:
Vieweg, 1979.
  Einheitssacht.: Time and the space-traveller ⟨dt.⟩
  ISBN 3-528-08421-9

Dieses Buch ist die deutsche Übersetzung von
L. Marder
Time and the Space-Traveller
© George Allen & Unwin Ltd., London, 1971
Übersetzung: Johanna Aichelburg, Wien

1979

Alle Rechte an der deutschen Ausgabe vorbehalten
© Friedr. Vieweg & Sohn Verlagsgesellschaft mbH, Braunschweig 1979

Satz: Friedr. Vieweg & Sohn, Braunschweig
Druck: E. Hunold, Braunschweig
Buchbinder: W. Langelüddecke, Braunschweig
Umschlaggestaltung: P. Morys, Salzhemmendorf
Printed in Germany

ISBN 3-528-08421-9

Vorwort

Das ursprüngliche Ziel dieses Buches war es, einen Überblick über die Literatur zum Uhrenparadoxon in der Relativitätstheorie zu geben. Die Fülle des Materials, das über diese kontroversielle Frage existiert, ist in Büchern und Zeitschriften weit verstreut. Dies führt dazu, daß jedes Mal, wenn die Kontroverse aufflammt, dieselben Argumente vorgebracht werden mit der Überzeugung, daß sie neu sind. Da nun das Phänomen der Zeitdilatation alltäglich (zumindest in den Laboratorien) wurde, schien es wünschenswert, das Material „unter einem Dach" zusammenzufassen, um die Argumente zu ordnen und unter einem einheitlichen Gesichtspunkt zu untersuchen. Das Uhrenparadoxon beschäftigt schon lange sowohl den Laien als auch den Wissenschaftler, so daß es mein Ziel war, das Buch in sich abgeschlossen und die Mathematik so einfach als möglich zu halten.

Mit dem tieferen Eindringen in die zentrale Frage der Relativität der Zeitmessung wurde mir klar, daß es notwendig war, das Paradoxon in einem größeren Rahmen zu untersuchen, sollte es nicht nur als ein logisches Gesellschaftsspiel erscheinen. Oft wird vom Leser verlangt, sich „ein Raumschiff, das von der Erde mit 50 % (oder 90 % oder 99 %) der Lichtgeschwindigkeit startet", vorzustellen. Ein Technologe oder ein Physiker könnte entgegnen, dies sei unrealistisch. Daher habe ich versucht, die Frage nach den Grenzen der Raumfahrt zu behandeln; die Auswirkungen der Zeitdilatation bei Raumfahrten über große Distanzen; die Eigenart von lebenden Uhren; die Bedeutung neuerer Experimente über die Zeitdilatation; die Gültigkeit der speziellen Relativitätstheorie; usw. Obwohl die Darstellung elementar ist, könnte dieses Buch für den ernsthaften Studenten der Relativitätstheorie (wie auch den naturwissenschaftlich interessierten Leser) nützlich sein. Für Spezialisten kann es als eine ziemlich umfassende Literaturquelle dienen. Ein mit Anmerkungen versehenes Literaturverzeichnis befindet sich am Schluß des Buches.

Der eher breite historische Überblick über die Grundlagen der speziellen Relativitätstheorie ist teilweise für den Nicht-Spezialisten gedacht und teilweise, um die Begriffe und die Terminologie für die nachfolgenden Kapitel zu präzisieren.

Ich danke den vielen Autoren, die an einer so interessanten und manchmal auch heiteren Debatte teilgenommen haben. Mein besonderer Dank gilt den Herren Dr. Sebastian von Hörner vom National Radio Astronomy Observatory, Greenbank, West Virginia, Dr. G. J. Withrow vom Imperial College of Science and Technology, London, der American Association for the Advancement of Science, und Thomas

Nelson Ltd. für die Erlaubnis, bestimmtes Material in die Kapitel 3 und 4 aufzunehmen. (Die vollständige Danksagung befindet sich an den relevanten Stellen im Text.)

Von Anfang dieser Studie an war mir klar, welche Seite in der Kontroverse recht hat. Nichtsdestoweniger war mir die Anzahl der verschiedenen, teils scharfsinnigen und interessanten Argumente, die im Laufe der Arbeit zu Tage traten, eine willkommene Überraschung.

L. M.

Vorwort zur deutschen Ausgabe

Seit dem Erscheinen der englischen Ausgabe konnte durch die Verbesserungen im Bau von Atomuhren das Uhrenparadoxon direkt überprüft werden. Im Oktober 1971 unternahmen die Physiker J. C. Hafele und R. Keating,[1] ausgestattet mit Atomuhren, in einer normalen Verkehrsmaschine einen Flug um die Erde. Sie hatten errechnet, daß die Genauigkeit von Atomuhren ausreicht, um den relativistischen Zeiteffekt zu messen, indem man den Gang einer Uhr, die im Flugzeug die Erde umkreist, mit dem einer Uhr auf der Erde vergleicht. Allerdings setzt sich der zu erwartende Effekt aus zwei Komponenten zusammen: aus dem eigentlichen Geschwindigkeitseffekt und dem Gravitationseffekt (wie in Kap. 6 genau beschrieben). Der relativistische Gravitationseffekt besagt, daß Uhren in der Nachbarschaft großer Massen wie z.B. der Erde langsamer gehen als im Weltraum. Bei einer Flughöhe von etwa 10 km und einer Reisegeschwindigkeit von 800 km/h über eine Flugdauer von ca. 50 Stunden sind beide Effekte von der gleichen Größenordnung, nämlich etwa 200 Nanosekunden (10^{-9} s). Das Vorzeichen des Geschwindigkeitseffekts hängt davon ab, ob der Flug in westlicher oder östlicher Richtung um die Erde erfolgt. Eine Uhr auf der Erdoberfläche bewegt sich mit der Erdrotation mit und befindet sich daher nicht im strengen Sinn in einem Inertialsystem. Für einen im Weltraum ruhenden Beobachter bewegt sich eine in westlicher Richtung (gegen die Erdrotation) fliegende Uhr langsamer als die auf der Erde. Daher wird die Erduhr aufgrund des Geschwindigkeitseffektes gegenüber der Flugzeuguhr nachgehen. Bei einem Flug gegen Osten addiert sich die Fluggeschwindigkeit zu der der Erdrotation und der Effekt verläuft umgekehrt. Da nun der Gravitationseffekt stets zu einem Vorgehen der Flugzeuguhr gegenüber der auf der Erde führt, addieren sich Gravitations- und Geschwindigkeitseffekte bei einem Ostflug.

Bei der Auswertung dieses Experiments müssen Flughöhe und Fluggeschwindigkeit genau berücksichtigt werden. Trotz einfacher experimenteller Methoden konnten Hafele und Keating die Vorhersage der Relativitätstheorie bis auf etwa 8 % genau bestätigen.

In der Zwischenzeit hat eine Forschungsgruppe der Universität Maryland[2] (von September 1975 bis Januar 1976) dieses Experiment verfeinert: Mit Flugzeugen wurden Atomuhren auf etwa 10 km Höhe gebracht und ihr Gang mit dem Gang

---

[1] J. C. Hafele und R. Keating, Science 177 (1972) 166
[2] C. Alley et al, University Maryland preprint.

von Atomuhren am Boden verglichen. Die Flugroute wurde dabei von der Bodenstation mittels Radar ständig überwacht und Position und Geschwindigkeit bestimmt. Insbesondere wurde darauf geachtet, daß die Uhren vor Erschütterungen, Magnetfeldern und Temperaturschwankungen möglichst geschützt sind. Der Zeitvergleich der Uhren konnte auch während des Fluges mittels Laser-Impulsen durchgeführt werden. Die Auswertung der Daten ergab eine Bestätigung der Theorie innerhalb einer Fehlergrenze von 1,6 %. Mit den Ergebnissen dieser Experimente werden die Gegner der Relativitätstheorie, die den relativistischen Zeiteffekt negieren, weiter in die Defensive gedrängt.

Das Buch ist nicht nur für den naturwissenschaftlich orientierten Leser sondern auch für den Wissenschaftstheoretiker wertvoll, zeigt es doch am Beispiel des Uhrenparadoxons eine wissenschaftliche Kontroverse, welche W. Büchel[3]) in einer auf „Einstein zurückgehenden Inkongruenz zwischen Physik und Philosophie der Relativitätstheorie" sieht.

P. C. Aichelburg

---

[3]) W. Büchel, Zs. f. allgemeine Wissenschaftstheorie Bd. V, 2, 218 (1974)
Siehe auch: T. S. Kuhn, Die Struktur wissenschaftlicher Revolutionen, Frankfurt 1967.

Inhaltsverzeichnis

1 Einleitung

„Nicht alle Zeiten sind gleich."

Cervantes, Don Quichote

In vielen Gebieten der Forschung ist die Verantwortlichkeit des Wissenschaftlers lebensnotwendig. Ob dieser danach strebt, die Kernspaltung oder -fusion zu kontrollieren, Leben in einem Reagenzglas hervorzubringen, Organe von einem Lebewesen auf ein anderes zu transplantieren oder den Weg zur Raumfahrt zu öffnen: sein Suchen nach Wissen kann eine Gefahr für alle bedeuten. Zumeist sind die Risiken offensichtlich und kalkulierbar. Wenn aber Wissenschaftler in den Grundlagen einer Theorie, die dauernd verwendet wird, nicht übereinstimmen, ist das Ausmaß des Risikos unabschätzbar.

Daher ist es, gelinde gesagt, bemerkenswert, daß eine der kontroversiellsten Fragen der modernen Physik die Grundlagen von Einsteins spezieller Relativitätstheorie betrifft, die lange Zeit als eine der am besten getesteten Theorien innerhalb der gesamten Physik angesehen wurde. Bisher hat die spezielle Relativitätstheorie alle Tests überlebt und wird täglich in tausenden Laboratoriums-Berechnungen auf der ganzen Welt als selbstverständlich vorausgesetzt. Trotzdem werden einige ihrer aufsehenerregendsten Vorhersagen, die das Verfließen der Zeit für weitreisende Astronauten betreffen, noch immer diskutiert. Woher dann das Vertrauen in diese Theorie?

Die Streitfrage, ob die Zeit in gleicher Weise für den Astronauten vergeht, wie für seinen Zwillingsbruder auf der Erde, wird üblicherweise als „Zwillingsparadoxon" oder „Uhrenparadoxon" bezeichnet. Dieses und verwandte Probleme haben mehrere hervorragende Wissenschaftler dazu veranlaßt, Zweifel an der Gültigkeit der speziellen Relativitätstheorie anzumelden. Am eindringlichsten tat dies Herbert Dingle, Professor für Naturphilosophie am Imperial College of Science and Technology von 1937 bis 1946, für Geschichte und Philosophie der Naturwissenschaft am University College, London von 1946 bis 1955, und früherer Präsident der Royal Astronomical Society. In einem Artikel in "Nature" im Oktober 1967 [75] schreibt Dingle:

„Vor fünf Jahren, als Höhepunkt mehrerer ähnlicher Anstrengungen, gab ich einen einfachen Beweis für die Unhaltbarkeit der speziellen Relativitätstheorie ... Nichtsdestoweniger wird die Theorie weiterhin akzeptiert und verwendet, als ob sie nie angezweifelt worden wäre ..."

„Die Wahrheit ist unsterblich, aber Menschenleben sind es nicht, und sie haben ein Recht, beschützt zu werden, selbst um den Preis, einen Irrtum in einer physikalischen Theorie zuzugeben, der nie hätte geschehen dürfen. ... Daher hoffe ich, daß es nicht länger zugelassen werden wird, daß diese Sache, indem man sie ignoriert, ihren natürlichen und womöglich verheerenden Lauf nimmt, sondern daß man bereit ist, ihr offen ins Gesicht zu sehen, mit dem einzigen Ziel, die Wahrheit zu finden, wie immer sie aussieht."

Viele andere Forscher fühlen ein Unbehagen in der Frage der Zeit in der Relativitätstheorie. Dies geht aus hunderten Arbeiten hervor, die über dieses Thema seit der Formulierung der Einsteinschen Theorie im Jahre 1905 veröffentlicht worden sind, obwohl wenige Dingle in der Forderung unterstützen, die Theorie völlig über Bord zu werfen. Die meisten publizierten Arbeiten betreffen in irgendeiner Form die einfache Frage, ob die Uhr des Astronauten und die seines Zwillingsbruders dieselbe verstrichene Zeit für eine Rundreise des Astronauten zu einem entfernten Stern anzeigen. Konventionelle Relativisten glauben, daß die Zeiten ungleich sein werden, und zwar die des Astronauten kürzer, während die meisten anderen behaupten, daß die Uhren der Zwillinge dieselbe Zeit anzeigen werden. Eine dritte und kleinere Gruppe von Theoretikern glaubt, daß die spezielle Relativitätstheorie beide Ausgänge vorhersagt, und es ist diese Gruppe, die meint, daß die Theorie unakzeptabel wegen ihrer inneren Widersprüchlichkeit sei.

In jedem Fall ist verlangsamtes Altern in der Weltraumfahrt unwesentlich, solange die Geschwindigkeit des Reisenden relativ zu seinem Zwillingsbruder auf der Erde klein ist im Vergleich zur Lichtgeschwindigkeit, es sei denn, die Reise ist sehr lang. Bei sehr hoher Reisegeschwindigkeit kann der vorhergesagte Effekt aber sehr bedeutend sein. In der "Times", 19. September 1956, wurde berichtet, daß der damalige Präsident der Italienischen Gesellschaft für Raketentechnik, Prof. G. A. Crocco, beim 7. Internationalen Astronautenkongreß in Rom feststellte: „ ... während Jahrhunderte vergehen, würden für Weltraumfahrer nur Minuten verstreichen, und sie würden ‚fast unsterblich' werden." "The Sunday Times" vom 23. September des gleichen Jahres bezieht sich in einem Bericht über denselben Kongreß auf eine Arbeit „Die Möglichkeit, die Fixsterne zu erreichen" des „deutschen Delegationsleiters" Professor Sänger und zitiert daraus die Bemerkung. „Für eine Raumschiffbesatzung, die es zustande bringt, jahrelang zu fliegen, ohne auch nur einen Tag älter zu werden, vergehen irdische Jahre wie Sekunden."

In seinem Buch „Die vorhersehbare Zukunft" [223] betrachtet Sir George Thomson eine hypothetische Reise mit halber Lichtgeschwindigkeit zu unserem nächsten Stern und zurück. Die Entfernung des nächsten Sterns (Proxima Centauri) beträgt ungefähr viereinviertel Lichtjahre. Die Reise würde siebzehn Erdenjahre dauern, aber für den Weltraumfahrer nur vierzehneinhalb Jahre.

Letztgenannte Zahl berechnet sich aus der relativistischen Formel

$$\frac{\text{Raumfahrer-Zeit}}{\text{Erdzeit}} = \sqrt{(1 - k^2)},$$

wobei k (in diesem Fall $\frac{1}{2}$) die Geschwindigkeit des Weltraumfahrers relativ zur Erde in Bruchteilen der Lichtgeschwindigkeit ist. (Der Zeitabschnitt variabler Geschwindigkeit in der Nähe des Umkehrpunktes wird vernachlässigt.) Wohl bezeichnet Thomson das als „paradox", sagt aber, daß „die wohl korrekteste Annahme die ist, daß die Kontraktion (der Zeit) eintreten würde und der zurückkehrende Astronaut tatsächlich feststellen würde, daß die Zeit auf der Erde schneller vergangen ist als in seinem Raumschiff".

Dingle [55] hat solche Vorschläge, daß Astronaut und Erdenbewohner verschieden schnell altern, heftig zurückgewiesen. In Beantwortung der Feststellung von Crocco meint er: „Es ergibt sich der an sich unglaubliche Umstand, daß hervorragende Physiker — Männer in hohen Positionen an Universitäten und Forschungslaboratorien — die Relativitätstheorie so vollständig mißverstehen, daß sie glauben, diese habe tatsächlich solch phantastische Konsequenzen." Und er warnt: „Eine Situation, in der die materielle Zukunft der Welt in den Händen von Männern ist, die ein Werkzeug handhaben, dessen Natur sie mißverstehen, ist äußerst gefährlich." Wie taucht die Frage des verschieden schnellen Alterns innerhalb der Relativitätstheorie auf? Die Theorie befaßt sich mit Beobachtungen und Messungen, die in „inertialen Bezugssystemen"[1]) durchgeführt werden. Das sind Bezugssysteme, in denen, vor Aufstellen der Relativitätstheorie, die Newtonschen Gesetze der Mechanik als gültig angenommen wurden. Jedes dieser Systeme enthält ein Koordinatennetz, das sich über den ganzen Raum erstreckt. Wir stellen uns der Einfachheit halber vor, daß eine Standarduhr sich in der Nähe jedes Punktes befindet, um den Zeitpunkt lokaler Ereignisse anzuzeigen. Nach Newton ist Zeit „absolut"; es gibt nur eine Zeit für alle Beobachter. Daher könnte das Koordinatennetz wirklicher oder gedachter Bezugsuhren im Universum im Prinzip so synchronisiert werden, daß alle Uhren diese Zeit anzeigen. Das schließt die Möglichkeit eines Uhrenparadoxons in der Newtonschen Theorie aus. Es erübrigt sich zu sagen, daß Newtonsche Beobachter immer darin übereinstimmen, ob zwei bestimmte Ereignisse im Universum gleichzeitig sind oder nicht.

Andererseits gilt in der Relativitätstheorie grundsätzlich die „Relativität der Gleichzeitigkeit": verschiedene inertiale Beobachter stimmen in Fragen der Gleichzeitigkeit nicht immer überein. Das macht es unmöglich, ein universelles

---

1) Die Erfahrung zeigt, daß das Bezugssystem, in dem die Fixsterne ruhen, nahezu inertial ist. Jedes System, das sich mit konstanter Geschwindigkeit in eine feste Richtung (ohne Rotation) relativ zu einem Inertialsystem bewegt, ist selbst inertial. Für unsere Zwecke kann man den Erdmittelpunkt als in einem solchen ruhend ansehen.

Kriterium zur Synchronisation von zueinander bewegten Uhren anzugeben, da
das Synchronisieren zweier Uhren ein Vorgang ist, bei dem sie *gleichzeitig* so
gestellt werden, daß sie dieselbe Zeit anzeigen. Insbesondere beobachtet man,
daß eine gleichförmig bewegte Uhr nicht gleich schnell geht wie die Uhren, die
im Inertialsystem des betreffenden Beobachters ruhen; Sie geht um den Faktor
$\sqrt{(1 - k^2)}$ nach, wobei k die Geschwindigkeit der Uhr in Bruchteilen der Lichtgeschwindigkeit ist. (In seinem bekannten Lehrbuch „Elektromagnetismus und
Relativität" behauptete E. G. Cullwick fälschlicherweise, daß, während sich voneinander entfernende Uhren nachgehen, sich einander nähernde Uhren vorgehen.
[45]) Ungefähr an diesem Punkt beginnen im allgemeinen die Kontroversen. Ist
der Unterschied im Uhrengang „wirklich" oder einfach ein Resultat irgendwelcher
willkürlicher Vorgangsweisen beim Uhrenvergleich? Was geschieht, wenn die „sich
bewegende" Uhr beschleunigt wird? Altert der Weltraumfahrer auf seiner Rundreise tatsächlich physisch weniger als der Zwilling auf der Erde? Und, selbstverständlich, liegt hier ein Paradoxon vor?

Experimente in stetig zunehmender Vielfalt verleihen der Meinung mehr
und mehr Gewicht, daß Altern vom Bewegungszustand abhängt. Fundamentale
Teilchen, *Mesonen*, die als Resultat von Wechselwirkungen in der oberen At-
mosphäre erzeugt werden, sowie im Laboratorium erzeugte Mesonen haben eine
„Lebensdauer", die statistisch bekannt ist. Das Leben des Mesons endet, wenn
es in andere Teilchen „zerfällt". Es stellt sich heraus, daß die Lebensdauer von der
Geschwindigkeit des Mesons relativ zu dem Beobachter, der es mißt, abhängt — in
Übereinstimmung mit der relativistischen Formel. Weitere Bestätigung liefern
neuere Experimente, die auf dem *Mössbauer-Effekt* beruhen (entdeckt von Rudolf
Mössbauer im Jahr 1958, wofür ihm später der Nobelpreis verliehen wurde). Dieser
Effekt erlaubt das Erzeugen und den Vergleich von Gammastrahlen mit äußerst
wohldefinierter Frequenz, die als Zeitmesser höchster Präzision fungieren können.
Dingle hingegen und einige andere fechten die Interpretation der verschiedenen
experimentellen Resultate an.

Man sollte sich klarmachen, daß das Problem zwei getrennte Seiten hat.
Die erste Seite betrifft die Vorhersagen einer Theorie. Hier benötigt man kein
Experiment und keine aufwendigen Apparate. In der Tat waren Diskussionen
über den Zeitbegriff und das Uhrenparadoxon in der Relativitätstheorie bereits
in vollem Gang, lange bevor Experimente möglich waren, die relativistische Effekte messen können. Von diesem Standpunkt aus ist das Uhrenparadoxon dem
Zeno'schen Paradoxon von Achilles und der Schildkröte verwandt.

Andererseits gibt es die experimentellen Befunde. Wenn Experimente mit
den theoretischen Vorhersagen in Konflikt geraten, muß die Theorie fallen. Aber
die Angelegenheit ist selten so einfach, denn die Experimente, die wir durchführen können, sind zumeist nicht jene, die wir gerne durchführen würden. In
unserem Fall: An Raumschiffe ist noch immer schwer heranzukommen. Daher

müssen wir unsere Schlüsse aus Experimenten mit Mesonen und dem Mössbauer-Effekt ziehen. Während die meisten Physiker die experimentellen Daten hinsichtlich verlangsamten Alterns als außerordentlich überzeugend ansehen, beeilen sich andere darauf hinzuweisen, daß nach ihrer Meinung im Prinzip fundamentale Unterschiede bestehen zwischen den durchgeführten Experimenten und den Bedingungen der Raumfahrt. Wir werden später eine detaillierte Übersicht über die experimentellen Daten geben (Kapitel 5).

Die Schwierigkeiten, die dem Vergleichen von Gang und Stand getrennter Uhren innewohnen, wurden von Dingle (mit Recht) betont; einige seiner Opponenten sind hierüber gestolpert. Dingle behauptet in seiner Analyse [56] von Thomsons Diskussion:

> „Um sie (die Uhr des Raumfahrers) mit einer irdischen zu vergleichen, muß man sie zur selben Zeit ablesen. Ansonsten kann man beliebige Resultate erzielen. Der irdische Beobachter, der den für ihn selben Augenblick wählt, findet, daß des Raumfahrers Uhr langsam geht. Der Raumfahrer hingegen sagt, daß der irdische Beobachter die Uhren zu verschiedenen Zeitpunkten verglichen hat; er trifft seine „richtige" Wahl und findet, daß die irdische Uhr langsam geht. Beide haben recht — was unmöglich wäre, wenn der Effekt etwas ist, das mit einer Uhr passiert, anstatt ein Urteil über Gleichzeitigkeit."

Was die Phase des Sich-von-der-Erde-Entfernens betrifft, stimmt dies mit der konventionellen Anschauung überein. Nicht zwingend hingegen ist die Schlußfolgerung, daß, wenn die Beobachter am Ende der Rundreise wieder zusammentreffen und relativ zueinander in Ruhe sind, ihre Beurteilung der Gleichzeitigkeit dieselbe ist „und daher ihre Uhren übereinstimmen". Aber Dingle meinte, daß seine Darstellung lediglich eine „Paraphrase" (freie Wiedergabe) auf Einsteins Originalarbeit [83] vom Jahr 1905 über dieses Thema sei. Trotzdem behauptete er, daß Einsteins Arbeit „einen höchst bedauerlichen Irrtum enthält, indem sie feststellt, daß eine auf einer geschlossenen Bahn bewegte Uhr — nach ihrer Rückkehr zum Ausgangspunkt — hinter einer ortsfesten Uhr nachgehen wird".

In der langwierigen Kontroverse war Dingles hartnäckigster Kontrahent der bekannte Kosmologe William McCrea, Mitglied der Royal Society, Professor für Theoretische Astronomie an der Universität Sussex, der auch ein früherer Präsident der Royal Astronomical Society ist. McCrea zergliederte und prüfte die Aufeinanderfolge von Dingles Argumenten über Jahre hinweg mit einer Geduld, die ihm die Bewunderung von weniger ausdauernden Wissenschaftlern eingebracht hat. Dingles „Paraphrase" auf Einsteins Arbeit sei eher eine Karikatur, und er erklärte: „Ungeachtet dessen, was Dingle schreibt, sind sich Physiker und Mathematiker sicher, was rational aus den Postulaten der Relativitätstheorie folgt."

Dingles Argumente waren fast immer auf der Überzeugung gegründet, daß in der speziellen Relativitätstheorie eine Symmetrie besteht zwischen dem Raumfahrer und dem Erdenzwilling, mit Ausnahme der drei kurzen Zeiträume der Beschleunigung, wenn das Raumschiff abhebt, umkehrt und schließlich auf der Erde zur Ruhe kommt. Außerhalb dieser kurzen Zeiträume ist die Bewegung einfach ein gleichförmiges Sich-Entfernen oder Sich-Nähern der Zwillinge. Wenn der Erdenzwilling den Raumzwilling auf seinem Wegflug als langsamer alternd als sich selbst ansieht, muß auch das Umgekehrte wahr sein. (Das ist kein Widerspruch, sondern nur der Ausdruck der Standpunkte zweier verschiedener Beobachter.) Ein ähnliches Argument gilt für die Rückreise. Wenn die Zwillinge sich darauf einigen, daß die Beschleunigungs-Zeiträume nur einen kleinen Teil der Reise ausmachen, dann muß jeder beim Wiedersehen feststellen, daß der andere gleichviel gealtert ist. Dingle erachtete die Angelegenheit immer als so klar und einfach, daß verwickelte mathematische Argumente nur überflüssig sein können und das Problem unweigerlich verdecken. Als nach einem aufgeregten Briefwechsel in "Nature" im Jahre 1956 der Herausgeber dieser Zeitschrift die beiden Hauptteilnehmer zu abschließenden Feststellungen einlud, enthielt Dingles Erklärung [58] eine scharfe Attacke auf jene, die „sich von Mathematikern die Köpfe vernebeln ließen" und schloß: „Es ist kein Zufall, daß wir (in Großbritannien) an hoher Stelle rangieren, wenn es gilt, mathematische Gebäude auf morschen Grundlagen zu errichten."

An früherer Stelle in seiner „abschließenden Feststellung" hatte Dingle seine Gegner in zwei Gruppen geteilt: „a) jene, die meinen, daß Beschleunigungen irrelevant sind und Dingle die spezielle Relativitätstheorie mißversteht; b) andere". Es ist klar, daß McCrea in Gruppe b) fällt, denn McCrea besteht darauf, daß, obwohl die für die Beschleunigung aufgewandte Zeit vernachlässigbar kurz sein kann, die *Wirkung* der Beschleunigungs-Zeiträume keineswegs vernachlässigbar ist. Es überrascht kaum, daß eine solche Kontroverse um die Raumfahrt das Interesse und die Teilnahme der breiten Öffentlichkeit hervorrief. Bis April 1956 hatte sich die Debatte über die Grenzen der wissenschaftlichen Zeitschrift und den Kreis der professionellen Naturwissenschaftler hinaus ausgebreitet. Am 29. d. M. erschien der folgende Artikel von John Davy, Wissenschaftskorrespondent, im "Observer" (wiedergegeben in voller Länge mit freundlicher Erlaubnis dieser Zeitschrift):

„*Kann die Raumfahrt den Tod hinausschieben?*"

Hält eine Raumfahrt bei hoher Geschwindigkeit jung? Das scheint die Crux einer Kontroverse zu sein, die einigen Raum in der gestrigen Ausgabe von "Nature" beansprucht.

Viele Wissenschaftler haben aus Einsteins Relativitätstheorie geschlossen, daß die Zeit „sich kontrahiert", wenn ein Körper sich bewegt, so daß, wie Sir George Thomson in seinem jüngsten Buch „Ein Physiker blickt in die Zukunft" schreibt, ein Astronaut bei der Rückkehr von einer Reise, die siebzehn Erdenjahre dauert, nur vierzehneinhalb Jahre gealtert wäre, d.h. die Zeit auf der Erde wäre schneller vergangen als in seinem Raumschiff. Professor Herbert Dingle hat nun einen Artikel geschrieben, in dem er nachdrücklich behauptet, daß dies nicht eintreten würde und Einsteins Theorie mißverstanden wird. Das Wesentliche an Professor Dingles Argumentation scheint folgendes zu sein: Einstein zeigte auf, daß wir keinen absoluten Weg kennen um festzustellen, ob zwei Ereignisse, die an verschiedenen Orten stattfinden, gleichzeitig sind. Wenn daher jemand auf der Erde und ein Astronaut im Weltraum versuchen, ihre Uhren zu einem ihnen als derselbe Augenblick erscheinenden Zeitpunkt zu vergleichen, wird jeder glauben, daß die Uhr des anderen langsam geht − und beide werden in gewissem Sinn Recht haben.

Wenn aber der Astronaut zur Erde zurückkehrt, und die Uhren wieder zum „selben" Moment verglichen werden, wird ihr Urteil hinsichtlich Gleichzeitigkeit übereinstimmen, und die Uhren werden die gleiche Zeit anzeigen. „All das", sagt Professor Dingle, „gilt auch für Herzschläge. Die Beobachter werden dieselbe Zeit ‚gelebt' haben und gleichviel dem Grab näher gekommen sein."

Professor Dingles Schlußfolgerungen werden von Professor McCrea von der California University (wo er Gastprofessor war) in Abrede gestellt. Dieser sagt, daß seine „Darstellung der Relativitätstheorie falsch sei".

Eine Woche später versuchte Professor William Wilson, Mitglied der Royal Society, in der Leserkolumne des "Observer", die Vorhersage des differentiellen Alterns durch die Relativitätstheorie zu widerlegen. Er argumentierte, daß die Zeitrechnung des Astronauten für Ereignisse auf der Erde verwendet werden könnte und die irdische Zeitrechnung für solche im Raum und schloß, daß in jedem Fall der zurückkehrende Astronaut um genau gleichviel gealtert wäre wie diejenigen, die er auf der Erde zurückließ. In analoger Weise:

„Ein Fahrenheitthermometer zeigt für die Temperatur des Badewassers vierzig Grad an; ersetzt man es durch ein Celsius-Thermometer findet man die Temperatur acht Grad! Dennoch würde kein normaler Mensch annehmen, daß das Auswechseln der Thermometer das Wasser abgekühlt hat."

(Der arithmetische Fehler bei der Umrechnung wurde später in einer Mitteilung von „Arenceste, aus der IV. Klasse" mit dem hämischen Kommentar aufgezeigt: „Bei uns sind derartige Resultate jahrelang herausgekommen, aber niemand wollte uns glauben.") Es ist aber schwer vorstellbar, daß die Kontroverse ihre schließlichen Ausmaße erreicht hätte, wenn die Antwort so einfach wie die von Professor Wilson vorgelegte wäre.

Ungefähr um diese Zeit erreichte das öffentliche Interesse seinen Höhepunkt. Leserbriefe in Zeitungen drückten die verschiedensten, manchmal irrelevanten Standpunkte aus, die aber selten langweilig waren. Typisch war die folgende amüsante Mitteilung von einem Major F. A. Yorke aus Bournemouth im "Observer" vom 6. Mai 1956[1]):

„Sir, immer wieder haben sich Fachgelehrte auf dieses eher verrückte Rätsel eingelassen. Soweit ich sehe, beruht das ganze Problem auf der Tatsache, daß der Astronaut beim Wegflug einem riesigen, aber künstlichen Gravitationsfeld aufgrund der Beschleunigung seines Raumschiffes gegen die natürliche Schwerkraft ausgesetzt ist. Ein solches künstliches Feld in Fahrtrichtung würde die Geschwindigkeit, mit der sich alle im Raumschiff beweglichen Dinge verändern, herabsetzen, angefangen von den Vorgängen in Herz, Lunge, Zellen und, insbesondere, Gehirnzellen, bis zu denen im Inneren von Uhren und anderen Instrumenten. Nennen wir die Geschwindigkeit dieser Veränderungen kurz und bündig Metabolismus (= Formveränderlichkeit).

Sobald die Leistung herabgesetzt wird, wird das Raumschiff mit derselben Geschwindigkeit weiterfliegen, aber nun gleichförmig. Der britische Ausdruck dafür ist „im Leerlauf fahren" ("coasting"), obwohl die Amerikaner den Ausdruck „freier Fall" bevorzugen, ein Ausdruck, der einen drohenden Zusammenstoß nahelegt und der, wie ich glaube, – abgesehen von Raketen – irreführend ist.

Während der gleichförmigen Bewegung oder des "coasting" gibt es nichts, das in den neu angenommenen Metabolismus eingreifen kann. Der Astronaut wird, falls er noch immer am Leben ist, mit seinem Schicksal vollkommen glücklich sein. Wenn er zu guter Letzt auf der Erde landet, wird er dieselbe Kraft zum Abbremsen des Raumschiffs verwenden müssen wie für den Abflug: Die Schuld muß beglichen werden – ich würde sagen mit Zinsen, denn nun würde der Metabolismus bis zum Normalzustand auf der Erde vorwärtseilen.

Das Resultat wäre vermutlich, daß, nach Vergleich der Uhren, der Astronaut langsam dahinscheidet, ein Opfer des Katabolismus (= Abbauvorgänge im Stoffwechsel)."

Obwohl ironisch, konzentriert sich Major Yorkes Brief auf zwei Fragen, die oft auftauchen. Die erste ist: In welchem Ausmaß ist ein Mensch eine Uhr? Mit ein oder zwei Ausnahmen glauben die meisten Physiker, daß für den menschlichen Körper, aufgrund von Herzschlägen, Zellwachstum und -teilung und anderer Lebensprozesse, die Zeit vergeht wie für eine „normale" Uhr, die sich im selben Zustand gleichförmiger oder wenig beschleunigter Bewegung befindet, unabhängig

---

[1]) Abgedruckt mit freundlicher Genehmigung des "Observer". Leider konnte weder die Zeitung noch ich selbst Major Yorke auffinden, um seine persönliche Erlaubnis einzuholen.

davon ob diese Uhr nun durch eine Unruhe, Quarzschwingungen oder gyromagnetische Resonanz (wie die *Caesium-Uhr*) gesteuert wird. (Eine sehr hohe Beschleunigung, wie etwa bei einem allzu leistungsfähigen Raketenmotor, wird natürlich den menschlichen Mechanismus ebenso zerstören wie andere Uhrenmechanismen auch.)

Die zweite Frage, eng verbunden mit der ersten, betrifft die körperliche *Wahrnehmung* des veränderten Zeitflusses durch den Raumfahrer aufgrund einer Veränderung des Bewegungszustandes. Wenn ein Übergang von einem Zustand inertialer Bewegung zu einem anderen stattfindet: Ist der resultierende „Metabolismenwechsel" etwas, auf das sich der Körper einstellen muß wie auf eine Änderung der Umgebungstemperatur? Der echte Relativist würde mit Bestimmtheit „nein" antworten. Aber lassen wir einen Dissidenten zu Wort kommen, L. O. Pilgeram vom Forschungslaboratorium für Arteriosklerose, Minneapolis, der sagte [189], indem er das Werk von S. von Hoerner kritisierte (siehe Seite 77), daß von Hoerner „ungerechtfertigte Annahmen macht, wenn er versucht, Einsteins Relativitätstheorie auf die biologische Zeit anzuwenden". Und: „Es ist kein kausaler Zusammenhang bekannt, aufgrund dessen eine stark erhöhte Geschwindigkeit die biochemische Basis von Lebensprozessen, den Stoffwechselveränderungen, die für den Alterungsvorgang verantwortlich sind, beeinflussen könnte." Differenzielle Geschwindigkeiten der Zeitabläufe in der Relativitätstheorie wurden erstmals in der früher erwähnten Arbeit Einsteins von 1905 betrachtet, in der er seine spezielle Relativitätstheorie formulierte. Das Thema wurde im Detail in einem Artikel [151] von Paul Langevin im Jahr 1911 diskutiert, in dem der „Langevin'sche Reisende" (der unserem Astronauten entspricht) eingeführt wurde. Langevin befand sich nicht im Zweifel darüber, daß differentielles Altern in Übereinstimmung mit der speziellen Relativitätstheorie auftritt. Trotzdem verursachte sein Werk in der Folge einige Auseinandersetzung, besonders in den 20er Jahren. (Einige dieser frühen Konflikte wurden in amüsanter Weise von Henri Arzeliès [2] berichtet.) Aber zu dieser Zeit und überhaupt bis vor relativ kurzer Zeit waren die Fragen, die logische Schlüsse innerhalb der Relativitätstheorie betreffen, großteils akademisch. Mit dem Aufkommen ehrgeiziger Weltraumunternehmungen können aber dieselben Fragen von unmittelbarer Bedeutung für den Astronauten werden.

Eine detaillierte Analyse der Grenzen der Raumfahrt, unter Berücksichtigung der durch technologische und biologische Faktoren auferlegten Grenzen, wurde von von Hoerner, damals am Astronomischen Recheninstitut in Heidelberg, in den frühen 60er Jahren durchgeführt [230, 231]. Er schätzte zunächst aufgrund gewisser Annahmen die Wahrscheinlichkeit, daß irgendein zufällig ausgewählter Stern das Zentrum eines Sonnensystems ist, das intelligentes Leben beherbergt. Seine Schätzung legt nahe, daß die zehn nächsten Sterne dieser Art sich in einer mittleren Entfernung von eher weniger als 20 Lichtjahren von uns befinden. Als Nächstes gibt von Hoerner einen Überblick über bestehende und zukünftige Möglichkeiten, so weit zu reisen. Es ist unwahrscheinlich, daß der Mensch über mehrere Jahre Beschleunigungen aushalten kann, die 1 g wesentlich überschreiten (obwohl 2 g oder 3 g noch ertragen werden könnten). Daher kann der Astronaut nicht den ganzen Weg mit einer Geschwindigkeit zurücklegen, die vergleichbar mit der Lichtgeschwindigkeit ist — wie etwa Sir George Thomsons Weltraumfahrer. Wenn, nichtsdestoweniger, eine konstante Beschleunigung von 1 g während der ersten Hälfte der Hinreise aufrechterhalten würde, und die gleiche Verlangsamung während der zweiten Hälfte, würde der Astronaut in diesem entfernten Sternsystem gerade zur Ruhe kommen, wenn die auf halbem Wege erreichte Höchstgeschwindigkeit ungefähr 0,995 mal der Lichtgeschwindigkeit beträgt. (Die Rechnung wird relativistisch durchgeführt.) Wenn die Rückreise in derselben Art erfolgt, ist die totale Reisezeit ungefähr zweiundvierzig Erdenjahre.

Bei der Berechnung der Reisezeit des Astronauten wurde die erstmals von Einstein (ebd.) aufgestellte *Uhrenhypothese* benutzt. Diese besagt, daß eine beschleunigte Uhr im Gang mit einer unbeschleunigten übereinstimmt, die sich in dem Augenblick mit konstanter Geschwindigkeit mitbewegt.[1] Daher stellt sich heraus, daß die Uhren des Astronauten im Inertialsystem der Erde immer um den Faktor $\sqrt{(1 - k^2)}$, der nun variabel ist, nachgehen. Die vollständige Rechnung zeigt, daß die gesamte Reise für den Astronauten nur zwölf Jahre dauert, was eine Ersparnis von dreißig Jahren bedeutet. (Die praktische Durchführbarkeit dieser Reise wird in Kapitel 3 betrachtet.)

In diesem Buch wird der Versuch unternommen, ein weites Feld von Fragen in der Kontroverse um das Uhrenparadoxon zu untersuchen, insbesondere: die Grundlagen der speziellen Relativitätstheorie; das Problem der biologischen Zeit; die Aussichten auf weite Weltraumfahrten; die vielen logischen Argumente auf beiden (oder sollte man sagen: allen?) Seiten in der zentralen Streitfrage; und die Bedeutung einiger neuerer Experimente. Da viele Autoren glauben, daß das Paradoxon nur unter Berufung auf die allgemeine Relativitätstheorie aufgelöst werden kann, werden wir es auch im Zusammenhang dieser Theorie behandeln.

Die Literatur über diesen Gegenstand ist überwältigend. Nachdem ich sie studiert habe, glaube ich fest daran, gemeinsam mit den meisten Physikern, daß differenzielles Altern ein Wesenszug der Welt ist, in der wir leben, obwohl ich ebenso fest glaube, daß weiterhin viele dies bestreiten werden. Soweit als möglich wendet sich die folgende Darstellung sowohl an den spezialisierten als auch an den nichtspezialisierten Leser. Der letztere wird vielleicht am meisten an den mehr spektakulären Konsequenzen des Alterungsphänomens interessiert sein. Auch hoffe ich, daß dieser Leser Vertrauen in die Vernünftigkeit der Theorie, auf die sich so viele wichtige Vorhersagen gründen, gewinnen wird.

---

[1] Die Uhr muß eine „gute" Uhr sein. Geeignet ist eine Atomuhr, nicht aber eine, die von der Gravitation abhängt wie eine Pendeluhr. Beschleunigungen beeinflussen das scheinbare Gravitationsfeld.

2 Grundlegendes zur Relativitätstheorie

2.1 Bringt uns den Äther nicht zurück!

Es wird manchmal gesagt, daß die Zurückweisung der Konzepte des absoluten Raumes, der absoluten Zeit und des alles durchdringenden lichtübertragenden Mediums, genannt *Äther*, durch Einstein nicht von dem überzeugenden Fehlschlag optischer Experimente im letzten Jahrhundert abhing, die dieses Medium messen sollten. Laut dieser Behauptung waren Experimente, wie das berühmte, von Michelson und Morley im Jahr 1878 (siehe Seite 15) zur Messung der Erdbewegung durch den Äther durchgeführte, nicht für das schließliche Aufkommen des *Relativitätsprinzips* entscheidend. Das Relativitätsprinzip besagt, daß die physikalischen Gesetze in jedem Inertialsystem dieselben sind. Hier findet sich kein Platz für ein ausgezeichnetes System, wie es durch den Äther bestimmt wäre. Daher ist jede gleichförmige Bewegung relativ, und absoluter Raum und ein Zustand absoluter Ruhe werden sinnlose Begriffe.

In seinen autobiographischen Bemerkungen sagte Einstein [257] in Hinsicht auf die Notwendigkeit eines radikal neuen Prinzips:

„Nach und nach verzweifelte ich an der Möglichkeit, die wahren Gesetze (der Mechanik und Thermodynamik) durch auf bekannte Tatsachen sich stützende konstruktive Bemühungen herauszufinden. Je länger und verzweifelter ich mich bemühte, desto mehr kam ich zu der Überzeugung, daß nur die Auffindung eines allgemeinen formalen Prinzipes uns zu gesicherten Ergebnissen führen könnte. ... Wie aber ein solches allgemeines Prinzip finden? Ein solches Prinzip ergab sich nach zehn Jahren Nachdenkens aus einem Paradoxon, auf das ich schon mit 16 Jahren gestoßen bin: Wenn ich einem Lichtstrahl nacheile mit der Geschwindigkeit c (Lichtgeschwindigkeit im Vakuum), so sollte ich einen solchen Lichtstrahl als ruhendes, räumlich oszillatorisches, elektromagnetisches Feld wahrnehmen. So etwas scheint es aber nicht zu geben ... Intuitiv klar schien es mir von vornherein, daß von einem solchen Beobachter aus beurteilt, alles sich nach denselben Gesetzen abspielen müsse wie für einen relativ zur Erde ruhenden Beobachter."

Obwohl Einstein den Äther in seinen autobiographischen Bemerkungen erwähnte wie auch in seiner Arbeit von 1905, in der er feststellte, „die erfolglosen

Versuche, jegliche Bewegung der Erde relativ zum 'Lichtmedium' zu entdecken, legen nahe, daß die Phänomene sowohl der Elektrodynamik als auch der Mechanik keine Eigenschaften besitzen, die der Vorstellung eines absoluten Ruhsystems entsprechen ...", scheint klar, daß sich das Relativitätsprinzip in seinem Denken aus eher allgemeinen Betrachtungen entwickelte.

In „Michelson und die Lichtgeschwindigkeit" zitiert Jaffe [270] eine Passage eines Briefes, den er von Einstein erhalten hat, die dies zu bestätigen scheint:

> „Es ist unzweifelhaft, daß Michelsons Experiment auf meine Arbeit beträchtlichen Einfluß hatte, insoferne es mich in der Überzeugung betreffend die Gültigkeit des Prinzips der speziellen Relativitätstheorie bestärkte. Andererseits war ich schon vor der Kenntnis dieses Experiments und seiner Resultate von diesem Prinzip ziemlich überzeugt."

Aber Einstein war nicht der erste, der das Prinzip der Relativität gleichförmiger Bewegung formulierte. Im Jahr 1904 beschrieb Poincaré [289], nachdem er vorher die Grundlagen geliefert hatte, dieses Prinzip und gab ihm sogar den Namen „Relativitätsprinzip". In seiner ausgezeichneten Abhandlung „Geschichte der Theorien des Äthers und der Elektrizität" [304] spricht Sir Edmund Whittaker provokant von der „Relativitätstheorie von Poincaré und Lorentz" und beschreibt, wie im Herbst 1905 „Einstein eine Arbeit publizierte, die mit einigen Erweiterungen die Relativitätstheorie von Poincaré und Lorentz fortsetzte und die viel Aufmerksamkeit auf sich zog". Andere Autoren (z. B. Holton [268]) kritisierten später, daß Whittaker Einsteins Rolle bei der Entwicklung der Theorie unzureichend würdige. Wir werden später zu diesem Punkt zurückkehren.

Wenn wir Einsteins Gedankengang folgen, ist ein detailliertes Studium des Ätherkonzepts keineswegs wesentlich für das Verständnis der Relativitätstheorie. Nichtsdestoweniger werden wir es der Mühe wert finden, in diesem Abschnitt eine kurze Zusammenfassung der turbulenten Geschichte dieses Begriffs zu geben, weil er eine bedeutende Rolle in einer Anzahl von relevanten Diskussionen spielt. (Wegen der Details siehe Whittaker [303] oder Hesse [266].)

Für die griechischen Wissenschaftler bedeutete Äther einfach den klaren Himmel, der außerhalb der Luft und der Wolken die Erde umspannt. Die Idee einer Äthersubstanz mit mechanischen Eigenschaften wurde von René Descartes (1596–1650) ausgesprochen. Descartes hielt den Begriff des leeren Raumes für unannehmbar und behauptete, daß, da jede räumliche Wahrnehmung Körper involviert und, umgekehrt, Körper im wesentlichen bewegte Formen sind, Ausdehnung und Substanz des Raumes untrennbar seien. Fernwirkung, wie sie scheinbar auf Magnete und auf die Weltmeere bei der Gezeitenbewegung ausgeübt wird, die, wie man weiß von der Stellung des Mondes abhängt, sei unmöglich. Der Raum zwischen Körpern und zwischen den Teilchen, aus denen Körper bestehen, sowie die Atmosphäre müssen, so Descartes, vollständig mit einem flüssigen Medium erfüllt sein, das aus einander berührenden Teilchen besteht.

Der wesentliche Faktor bei der Fernwirkung war, daß die Wirkung im Raum von Punkt zu Punkt mittels der im Kontakt miteinander befindlichen Ätherteilchen übertragen wird. Die Bewegung jedes Körpers resultiert in einer Bewegung von Ätherteilchen, aber nur vollständige Ringe aus Teilchen können sich bewegen, weil ansonsten leere Plätze im Raum erzeugt würden, was unmöglich ist. Alles in allem, stellte sich Descartes drei Arten von Materie vor, von denen eine die Ätherteilchen waren, die andere Lichtteilchen, wie bei der Sonne und den Sternen, und undurchsichtige, reflektierende Materie, wie die der Erde und der anderen Planeten. Licht wurde durch Druck zwischen den Ätherteilchen übertragen, während *Wirbel* aus Materie von der Art des Lichts eine größere Rolle bei Magnetismus, Elektrizität und Gravitation spielten.

All das war großartig und ehrgeizig, aber auch unwissenschaftlich, da diese Ideen großteils willkürlich waren und hinreichend vage, um so ziemlich auf alle beobachteten Phänomene zu passen. Descartes' Arbeit wurde vielfach attackiert, aber nur langsam aufgegeben. Hauptsächlich zwei miteinander rivalisierende Theorien des Lichts wurden vorgeschlagen: die Korpuskulartheorie, bei der Licht aus von dem leuchtenden Körper ausgesandten Teilchen besteht, und die Wellentheorie, die annahm, daß Licht als Wellenbewegung in einem elastischen Medium fortgepflanzt wird. Zunächst wurden nur Longitudinalwellen, ähnlich wie beim Schall, betrachtet.

Newtons berühmte Beobachtungen der Brechung von Sonnenlicht an Prismen erhöhte das Interesse an der tieferen Natur des Lichts. Wegen der Unfähigkeit der longitudinalen Wellentheorie, Phänomene zu beschreiben, die man später mit der Polarisation des Lichts identifizierte, bestritt Newton, daß Ätherschwingungen für die Lichtfortpflanzung verantwortlich sind. Er bevorzugte die Korpuskularhypothese. Mehr als ein Jahrhundert später zeigten Youngs Untersuchungen der Interferenz und Beugung die Überlegenheit der Wellentheorie. Die optischen Studien von Young und Fresnel (speziell über Polarisation während der Jahre 1817 bis 1827) führten schließlich zur festen Annahme der Wellentheorie des Lichts, in der die Schwingungen transversale und nicht longitudinale Bewegungen des Äthers sind.

Wie stellte man sich den Äther selbst vor? Im 19. Jahrhundert wurde eine Anzahl von Möglichkeiten betrachtet. Ein gasförmiger Äther konnte longitudinale, aber nicht transversale Wellen aufrechterhalten. Daher wurde der Äther als ein elastischer Festkörper beschrieben. Einige hielten ihn für eher starr, andere dachten, daß nur ein höchst dünnes Material die freie Bewegung gewöhnlicher Körper erlauben konnte. Manche glaubten, daß die Eigenschaften des Äthers verschieden unter verschiedenen Umständen waren oder daß es eine Anzahl von Äthern gab, die für verschiedene Zwecke nebeneinander existierten. Zu dieser Zeit ging ein intensives Studium von Wellen in elastischen Festkörpern vor sich. Das Problem der Abwesenheit longitudinaler optischer Wellen wurde von MacCullagh studiert, der eine Äthertheorie entwickelte, die auf einem Medium basierte, das elastisch nur der *Rotation* seiner Teile Widerstand leistete. Diese „rotationselastische" Theorie war eine der erfolgreichsten.

Faradays Experimente über Elektrizität und Magnetismus in der ersten Hälfte des 19. Jahrhunderts, sowie seine Abneigung gegen Fernwirkung trieben ihn dazu an, seine Ideen von physikalisch realen elektrischen, magnetischen und Gravitations-Kraftlinien einzuführen, die den Raum zwischen den Teilchen ausfüllen. Aus diesen könnte sogar der Äther bestehen. Von den mehr mathematischen Forschern des Elektromagnetismus führte Maxwell, zum Teil von Faraday beeinflußt, ein mechanisches Modell des elektromagnetischen Felds ein, bei dem elektrische Effekte linear und magnetische Effekte rotatorisch waren. Jedoch war die genaue Beschaffenheit von Maxwells Äther unklar, obwohl seine elektromagnetischen Gleichungen sich in glänzender Weise bewährten.

In den frühen 60er Jahren des 19. Jahrhunderts konnte Maxwell daraus ableiten, daß sich elektromagnetische Störungen mit Lichtgeschwindigkeit ausbreiten, die bereits 1676 von Römer, einem Dänen, aus Beobachtungen der Jupitermonde berechnet worden war. Damals gab es auch schon genaue terrestrische Messungen von Fizeau und Foucault. Daher identifizierte Maxwell Licht mit elektromagnetischer Strahlung, und so wurden der elektromagnetische und der Licht-Äther ein und dasselbe.

Erst, als detaillierte Untersuchungen des Effekts, den ein bewegter Körper in seinem Innen- und Außenraum auf den Äther haben könnte, stattfanden, überlebte sich die Äthertheorie. Bis zu diesem Zeitpunkt waren immer genialere Modelle, die Wirbel, Wirbelringe und Wirbelschwämme beinhalteten, betrachtet worden. Aber wenig von dem Mechanismus, wie er durch einige der mechanischen Modelle beschrieben wurde, war als elektromagnetisches Feld tatsächlich beobachtbar. Wie Born später sagte, „wäre der Äther ein monströser Mechanismus, bestehend aus unsichtbaren Zahnrädern, Kreiseln und Triebwerken, die in der kompliziertesten Weise ineinander greifen". So kam die Aufgabe der Äthertheorie mit der Einführung der Relativitätstheorie für viele als eine Erleichterung.

Als im Oktober 1967 die Argumente für und gegen die spezielle Relativitätstheorie von Dingle und McCrea in "Nature" ausgetauscht wurden, faßte der Herausgeber dieser Zeitung die Diskussion zusammen [183]. Vielleicht war es echte Sorge, daß er das Editorial betitelte „Bringt uns den Äther nicht zurück!"

2.2 Michelson — Morley und wie es dazu kam[1])

Eines Tages im Jahre 1879 verlautbarte die Lokalzeitung von Virginia City in Nevada, daß „Fähnrich Albert A. Michelson, ein Sohn von Samuel Michelson, dem örtlichen Kurzwarenhändler, das Interesse des gesamten Landes erweckt habe durch seine bemerkenswerten Entdeckungen beim Messen der Lichtgeschwindigkeit". Michelson, der sein Leben der höchstmöglichen Präzision beim Messen widmete, war der erste Amerikaner, dem es gelang, die Geschwindigkeit zu bestimmen, die das von einer irdischen Quelle ausgesandte Licht hat. Bis zum Jahr 1882 konnte er seine Experimentiertechnik so weit verfeinern, daß sein neuer Wert, 299 853 Kilometer pro Sekunde, für die Lichtgeschwindigkeit im Vakuum 45 Jahre lang akzeptiert war, bis neuerlich die Genauigkeit verbessert wurde.

Michelson verbrachte den Großteil seines Lebens mit dem Entwerfen und der Konstruktion von Spektrographen. Er stellte seine eigenen Beugungsgitter her. Diese mußten so genau sein, daß er Jahre für die Konstruktion der Maschinen benötigte, mit denen er sie herstellte. Einige seiner Apparate wurden verwendet für Zwecke, wie die Messung des scheinbaren Durchmessers von Sternen (die man in Teleskopen ansonsten nur als Punkte gesehen hätte), wie auch für die Bestimmung der Lichtgeschwindigkeit. Am bekanntesten aber wurde er durch seine Experimente zur Messung des Ätherflusses relativ zur Erde.

Im Jahr 1881, als er als Professor der Case School of Applied Science in Ohio beurlaubt war, arbeitete er an der Universität von Berlin, wo er mit seinem neuentwickelten *Interferometer* seine ersten Äthermessungen [280] versuchte. Die Vibrationen seines Apparates aufgrund des Straßenverkehrs veranlaßten ihn, einen zweiten Versuch am Observatorium in Potsdam zu unternehmen, und es war hier, wo er erstmals zu der bemerkenswerten Schlußfolgerung kam, daß es keinen Ätherwind gibt, d.h., *die Erde im Äther ruhe.*

Ein anderer Amerikaner, Edward Morley, ein Chemiker, begann sich für Michelsons Arbeit zu interessieren und schloß sich ihm in einem Wiederholungs-Experiment mit einem verbesserten Apparat im Jahr 1887 [281] an. Michelson war sich der Mängel seines Experiments von 1881 wohl bewußt, und die beiden wollten sich hier Klarheit verschaffen. Das Prinzip des Michelson-Morley-Experiments ist schematisch in Bild 1 wiedergegeben. Ein Lichtstrahl, ausgesandt von einer monochromatischen Quelle S, erreicht einen feinversilberten Spiegel M_1. Ein Teil des Lichts geht durch M_1 zu einem zweiten Spiegel M_2, wo es zurück auf M_1 reflektiert wird und dann zu dem Teleskop T. Dieser Teil des ursprünglichen Strahles heiße Strahl 1. Das verbleibende Licht (Strahl 2) der Quelle S wird im rechten Winkel vom Spiegel M_1 reflektiert und erreicht einen anderen Spiegel, M_3, der

---

[1]) Biographische Details über Michelson können in Jaffes Buch, „Michelson und die Lichtgeschwindigkeit" [270] gefunden werden.

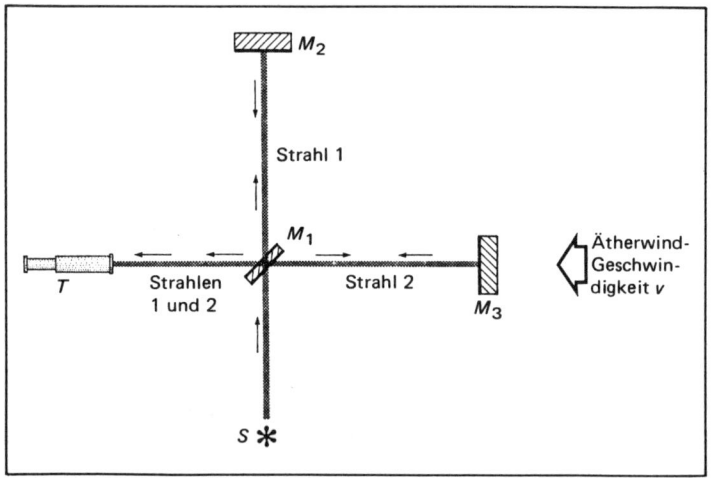

Bild 1 Der Michelson-Morley Versuch

es zu M_1 zurückschickt. Ein Teil dieses Lichts geht dann durch den Spiegel M_1 und fällt auf das Teleskop T. Wenn die Abstände $M_1 M_2$ und $M_1 M_3$ beide gleich l sind, dann sind die von den Strahlen 1 und 2 zurückgelegten gesamten Entfernungen gleich.

Man nehme zunächst an, der Apparat ruhe im Äther. Dann ist die Lichtgeschwindigkeit relativ zu dem Apparat für beide Strahlen die gleiche. Sie erreichen daher gleichzeitig das Teleskop. Aber die detaillierten Vorgänge bei der Reflexion an M_1 sind für die beiden Strahlen nicht ganz dieselben. Folglich sind die Schwingungen von Strahl 1 und 2 beim Teleskop T nicht in Phase. Daher interferieren sie miteinander. Mittels Durchführung feiner Adjustierungen an den Spiegeln ist der Beobachter in der Lage, diese Interferenzen im Teleskop als abwechselnde helle und dunkle Streifen zu sehen.

Stellen wir uns als nächstes vor, daß aufgrund der Erdbewegung der Äther über den Apparat streicht und daß der Ätherwind die Geschwindigkeit v in der Richtung $M_3 M_1$ hat. Dann ist die Lichtgeschwindigkeit für Strahl 2 relativ zum Apparat auf dem Weg von M_3 nach M_1 $c + v$ und $c - v$ in der umgekehrten Richtung. Die Geschwindigkeit von Strahl 1 relativ zum Apparat wird in anderer Weise beeinflußt werden. Die Strahlen werden nicht länger dieselbe Zeit von der Quelle zum Teleskop benötigen. Daher wird das Interferenzmuster nicht dasselbe sein, wie wenn es keinen Ätherwind gäbe.

Im wesentlichen besteht das Experiment darin, die Geschwindigkeit des Ätherwinds festzustellen, indem man den Wechsel im Interferenzmuster beobachtet, wenn der ganze Apparat in verschiedene Richtungen orientiert wird. Zum

Beispiel vertauscht eine Rotation um 90 Grad in Bild 1 die Rollen von Strahl 1 und Strahl 2, so daß die *Zeitdifferenz* für die beiden sich um ungefähr $2\,\frac{lv^2}{c^3}$ Sekunden ändert. Die beobachtete Änderung des Musters ermöglicht das Auffinden der Unbekannten v.

Michelson und Morley führten tausende von Wiederholungsmessungen über einen gewissen Zeitraum und mit allen Orientierungen des Interferometers durch. Unter der Annahme, daß die Geschwindigkeit der Erde durch den Äther von derselben Größenordnung ist wie ihre Bahngeschwindigkeit um die Sonne (ungefähr 30 Kilometer pro Sekunde), wenigstens für einen Teil des Jahres, konnte man einen deutlich beobachtbaren Effekt erwarten. Man fand nichts. Spätere Experimente vieler Physiker schlugen ähnlich fehl, außer einem unerklärten positiven Resultat von Dayton C. Miller im Jahr 1925 [282]. Neuere Experimente mittels *Maser*-Strahlen ("Microwave Amplification by Stimulated Emission of Radiation") oder der Mössbauer-Effekt (siehe Seite 127) sind hier besonders wichtig, da sie eine Äthergeschwindigkeit von nur wenigen Metern pro Sekunde feststellen könnten.

Es gab zahlreiche Versuche, das Michelson-Morley-Experiment auf klassischen Grundlagen zu erklären. Von besonderem Interesse ist die Idee, daß ein bewegter Körper den ihm benachbarten Äther mitnimmt. Fresnel hatte, viel früher im 19. Jahrhundert, vorgeschlagen, daß der Äther in einem lichtbrechenden Medium wie Glas teilweise mitgenommen wird, um zu erklären, warum die Brechung von Sternenlicht durch ein Prisma unabhängig von der scheinbaren Richtung des Sternes ist. Andere untersuchten vollständiges Mitnehmen des umgebenden Äthers durch die Erde. Natürlich widersprachen diese beiden Vorschläge einander.

Eine ganz andere, von Ritz vorgeschlagene, Erklärung der Beobachtungen von Michelson und Morley war, daß die Lichtgeschwindigkeit nur relativ zur Lichtquelle c beträgt und nicht relativ zum Äther. Daher hätten Experimente von der Art dessen von Michelson und Morley immer negative Resultate, solange irdische Quellen verwendet werden. Andererseits würde sich Licht eines sich nähernden Sternes schneller und eines sich von der Erde entfernenden Sternes langsamer bewegen. Dies würde in Form von scheinbaren Irregularitäten in den Bahnen gewisser Doppelsterne aufscheinen (das sind Paare von Sternen, die unter ihrer wechselseitigen Schwereanziehung umeinander rotieren). Beobachtungen durch De Sitter [254], die diese Irregularitäten zeigen sollten, scheiterten.

In seiner „Elektronentheorie", die den Elektromagnetismus auf mikroskopischem Niveau zu beschreiben versuchte, konnte Lorentz das Resultat Fresnels einbauen. In Lorentz' Theorie wirkten die elektrisch geladenen Teilchen, aus denen Körper bestehen, aufeinander via dem Äther, der aber keineswegs mitgenommen wurde, sondern gänzlich unbeweglich war. Unter der Annahme, daß Max-

wells Gleichungen im „absoluten" Bezugssystem des Äthers gültig sind, konnte
Lorentz seine Theorie beachtlich weit entwickeln. Aber sie konnte nicht allen Tatsachen Rechnung tragen und konnte das Michelson-Morley-Resultat nicht ohne
die Einführung radikal neuer Ideen berücksichtigen.

Gegen Ende des 19. Jahrhunderts kamen revolutionäre Vorschläge hinsichtlich der kinematischen Eigenschaften des Universums auf. Im Juni 1892 berichtete
Sir Oliver Lodge [274] über eine Hypothese von Fitzgerald, wonach mit der Geschwindigkeit v durch den Äther bewegte Körper in der Bewegungsrichtung um
den Faktor $\sqrt{\left(1 - \dfrac{v^2}{c^2}\right)}$ verkürzt würden. Dies half, viele der früheren Schwierigkeiten zu überwinden. Insbesondere würde die Länge eines Arms des Michelson-
Morley-Interferometers parallel zum Ätherwind um gerade den Betrag verkürzt
werden, der notwendig ist, um die Durchlaufzeiten der beiden Lichtstrahlen gleich
zu machen. Das irritierende Experiment wurde solchermaßen durch eine winzi-
ge Kontraktion des Apparats durch das Vorbeistreichen des Ätherwinds erklärt.

Kurze Zeit darauf schlug Lorentz dieselbe Kontraktion für Körper vor. Im
Jahr 1904 leitete er [277] die Gleichungen her, die Längen- und Zeitmessungen
des Äther- mit irgendeinem anderen Inertialsystem verknüpfen, wenn man annimmt, daß Maxwells Gleichungen in beiden Bezugssystemen in der gleichen
Weise gelten. Diese Transformationsgleichungen, die sich von denen der konventionellen Theorie unterscheiden, wurden später von Poincaré *Lorentz-Transformation* genannt. Sie waren identisch mit jenen Transformationsgleichungen, die
aufgrund Einsteins Arbeit aus dem Jahr 1905 zwischen zwei beliebigen Inertialsystemen gelten (siehe § 6). In Lorentz' Gleichungen sind die Zeiten t im Äthersystem und t' im bewegten System nicht gleich. Aber die Zeit t' wurde von Lorentz
einfach aus mathematischen Gründen betrachtet: die „wirkliche" Zeit war noch
immer die absolute Zeit im Äthersystem. Durch seinen Mangel an greifbaren Eigenschaften war Lorentz' Äther von geringer physikalischer Bedeutung. Er war einfach ein „ausgezeichnetes" Bezugssystem im Universum, das einen bestimmten
Bewegungszustand definiert, den wir, wenn wir so wollen, als absolute Ruhe bezeichnen können.

Whittaker [304] betonte, daß bereits vor der Jahrhundertwende Poincaré
mehrmals seine Zweifel an der Existenz des Äthers ausgedrückt hatte mit der
Bemerkung, daß optische und mechanische Phänomene möglicherweise nur von
der Relativbewegung der betroffenen Körper abhingen. Er bezog sich auch auf
einen „Kongreß der Künste und Wissenschaft" in St. Louis, USA, wo Poincaré
am 24. September 1904 das „Relativitätsprinzip" einführte, aufgrund dessen
„die Gesetze der physikalischen Phänomene für einen ‚festen' Beobachter in
gleichförmiger Bewegung dieselben sein müßten wie für einen relativ zu diesem
bewegten. Daher haben wir keine Möglichkeit zu unterscheiden, ob wir uns in
einer solchen Bewegung befinden oder nicht und können auch gar keine haben".

Des weiteren schlug Poincaré vor, daß die Konsequenz eine neue Art von Dynamik wäre, die durch die Regel charakterisiert ist, daß keine Geschwindigkeit die Lichtgeschwindigkeit übertreffen kann.

Bestand die Rolle Einsteins im Aufbau der speziellen Relativitätstheorie, wie Whittaker nahezulegen scheint, einfach darin, hier Ordnung zu machen? Eine davon abweichende Ansicht vertritt der Physiker und Wissenschaftshistoriker Gerald Holton [268]. Holton:

> „Es stellt sich heraus, daß Poincarés Arbeit aus dem Jahr 1904, die Whittaker zitiert, nicht das neue Relativitätsprinzip aufstellt. Sie ist vielmehr eine sehr scharfe und durchdringende, wenn auch qualitative, Zusammenfassung der Schwierigkeiten, die die damals zeitgenössische Physik für die sechs klassischen Gesetze oder Prinzipien bedeutete, insbesondere das Galilei-Newtonsche Relativitätsprinzip."

(Das Galilei-Newtonsche-Relativitätsprinzip behauptet die Äquivalenz von inertialen Bezugssystemen hinsichtlich rein *mechanischer*, aber nicht notwendiger Weise anderer Phänomene.) Aber Holton würdigte, daß Poincaré die Notwendigkeit erkannte, eine ganz neue Mechanik aufzustellen, und daß, in Poincarés Worten, „diese sich erst da abzeichnet, wo — da Trägheit mit der Geschwindigkeit zunimmt — die Lichtgeschwindigkeit eine unüberwindbare Grenze ist".

Dies war zweifellos prophetisch, aber Poincarés Ideen waren noch nicht in dem Stadium, in dem er sie voll ausschlachten konnte, wohingegen Einstein im folgenden Jahr seine eigenen, unabhängig gewonnenen Ideen über die Relativität der Bewegung zum Abschluß brachte.

2.3 Die unveränderliche Lichtgeschwindigkeit

Einstein gründete seine spezielle Relativitätstheorie auf zwei Postulate. In seinen eigenen Worten:

> „Dieselben Gesetze der Elektrodynamik und Optik gelten in allen Bezugssystemen, für die die Gleichungen der Mechanik gültig sind. Wir erheben diese Vermutung (deren wesentlicher Inhalt von nun an ‚Relativitätsprinzip' heißen soll) in den Status eines Postulats. Gleichzeitig führen wir ein anderes Postulat ein, das nur scheinbar mit dem ersten unvereinbar ist, nämlich daß Licht im leeren Raum immer mit der Geschwindigkeit c propagiert wird, unabhängig vom Bewegungszustand des emittierenden Körpers."

Das erste von Einsteins Postulaten, das Relativitätsprinzip, haben wir bereits ausführlich diskutiert. Wir müssen uns nun mit dem zweiten beschäftigen. Was wir uns unter seinem zweiten Postulat vorzustellen haben, kann man durch ein einfaches Beispiel illustrieren. Man stelle sich vor, daß wir mit einem sehr empfindlichen Apparat auf der Erde versuchen, die Geschwindigkeit des Lichts zu messen, das von einem entfernten Stern kommt. In unserem Experiment verfolgen wir die Bahn eines bestimmten identifizierbaren Lichtpulses, wie er etwa während einer leichten Irregularität im Verhalten des Sterns ausgesandt werden könnte. Die Laufzeit des Lichtes für die gemessene Entfernung zwischen zwei Teilen unseres Apparats kann im Prinzip genau bestimmt werden. Die Lichtgeschwindigkeit errechnet sich daraus durch eine triviale Division.

Nehmen wir als nächstes an, daß ein Raumschiff sich mit hoher Geschwindigkeit dem Stern nähert und daß sich darin ein Apparat genau wie unserer befindet, in derselben Fabrik hergestellt und in jeder Hinsicht identisch. Nehmen wir weiter an, daß das Raumschiff ein exaktes Duplikat unserer Zeitmeßvorrichtung mit sich führt. Im Raumschiff wird die Geschwindigkeit des Lichts, das vom Stern ausgesandt wird, in einem Experiment bestimmt, das unserem auf der Erde völlig analog ist. Aufgrund von Einsteins Postulat wird die Lichtgeschwindigkeit in beiden Experimenten sich als dieselbe erweisen. Ein Wiederholungsexperiment mit Licht von einem anderen Stern, in einem beliebigen Bewegungszustand, wird zum selben numerischen Wert für die gemessene Lichtgeschwindigkeit führen, auf der Erde, wie auch im Raumschiff.

Welche direkte Bestätigung gibt es für diese Behauptung? Zu der Zeit, als die Relativitätstheorie formuliert wurde, erstaunlich wenig. Selbstverständlich konnte das Michelson-Morley-Experiment mit der Annahme erklärt werden, daß das Licht in jedem Inertialsystem mit derselben Geschwindigkeit c propagiert wird, daher insbesondere im Bezugssystem des Interferometers. Aber man könnte es auch auf andere Arten erklären, wie zum Beispiel durch die oben erwähnte Kontraktionshypothese von Fitzgerald und Lorentz. Da weiter die Lichtquelle im Michelson-Morley-Versuch auf der Plattform fixiert war, die die Spiegel und das Teleskop trug, war das negative Resultat ebenso verträglich mit der einfacheren Annahme, daß die Lichtgeschwindigkeit relativ zur Quelle konstant ist.

Eine andere Schwierigkeit, Aussagen über die Lichtgeschwindigkeit aus diesem Experiment zu erhalten ist, daß die zwei Lichtstrahlen, Strahl 1 und Strahl 2, deren Geschwindigkeiten verglichen werden, Zwei-Weg-Bahnen durchlaufen. Jeder wird an einem Spiegel reflektiert, M_2 oder M_3. Daher ist es nur die über eine Zweiwegbahn gemittelte Geschwindigkeit, die in das Experiment eingeht. Das ist ein wesentlicher Umstand, auf den viele Autoren hingewiesen haben. Aber auch jedes Experiment, bei dem die *Einweg*-Lichtgeschwindigkeit gemessen werden soll, beinhaltet gewisse Schwierigkeiten, weil die Zeitmessung zwischen verschiedenen Punkten im Lichtweg durchgeführt werden muß. Dies macht die Verwendung getrennter Uhren (die zuerst synchronisiert werden müssen) oder irgendeine äquivalente Prozedur notwendig. Das theoretische Problem der Uhrensynchronisation wird im nächsten Abschnitt behandelt.

Soweit die Arbeit von Michelson und Morley mit der Lichtgeschwindigkeit zusammenhängt, kann aus deren Experiment höchstens geschlossen werden, daß, in den Worten von H. P. Robertson [292], „Die gesamte Zeit, die Licht benötigt, um im leeren Raum eine Strecke *l* und zurück zu fliegen, unabhängig von der Richtung ist." Der wesentliche Punkt ist, daß man durch Drehung des Interferometers einfach die *Richtung* der Lichtstrahlen ändert und nicht deren *Bewegung*. Die Änderung des Bewegungszustandes der Erde (wenn diese ihre Kreisbahn durchläuft) wurde, direkter als durch Michelson und Morley, in einem Experiment verwendet, das R. J. Kennedy und E. M. Thorndike [140] im Jahr 1932 durchführten. Diese Forscher verwendeten ein Interferometer mit ungleichen Armen, um zu beobachten, ob sich irgendein Wechsel im Interferenzmuster im Teleskop ergibt, wenn sich die Bewegung der Erde über einen Zeitraum ändert. Es ergab sich kein solcher. Ihr Resultat konnte auf der Basis einer Kontraktion des Apparats aufgrund der Bewegung durch den Äther nicht erklärt werden und betraf eher die Relativität der Zeit als die der Länge. In diesem Fall war die Interpretation von Robinson, daß „Die gesamte Zeit, die Licht benötigt, in einem inertialen Bezugssystem S einen geschlossenen Weg zu durchlaufen, unabhängig ist von der Geschwindigkeit v von S relativ zum (Ruhe- oder Äther-)System Σ". Daher geht es wieder um Einweg-Lichtmessungen, aber der Vergleich beinhaltet nun die Lichtgeschwindigkeit in einer Aufeinanderfolge verschiedener Inertialsysteme. Doch das Kennedy-Thorndike-Experiment kam lange nach der Geburt der Relativitätstheorie.

Es scheint daher, daß Einsteins zweites Postulat, basierend auf einer Vielzahl von Überlegungen, auf der Annahme begründet war, daß die Gesetze der Elektrodynamik in jedem Inertialsystem gültig sind. Tatsächlich ist bekannt, daß die allgemeine Gültigkeit von Maxwells Gleichungen im leeren Raum das Prinzip der Konstanz der Lichtgeschwindigkeit zur Folge hat.[1]

Einige neuere Experimente liefern den direkten Nachweis, daß die Lichtgeschwindigkeit nicht von der Bewegung der Quelle abhängt. De Sitters Analyse der Bahnen von Doppelsternen hatte den Nachteil, daß Effekte übersehen werden konnten, die von der die Sternsysteme umgebenden Atmosphäre herrühren konnten. Die neuen Experimente verwenden hochfrequente Strahlung (Gammastrahlen), die von schnellen π-Mesonen ausgesandt wird. Im Jahr 1935 hatte Yukawa die Existenz elektrisch geladener Teilchen vorhergesagt, deren Masse zwischen der des Elektrons und der des Protons liegt (daher der Name „Meson"), um die Bindungs-

---

[1] Siehe, zum Beispiel, den Beweis im Buch von Rosser, "An Introduction to the Theory of Relativity" [199].

kräfte im Atomkern zu erklären. C. F. Powell und seine Mitarbeiter in Bristol [273]
konnten diese π-Mesonen im Jahr 1947 in auf hohen Bergen aufgestellten fotogra-
fischen Emulsionen nachweisen. Nicht lange darauf wurden ungeladene (d.h. elektrisch neutrale) π-Mesonen bei Zyklotron-Experimenten nachgewiesen. Neutrale
π-Mesonen haben eine äußerst kurze Lebensdauer, von der Größenordnung 10^{-16}
Sekunden, wonach sie in Gammastrahlen „zerfallen".

Bei den Experimenten zur Lichtgeschwindigkeit verwendeten vier Wissenschaftler [244] in Genf Gammastrahlen, die beim Zerfall von π-Mesonen im Proton-
Synchrotron bei CERN erzeugt werden. Sie stellten fest, daß die Geschwindigkeit
der π-Mesonen ungefähr 99,75 % der Lichtgeschwindigkeit beträgt. Nichtsdestoweniger fand man, daß Gammastrahlung von diesen sehr schnellen Quellen bis zu
einer Genauigkeit von einem hundertstel Prozent gleich c war. Die enorme Geschwindigkeit der Mesonen hatte daher nicht den geringsten Einfluß auf die der
entstehenden Gammastrahlung. Es sei angemerkt, daß die Schwierigkeiten von
Einweggeschwindigkeitsmessungen hier nicht auftreten, da man im Prinzip die
Bewegung der Gammastrahlen mit der von „gewöhnlichem" Licht über denselben
Weg im Laboratorium unter Verwendung derselben Meßtechnik vergleicht.

2.4 Das Messen von Länge und Zeit

Es wird nützlich sein, eine Übersicht zu geben, wie Messungen von Entfernungen und Zeiten durchgeführt und welche Standards verwendet werden. Für
Zwecke des täglichen Lebens können Entfernungen auf der Erde gemessen werden, indem man eine Anzahl von Maßstäben aus einem geeignet starren Material,
die in der Länge eines vorher angenommenen Standards, wie zum Beispiel des
Urmeters, abgeschnitten sind, aneinanderlegt. Das ist im wesentlichen die Methode
des Landvermessers für kurze Distanzen. Unterteilungen auf den Maßstäben ermöglichen es, auch Bruchteile der Standardeinheit zu messen.

Um bei dieser Methode vollständige Präzision zu erreichen, sollte es sich um
„absolut starre" Maßstäbe handeln. Leider existiert derlei nicht: Dies schon al-
lein deswegen, weil es kein absolutes Starrheitskriterium gibt. Man muß zuerst
definieren, was mit Starrheit oder Konstanz der Länge gemeint ist, obwohl intui-
tive Vorstellungen über diese Begriffe unsere Auswahl bei der Definition in hohem
Maß einschränken. Selbst diese intuitiven Anforderungen werden von keinem bekannten Material erfüllt.

Man nehme zwei Stahlstäbe, wie sie in jeder Eisenhandlung gekauft werden
können. Man wende Zugkräfte auf einen von ihnen an oder erhitze ihn über einer
Flamme: dann hat er nicht mehr dieselbe Länge wie der andere Stab. Daher kann
gewöhnlicher Stahl kein absolut starres Material, entsprechend irgendeinem vernünftigen Kriterium, sein.

(*Aufgabe*: Eine Stahlfirma erzeugt „Sorte X"-Stäbe aus dem „neuen, verbesserten Stahl", die allen Anstrengungen widerstehen, die Länge eines Stabes relativ zu einem anderen zu ändern und daher eine offensichtliche Bedingung für Starrheit erfüllen. Der größte Konkurrent dieser Firma erzeugt nun „Sorte Y"-Stäbe, aus einem geringfügig anderen „neuen Stahl", und auch diese widerstehen allen Anstrengungen, die Länge des einen Stabes relativ zu einem anderen zu verändern. Unter gewissen Witterungsumständen stellt sich heraus, daß ein Stab der Sorte X länger ist als einer der Sorte Y, obwohl unter anderen Umständen das umgekehrte eintritt. Wie bestimmen wir, welche Stabsorte, wenn überhaupt eine, starr zu nennen ist?)

Unter solchen Umständen muß ein willkürlicher Standard gewählt werden. Von 1889 bis 1960 war der Standardmeter als die Entfernung zwischen zwei feinen Marken auf einem gewissen Platin-Iridium-Stab definiert, der sich im internationalen Büro für Gewichte und Maße in der Nähe von Paris befindet. Dieser Stab hat die Temperatur des schmelzenden Eises. Zum Eichen von anderen Meßgeräten wurden Kopien dieses Stabes, *sekundäre* Standards, verwendet.

Als dieser Standard in Verwendung war, zeigten Experimente, daß die Wellenlängen gewisser atomarer Spektrallinien mit hoher Genauigkeit konstant sind. Daher füllt eine bestimmte Anzahl von Wellenlängen der Strahlung genau ein Meter aus. Diese Spektrallinien konnten mit irgendwo auf der Welt hergestellter Laboratoriumsausrüstung reproduziert werden, vorausgesetzt die notwendigen Materialien waren erhältlich, und konnten für sehr genaue Längenmessungen verwendet werden. Es war nicht notwendig, jedes Gerät gegen einen Standard-Meterstab zu eichen. Dies ist ein großer Vorteil, und so wurde im Oktober 1960 bei der 11. Allgemeinen Konferenz über Gewichte und Maße beschlossen, daß das Meter in Hinkunft optisch definiert werden würde, mit Bezug auf eine bestimmte Spektrallinie. Das Meter ist nun, laut Definition, 1 650 763,73 mal der Wellenlänge *im Vakuum* der orangeroten Spektrallinie von Krypton [86].

Das Messen der Zeit geschieht ebenfalls durch Vergleich. Tatsächlich gemessen wird ein *Zeitintervall* zwischen zwei Ereignissen. Diese Messung muß im Vergleich mit irgendeinem sich wiederholenden Vorgang durchgeführt werden, der als Standard gewählt wird. Dieser Standard muß, um zufriedenstellend zu sein, gewisse Vorstellungen von Regularität erfüllen. Zum Beispiel stimmen, für den täglichen Gebrauch, Uhren, die von Pendeln derselben Länge angetrieben werden, ganz gut miteinander überein. Mit diesen Uhren erscheinen Tage und Jahre von annähernd gleicher Länge. Auch der menschliche Pulsschlag ist im allgemeinen gleichmäßig, und Gegenstände, die unter ähnlichen Bedingungen fallen gelassen werden, brauchen etwa dieselbe Zeit, um zum Boden zu gelangen. Daher könnten Pendelschwingungen als eine einfache Art von Standard gewählt werden.

Als für astronomische Zwecke befriedigenderer Standard war der *siderische Tag* viel in Verwendung. Das ist die Zeit, die die Erde benötigt, um eine vollständige

Umdrehung zu machen, wobei die Messung relativ zur Richtung eines hypotheti-
schen Fixsterns, bekannt als Erster Punkt des Aries, durchgeführt wird. Die siderische Zeit ist für den täglichen Gebrauch nicht geeignet, weil der siderische Tag ungefähr vier Minuten kürzer ist als der, der durch die scheinbare Position der Sonne bestimmt ist. Daher beanspruchen Tageslicht-Stunden nicht immer denselben Teil
des siderischen Tages. (Die Diskrepanz von vier Minuten rührt von der Bahnbewegung der Erde her.) Die Zeit, die durch die scheinbare Position der Sonne gemessen
wird, heißt *Sonnenzeit*: Die Sonne überschreitet den Meridian von Greenwich in
Abständen von einem *Sonnentag*. Der Sonnentag ist, hauptsächlich wegen der Neigung der Erdachse, verglichen mit dem siderischen Tag von variabler Dauer. Aus
Gründen der Genauigkeit ist es notwendig, über diese Änderungen zu mitteln.
Das führt zur Definition des *mittleren Sonnentages*. Dieser hat die, in bezug auf
siderische Tage, gemittelte Länge eines Sonnentages. Er ist die Basis der behörd-
lichen und gesetzlichen Zeitrechnung.

Im Jahr 1939 fand Harold Spencer Jones (königlich englischer Astronom
von 1933 bis 1945), daß die mittlere Sonnenzeit und die siderische Zeit sich beide
von der Zeit in der Newtonschen Mechanik unterscheiden [300]. Spencer Jones
machte eine sehr detaillierte Analyse der beobachteten Bewegung von Sonne, Mond
und Planeten und fand, daß man sie alle erklären kann, wenn in den Newtonschen
Bewegungsgleichungen die Zeitvariable t relativ zu den anderen Zeitstandards
nicht-gleichförmig voranschreitet. Natürlich war das Ausmaß dieser Nicht-Gleich-
förmigkeit sehr klein und kaum meßbar. Aber die Newtonsche Zeit ist bei der
Vorhersage der Positionen der Planeten und in anderen Rechnungen, die dynamische Gesetze beinhalten, von so fundamentaler Bedeutung für die Astronomie,
daß man sich schließlich, auf der Generalversammlung der Inernationalen Astronomischen Union in Rom im Jahr 1952, dazu entschloß, eine neue Zeit anzunehmen,
genannt Ephemeriden-Zeit, die auf der Newtonschen Zeit basiert. Die Ephemeriden-Zeit wird von einem bestimmten Augenblick an im Jahr 1900 gemessen. Die
Zeiteinheit ist das siderische Jahr 1900. Vier Jahre später nahm das Internationale
Kommitee für Gewichte und Maße die Ephemeriden-Sekunde als fundamentale
Zeiteinheit an. Sie ist definiert als der 1/31 556 925,9747-te Teil des tropischen
Jahres 1900.

Die Ephemeriden-Zeit hat einen großen Nachteil: Der Zeitraum bis zu einem
bestimmten Ereignis wird erst genau im Nachhinein bestimmt. Einige Jahre astro-
nomischer Beobachtungen des Sonnensystems sind notwendig, um präzis das
Fortschreiten der Newtonschen Zeitvariablen, und daher der Ephemeriden-Zeit, zu
bestimmen.

Bei der Messung kurzer Zeitintervalle kann man die Strahlungsfrequenz atomarer oder molekularer Prozesse verwenden. Im Jahr 1967 kam die Allgemeine
Konferenz über Gewichte und Maße überein, die Definition der Sekunde zu ersetzen durch

„9 192 631 770 Perioden der Strahlung, die dem Übergang zwischen zwei Hyperfein-Niveaus des Grundzustandes des Atoms Caesium 133 entspricht."

Die atomare Zeit ist für die Verwendung in der Relativitätstheorie besonders geeignet, da diese sich besonders auf identische Uhren bezieht, die in verschiedenen Inertialsystemen ruhen, und weil sie, zum Unterschied von der Ephemeriden-Zeit, nicht direkt auf Beobachtungen basiert, die auf der Erde durchgeführt wurden. Der Präsident der Royal Astronomical Society, D. H. Sadler, sagte in der Ansprache am 9. Februar 1968, „Astronomische Zeiteinheiten", über die neue Zeiteinheit und die Art ihrer Entstehung:

„Es kann gar keine Frage bestehen, daß die neue Einheit der Sekunde der Ephemeriden-Zeit für alle Zwecke, außer denen der Fundamental-Astronomie, weitaus überlegen ist. ... Die neue Einheit ist nun mit einem in jedem einschlägigen Geschäft erhältlichen Apparat mit einer Präzision von ungefähr 1 zu 10^{11} reproduzierbar, und wie erwähnt ist bereits größere Präzision möglich."

Wenn Einheiten, sowohl der Länge als auch der Zeit auf atomaren Schwingungen beruhen, wird die Frage der Konstanz der Lichtgeschwindigkeit trivial. Wenn, zum Beispiel, die Einheit der Länge definiert ist als die von m Wellenlängen von Licht in einer bestimmten atomaren Strahlung und die Einheit der Zeit als n Perioden derselben Oszillationen, dann würde diese Strahlung in der Einheitszeit eine Entfernung von $\frac{n}{m}$ Einheiten zurücklegen. Mit anderen Worten, die Strahlung pflanzt sich automatisch mit der Geschwindigkeit $\frac{n}{m}$ fort, dem Verhältnis von zwei bestimmten Zahlen. Einsteins Postulat hingegen war nicht trivial, da es ursprünglich auf Entfernungen bezogen war, die mit Stäben ausgemessen werden. Auch bemerken wir, daß bei Experimenten von der Art derer von Michelson-Morley oder Kennedy-Thorndike die Entfernungen zwischen Teilen der Apparatur effektiv durch Stäbe aufrechterhalten werden.

Viele Autoren (siehe zum Beispiel Arzèlies [2]) betrachten die *natürliche Zeit*, die auf dem Begriff der während einer Hin- und Rückreise konstanten Lichtgeschwindigkeit beruht, als den zufriedenstellendsten *theoretischen* Zeitstandard in der Relativitätstheorie. Die natürliche Zeit wird gemessen mit einer idealen Uhr, genannt Einstein-Langevin-Uhr. Diese besteht aus zwei parallelen Spiegeln (*A*, *B* in Bild 2), die auf einem starren Stab befestigt sind. (Mit „starr" meinen wir: von konstanter Länge bezüglich eines vorher gewählten Längenstandards.) Ein Lichtstrahl bewegt sich zwischen den Spiegeln hin und her, wobei er von *A* und *B* reflektiert wird. Die natürliche Zeit wird von den aufeinanderfolgenden Reflexionen am Spiegel *A* angezeigt. Zeitmessungen über eine Entfernung hinweg kommen nicht

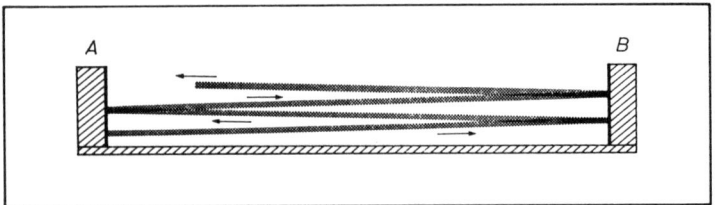

Bild 2 Die Einstein-Langevin-Uhr

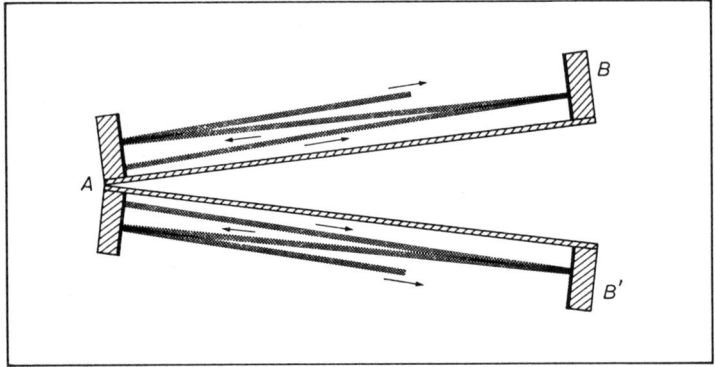

Bild 3 Ein Paar identischer Einstein-Langevin-Uhren, in einem beliebigen Winkel zueinander geneigt

vor. Aber die natürliche Zeit im Punkt A ist nicht eindeutig definiert ohne die Einführung gewisser Annahmen. Stimmen, zum Beispiel, zwei identische Einstein-Langevin-Uhren AB, AB', in einem Winkel aufgestellt, wie in Bild 3, im Gang überein? Genau diese Annahme, also daß der Raum *isotrop* ist, das heißt, daß die Eigenschaften des Raumes in allen Richtungen gleich sind, und das in jedem Punkt, macht die Relativitätstheorie. Wenn der Raum isotrop ist, stimmen die Uhren überein. Isotropie wird vom Michelson-Morley-Experiment (siehe die Bemerkungen von H. P. Robertson in § 3) nahegelegt, das einem Paar von Einstein-Langevin-Uhren nicht unähnlich ist.

Es ist eine Angelegenheit mehr des Experiments als einer Theorie zu entscheiden, ob die natürliche Zeit mit dem atomaren Zeitstandard präzise übereinstimmt.

2.5 Gleichzeitigkeit und die Synchronisation von Uhren

Was meint man eigentlich mit Gleichzeitigkeit? Zwei Begebenheiten oder *Ereignisse* heißen gleichzeitig, wenn sie zur selben Zeit stattfinden, wobei die Zeit jedes Ereignisses mit einer benachbarten Uhr festgestellt wird. Wenn die beiden Ereignisse an Punkten stattfinden, die nahe beisammen liegen, kann man für die Zeitmessung dieselbe Uhr verwenden, und es ist ein leichtes festzustellen, ob die Ereignisse gleichzeitig sind oder nicht. Wenn aber die Ereignisse an voneinander weit entfernten Punkten stattfinden, muß man zwei Uhren verwenden, und diese müssen aufgrund irgendeines Kriteriums vorher synchronisiert werden. In der Praxis haben wir nicht immer Uhren in der Nähe von Ereignissen, an denen wir interessiert sind (wie die Explosion eines entfernten Sterns). Hier muß der Test der Gleichzeitigkeit mit einer anderen, obwohl theoretisch gleichwertigen Prozedur vorgenommen werden. In der Newtonschen Theorie versteckt man das ganze Problem hinter der Annahme, daß „Zeit absolut ist". Das heißt nichts anderes, als daß „alle Uhren synchron gehalten werden können".

Hier ist es wichtig, darauf hinzuweisen, daß, welches Kriterium auch immer man verwendet, bei der Synchronisation einer Uhr B mit einer Uhr A zwei Aufgaben gelöst werden müssen. Zum ersten ist es notwendig, die Anzeige der Uhr B irgendeinmal so zu stellen, daß sie unmittelbar nach dem Stellen „richtig" anzeigt. Das ist die wohlbekannte Aufgabe, eine Uhr durch Verstellen der Zeiger zu richten. Das meinen wir normalerweise mit Synchronisation. Zweitens ist es notwendig, den Mechanismus der Uhr B so zu regulieren, daß diese mit A synchronisiert *bleibt*. (Manchmal bezeichnet das Wort Synchronisation auch Adjustierung *und* Regulieren einer Uhr.)

Nehmen wir an, daß A und B identische Uhren sind, in Ruhe in irgendeinem Inertialsystem, die jede die Standardzeit mißt. Eine mögliche Vorgangsweise bei der Synchronisation von B mit A ist mit Hilfe einer dritten Standarduhr C, die von A nach B getragen wird. Zuerst wird C mit A synchronisiert, und später B mit C. Diese Methode verwenden wir, wenn wir unsere Armbanduhr zu Hause mit einer verläßlichen Uhr vergleichen und später die Bürouhr nach der Armbanduhr stellen. Ein Nachteil, für Präzisionsmessungen, ist, daß die Bewegung die Uhr C irgendwie beeinflussen könnte. (Ein Mann, der, während seine Armbanduhr repariert wird, eine Pendeluhr mit sich herumführt, hat ähnliche Probleme.) Daher kann die Synchronisation davon abhängen, wie C von A nach B transportiert wird.

Um Effekte von auf C wirkenden Scheinkräften zu eliminieren und um den Bewegungszustand von C so ähnlich wie möglich zu dem von A und B zu halten, sollte der Transport sehr langsam und sanft vor sich gehen. Obwohl unter gewissen Umständen unpraktisch, ist die Methode der Synchronisation mittels langsamen Uhrentransports sowohl in der Newtonschen als auch in der Relativitätstheorie im Prinzip möglich (Bild 4a).

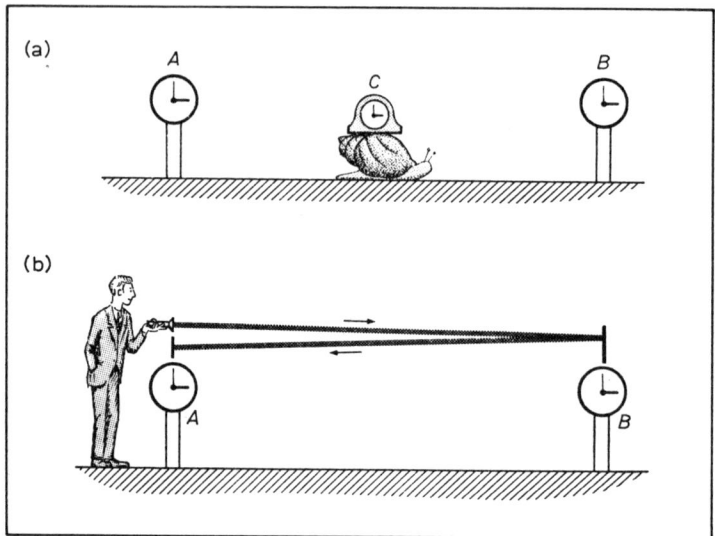

Bild 4 a) Uhrensynchronisation mittels langsamen Transports, b) Test der Einstein-Synchronisation von Uhren

Eine zweite, und in mancher Hinsicht vorzuziehende Methode, Uhren zu synchronisieren, ist das Aussenden von Signalen (Bild 4b). Da keine bekannte Art von Signal sich schneller als Licht fortpflanzt, muß die Zeit für die Propagation berücksichtigt werden. Nehmen wir zum Beispiel an, daß ein Licht- oder Radiosignal um 3 Uhr von A in der Richtung von B ausgesandt wird. Wenn die Entfernung von A nach B l Meter beträgt, werden wir intuitiv erwarten, daß ein Beobachter in A sagt, daß das Signal $\frac{l}{c}$ Sekunden benötigt, um B zu erreichen, wobei c die Lichtgeschwindigkeit in Metern pro Sekunde ist. Daher kann man die Uhr B mit der Uhr A als synchronisiert betrachten, wenn die erste bei der Ankunft des Signals $\frac{l}{c}$ Sekunden nach 3 Uhr anzeigt. Für große Entfernungen ist die folgende Definition der Uhrensynchronisation, die Einstein in seiner Arbeit von 1905 verwendet, sinnvoller (In Einsteins Notation bezeichnen A und B die *Punkte,* an denen sich die Uhren befinden und nicht die Uhren selbst.)

„Ein Lichtstrahl möge zur ‚A-Zeit‘ t_A von A nach B wegfliegen. Er möge zur B-Zeit t_B in B in die Richtung von A reflektiert werden und in A zur A-Zeit t'_A wieder ankommen.

Laut Definition sind die beiden Uhren miteinander synchronisiert, wenn

$$t_B - t_A = t'_A - t_B.\text{``}$$ (2.1)

Mit anderen Worten, die Uhr in B ist synchronisiert mit der Uhr in A, wenn

$$t_B = \frac{1}{2}(t_A + t'_A),$$ (2.2)

das so viel wie das Mittel der A-Zeiten ist, zu denen das Signal abgeschickt und wieder in A aufgefangen wurde.

Diese Vorgangsweise kann einfach verdeutlicht werden. Ein in A befindlicher Beobachter beleuchtet B kurz mit einem Lichtblitz aus seiner Lampe. Er liest die B-Zeit im Moment der Beleuchtung ab. Wenn diese Ablesung das Mittel der eigenen Zeiten beim Anstellen der Lampe und beim Wahrnehmen der erleuchteten B-Uhr ist, dann ist die B-Uhr mit der A-Uhr synchronisiert (Bild 4b).

Der Beobachter in A kann bei Verwendung einer permanent synchronisierten, entfernten Uhr einem entfernten Ereignis eine Zeit zuordnen. Das bedeutet, daß er nun Licht über weite Entfernungen hin eine mittlere Geschwindigkeit zuordnen kann. Die Einsteinsche Definition ist so gewählt, daß das Licht von der Lampe des Beobachters A bei der Hin- und der Rückreise mit derselben Geschwindigkeit fliegt, weil es für jeden Weg dieselbe Zeit benötigt. Wenn die Entfernung $AB = l$ ist, dann ist $t'_A = t_A + \frac{2l}{c}$, und so heißt die Synchronisierungsbedingung

$$t_B = \frac{1}{2}(t_A + t'_A) = t_A + \frac{l}{c},$$ (2.3)

wobei c die Lichtgeschwindigkeit in beiden Richtungen ist. Das stimmt mit unserer früheren intuitiven Vermutung überein.

Mit Hilfe der Annahme, daß die Lichtgeschwindigkeit in jedem Punkt eines Inertialsystems dieselbe ist, können wir zeigen, daß die Einsteinsche Uhrensynchronisation für zwei Beobachter symmetrisch ist. Das heißt, daß es keinen Unterschied macht, ob der Beobachter in A oder ein entsprechender Beobachter in B den Test durchführt. Das folgt aus der mit Hilfe von (2.3) erhaltenen Relation

$$t'_A = t_A + \frac{2l}{c} = t_B + \frac{l}{c},$$ (2.4)

welche die für die Verwendung des Beobachters in B geeignete Form des Kriteriums (2.3) ist.

Jedes nützliche Kriterium für Uhrensynchronisation muß auf alle Uhren anwendbar sein, die in einem gegebenen inertialen Bezugssystem ruhen. Einstein

traf die explizite Annahme, daß „die Definition der Synchronisation frei ist von
Widersprüchen und für jede Anzahl von Punkten möglich". Wir können das sogar
verifizieren. Es genügt zu zeigen, daß, wenn irgendeine dritte Uhr C mit B synchronisiert ist, sie auch automatisch mit A synchronisiert ist. Angenommen, ein
Lichtsignal verläßt A zur Zeit t_A und fliegt entlang eines Dreiecks (mittels Reflexion in B und C) von A nach B, von B nach C und zurück zu A. Das Signal erreicht
die Uhren in B und C, wenn diese die Zeiten anzeigen:

$$t_B = t_A + \frac{AB}{c} \qquad \text{(Uhr } B\text{)}$$

$$t_C = \left(t_A + \frac{AB}{c} \right) + \frac{BC}{c} \qquad \text{(Uhr } C\text{)}$$

wegen der Synchronisation von B mit A und C mit B.

Da die gesamte Länge des geschlossenen Weges $AB + BC + CA$ beträgt, kommt
das Signal zu A zurück, wenn die dortige Uhr

$$\bar{t}_A = t_A + \frac{(AB + BC + CA)}{c}.$$

anzeigt, Daher,

$$\bar{t}_A = t_C + \frac{CA}{c},$$

und so sind die Uhren C und A synchronisiert.

Als nächstes untersuchen wir die Frage der Synchronisation einer bewegten
Standarduhr mit einer, die in einem Inertialsystem ruht. Sei A eine in einem bestimmten Inertialsystem S ruhende Uhr, und sei B eine zweite Uhr in einem beliebigen Bewegungszustand. Wir können die Uhr B mit der Uhr A mit Hilfe eines von
A ausgesandten und in B reflektierten Lichtsignals synchronisieren. Aber es folgt
nicht, daß B von selbst mit A synchronisiert *bleiben* wird. Noch folgt, daß ein mit
B mitbewegter Beobachter darin übereinstimmen würde, daß die Uhren überhaupt
synchronisiert sind.

An dieser Stelle kann sehr wenig über den Standpunkt eines Beobachters in
B gesagt werden, ohne daß wir die Bewegung von B als inertial annehmen. Erst
nach einer tiefergehenden Analyse könnten wir Beobachtungen in beschleunigten
Bezugssystemen innerhalb der speziellen Relativitätstheorie diskutieren. Daher
werden wir annehmen, daß B in einem zweiten Inertialsystem ruht. Mittels eines
einfachen Arguments konnte Einstein aus der Hypothese der Konstanz der Lichtgeschwindigkeit schließen, daß die Zwei-Weg-Synchronisation der Uhren A und B
unmöglich ist. Das kommt daher, daß Beobachter in relativer gleichförmiger Bewegung hinsichtlich der Gleichzeitigkeit getrennter Ereignisse nicht übereinstimmen, und Uhrensynchronisation einfach ein Vorgang ist, bei dem Uhren „zur
gleichen Zeit" gleich gestellt werden.

Man stelle sich einen Zug vor, der gleichförmig entlang eines geraden Schienenstrangs fährt. Das Vorder- und Hinterende, mit M' und N' bezeichnet, tragen Signallampen. Die vordere Lampe M' blitzt auf, wenn sie den Punkt M am Bahndamm passiert. Ebenso leuchtet die hintere Lampe N' auf, wenn sie den Punkt N auf dem Bahndamm passiert (Bild 5a). Wenn die Punkte M und N geeignet gewählt sind, werden die Blitze für einen am Bahndamm postierten Beobachter gleichzeitig aufleuchten, und wenn der Beobachter sich im Mittelpunkt O von MN befindet, werden ihn die Lichtstrahlen von den beiden Lampen gleichzeitig erreichen.

Man betrachte als nächstes einen zweiten Beobachter, der mit dem Zug mitfährt. Er sitzt im in der Mitte gelegenen Abteil, also gerade im Mittelpunkt O' des Zuges. Sein Kriterium für das gleichzeitige Aussenden der Lichtstrahlen ist, daß sie O' gleichzeitig erreichen. Aus Symmetriegründen meint der Beobachter am Bahndamm, daß O' genau dann O passiert, wenn $M'M$ und $N'N$ passiert. Wenn daher die Strahlen in O ankommen, was sie gleichzeitig tun, wird der Punkt O' bereits O passiert haben. Daher kommen die Lichtstrahlen nicht gleichzeitig in O' an (Bild 5b). Daher stimmt der Beobachter im Zug nicht mit dem Beobachter am Bahndamm überein, daß die Lichtstrahlen gleichzeitig ausgesandt wurden.

Hier sollte man im Auge behalten, daß das gleichzeitige Empfangen von Lichtsignalen, die bei zwei Ereignissen ausgesandt wurden, nur dann ein Kriterium für die Gleichzeitigkeit dieser Ereignisse ist, wenn der betreffende Beobachter sich in gleicher Entfernung von den Ereignissen befindet.

Bei den üblichen Zuggeschwindigkeiten sind Unterschiede in den Kriterien für Gleichzeitigkeit vernachlässigbar, nicht aber für die in der zukünftigen Raumfahrt möglichen hohen Geschwindigkeiten. Im letzteren Fall können Uhren in den Bezugssystemen der Erde und eines Raumschiffs getrennt synchronisiert werden,

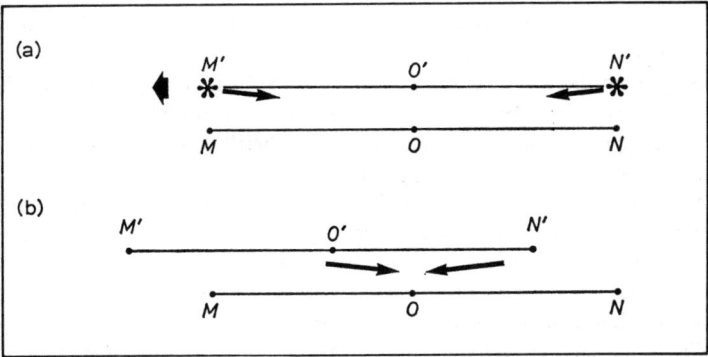

Bild 5

aber jede Uhr in dem einen System kann nicht mit allen Uhren des anderen Systems synchronisiert sein, so daß Raumfahrer und Erdenbürger einverstanden sind. Die willkürliche Natur von Einsteins Definition der Synchronisation hat oft Einwände gegen Argumente um das Uhrenparadoxon, die „Zeit-über-eine-Entfernung-hinweg" beinhalten, verursacht. (Siehe zum Beispiel Dingle [56].) Solche Einwände sind unberechtigt, solange eine solche Zeit konsistent in einer Rechnung verwendet wird. Sie dient einfach als eine Koordinate, in derselben Weise wie andere willkürliche Koordinaten, als eine entbehrliche Hilfe beim Aufstellen eindeutiger Vorhersagen aus physikalischen Gesetzen.

2.6 Die Lorentztransformation

Wenn man einmal akzeptiert hat, daß Gleichzeitigkeit eine relative und keine absolute Eigenschaft eines Paars von Ereignissen ist, das heißt nur definiert ist relativ zu einem gewählten Bezugssystem, wird es klar, daß auch andere Messungen von Raum und Zeit in ungewohnter Weise von dem System abhängen können, in dem sie durchgeführt werden. Die Beziehungen zwischen Messungen in verschiedenen Systemen müssen daher nochmals untersucht werden. Ein solches Unterfangen wurde von Einstein initiiert, der als erster, ausgehend von seinen zwei grundlegenden Postulaten der Relativitätstheorie, bestimmte, wie Koordinaten und die Zeit eines einzelnen Ereignisses bezüglich eines Systems mit denen desselben Ereignisses bezüglich des zweiten Systems zusammenhängen.

Wir müssen die Bezeichnung „Ereignis" etwas mehr präzisieren. Ein Ereignis ist eine tatsächliche oder gedachte Begebenheit, die so im Raum lokalisiert und von so kurzer Dauer ist, daß man annehmen kann, daß sie nur einen Punkt im Raum und einen Augenblick in der Zeit ausfüllt. (Selbst so etwas wie die Explosion eines Sternes kann man unter geeigneten Umständen, zum Beispiel relativ zu einem großen Gebiet des Universums oder über einen langen Zeitraum hinweg, als punktförmig und „augenblicklich" ansehen.)

Wir müssen auch die vorher implizite Annahme explizit machen, daß nämlich in jedem Inertialsystem die Geometrie des Raums euklidisch ist. Mit anderen Worten, wenn die richtigen Entfernungsstandards, „Geradheit" usw., verwendet werden, sollte es uns möglich sein, euklidische Theoreme im physikalischen Raum mit Hilfe von Dreiecken aus Stäben und ähnlichem darzustellen. (Diese Annahme *könnte* falsch sein und *ist* dies auch tatsächlich aufgrund der allgemeinen Relativitätstheorie. Aber die Abweichungen von der euklidischen Geometrie, wie sie von der allgemeinen Relativitätstheorie vorhergesagt werden, sind erst bei Anwesenheit extrem starker Gravitationsfelder bedeutsam oder dann, wenn Regionen von kosmischer Ausdehnung betrachtet werden.) Weiter nehmen wir aufgrund von Experimenten an, daß der „richtige" Entfernungsstandard ungefähr dem von uns gewählten entspricht, ob dies die Krypton-Wellenlänge oder der Platin-Iridium-Standard ist. Der Begriff der „Geradheit" ist bereits im Konzept der inertialen Bewegung enthalten. Bezüglich unserer Standards bewegen sich isolierte Materieteilchen und Lichtstrahlen auf geraden Linien. Wenn unsere Standards „falsch" wären, hätten diese nicht ihre gegenwärtige privilegierte Rolle in der naturwissenschaftlichen Theorie und beim Meßvorgang erlangt. Wir nehmen daher an, daß in jedem Inertialsystem kartesische Koordinaten (x, y, z) verwendet werden können, die sich in der üblichen Weise direkt auf Entfernungsmessungen beziehen. Wenn zum Beispiel zwei Teilchen in den Punkten (x_1, y_1, z_1) und (x_2, y_2, z_2) ruhen, dann ist die gemessene Entfernung zwischen ihnen

$$\sqrt{[(x_1 - x_2)^2 + (y_1 - y_2)^2 + (z_1 - z_2)^2]},$$

in Übereinstimmung mit dem Satz von Pythagoras.

So weit die Vorbemerkung. Man betrachte nun zwei Inertialsysteme S und S', in denen kartesische Koordinaten (x, y, z) und (x', y', z') verwendet werden. Der Einfachheit halber sollen die entsprechenden Koordinatenachsen in den beiden Systemen parallel sein und die x- und x'-Achsen entlang derselben Linie in Richtung der Relativgeschwindigkeit von S' bezüglich S liegen. (Bild 6) Die relative Geschwindigkeit der Systeme beträgt V und hat die in der Figur angezeigte Richtung.

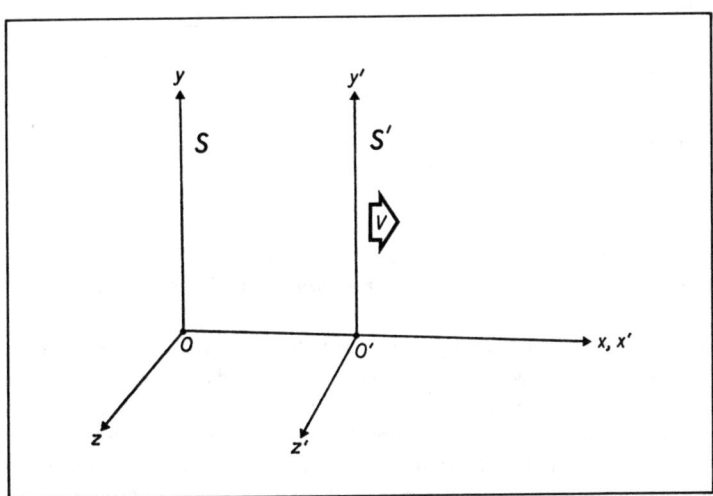

Bild 6 Inertiale Bezugssysteme in der „Standardkonfiguration: O' stimmt mit O zur Zeit $t' = t = 0$ überein.

Im System S kann Zeit als absolut angesehen werden. Die Zeit irgendeines Ereignisses kann mit einer benachbarten Standarduhr (die mit allen anderen Uhren in S synchronisiert ist) bestimmt werden, oder mit einer äquivalenten Methode, die eine „Haupt"-Uhr und Lichtsignale zwischen dieser Haupt-Uhr und dem Ereignis verwendet. Wir bezeichnen Zeit in diesem System mit dem Symbol t. In ähnlicher Weise kann Zeit im System S' als absolut angesehen werden, und die Zeit eines Ereignisses in S' wird mit einer vollkommen analogen Prozedur wie in S bestimmt. Die Zeit in S' wird mit t' bezeichnet. Um vollständigen Gebrauch von allen möglichen Vereinfachungen zu machen, nehmen wir weiter an, daß in jedem System Zeit von dem Augenblick an gemessen wird, in dem der Ursprung O' in S' den Ursprung O in S passiert. Dieses bestimmte Ereignis findet also zur Zeit $t = t' = 0$ statt. Keine unserer vereinfachenden Annahmen ist im physikalischen Sinne einschränkend, denn wir können für jedes Paar von Inertialsystemen die Koordinatenachsen so orientieren und Uhren so adjustieren, daß sie sich in der *Standardkonfiguration* befinden.

Unser Problem ist das folgende. Wie sind die Raum- und Zeit-Koordinaten x, y, z und t eines Ereignisses von den Koordinaten $x', y', z',$ und t' desselben Ereignisses abhängig? Schreiben wir zunächst zum Vergleich die entsprechenden vor-relativistischen Formeln an. Aufgrund von Newtonschen Prinzipien haben wir $t' = t$. Außerdem ist $OO' = Vt'$. Daher sind die gesuchten Formeln:

$$
\begin{aligned}
x &= x' + Vt, \\
y &= y', \\
z &= z', \\
t &= t',
\end{aligned}
\qquad (2.5)
$$

oder

$$
\begin{aligned}
x' &= x - Vt, \\
y' &= y, \\
z' &= z, \\
t' &= t.
\end{aligned}
\qquad (2.6)
$$

Die Gleichungen (2.6) heißen *Galilei-Transformation*, nach Galileo Galilei (1564—1642).

Natürlich ist die Galilei-Transformation mit den relativistischen Postulaten der Konstanz der Lichtgeschwindigkeit unvereinbar. Um das einzusehen, ist es nicht notwendig, unser Zug-Beispiel für die Gleichzeitigkeit durchzuarbeiten. Denn das klassische Gesetz der „Geschwindigkeitsaddition" ist mit der Existenz einer Lichtgeschwindigkeit, die in allen Inertialsystemen dieselbe ist, inkonsistent. Angenommen, ein Lichtstrahl entlang der x-Achse wird zur Zeit $t = 0$ von O ausgesandt. Zu einer späteren Zeit, sagen wir $t = t_1$, wird der Strahl den Punkt $x = ct_1$ ($y = 0$, $z = 0$) erreicht haben. Die Ankunft des Strahls in diesem Punkt ist ein Ereignis (zum Beispiel das Aufleuchten eines Staubteilchens, das sich gerade dort befindet), dessen Koordinaten

$$x = ct_1, y = 0, z = 0, t = t_1$$

betragen. Dieses Ereignis hat, wegen (2.6), in S' die Koordinaten

$$x' = (c - V) t_1, y' = 0, z' = 0, t' = t_1.$$

Daher erhalten wir $x' = (c - V) t'$. Also ist die Lichtgeschwindigkeit in S' gleich $c - V$ und nicht c.

Einstein erhielt eine neue Transformation an Stelle der Galilei-Transformation der Raum- und Zeitkoordinaten, indem er sich auf die erwähnten zwei Prinzipien stützte, und zwar das Relativitätsprinzip und das Prinzip der Konstanz der Lichtgeschwindigkeit. Diese sprach er in seiner Arbeit aus dem Jahr 1905 folgendermaßen aus:

1. Die Gesetze, nach denen sich die Zustände der physikalischen Systeme ändern, sind unabhängig davon, auf welches von zwei relativ zueinander in gleichförmiger Translationsbewegung befindlichen Koordinatensystemen diese Zustandsänderungen bezogen werden.

2. Jeder Lichtstrahl bewegt sich im „ruhenden" Koordinatensystem mit der bestimmten Geschwindigkeit V, unabhängig davon, ob dieser Lichtstrahl von einem ruhenden oder bewegten Körper emittiert ist. Hierbei ist

$$\text{Geschwindigkeit} = \frac{\text{Lichtweg}}{\text{Zeitdauer}},$$

wobei „Zeitdauer" im Sinne der Definition des § 1 aufzufassen ist (d.h. bei Verwendung synchronisierter Standarduhren).

Mit dem „ruhenden" System war irgendein ausgewähltes Inertialsystem gemeint. Aus 1. können wir schließen, daß freie Teilchen sich bezüglich S und S' gleichförmig bewegen, da dies inertiale Bewegungen sind. Dieser Umstand, zusammen mit geringfügigen zusätzlichen Annahmen, um die wir uns hier nicht zu kümmern brauchen, führen zu der Schlußfolgerung, daß die relativistischen Transformationsgleichungen wie jene der Galilei-Transformation *lineare* Gleichungen sein müssen. Das heißt, jede der Größen x', y', z', t' muß gleich einem Ausdruck der Form sein

$$a_0 + a_1 x + a_2 y + a_3 z + a_4 t,$$

wobei die a's alle konstant sind, aber möglicherweise von V abhängen. Der Beweis ist rein mathematisch und kann in den meisten Lehrbüchern über Relativitätstheorie nachgelesen werden. Die rechten Seiten in (2.6) sind alle einfache Beispiele für solche linearen Ausdrücke.

Da jedes System „ruhend" genannt werden kann, folgt aus 2, daß ein von O zum Zeitpunkt $t = 0$ ausgesandter Lichtstrahl zur Zeit t, von S aus gesehen, eine Entfernung ct von O erreicht haben wird. In welcher Richtung auch immer der Lichtstrahl fliegt, die Front des Strahls wird daher einen Punkt (x, y, z) zur Zeit t erreicht haben, wenn

$$\sqrt{(x^2 + y^2 + z^2)} = ct \qquad \text{oder} \qquad x^2 + y^2 + z^2 - c^2 t^2 = 0. \qquad (2.7)$$

Ebenso wird der Strahl einen Punkt (x', y', z') in S' zur Zeit t' erreicht haben, wenn

$$x'^2 + y'^2 + z'^2 - c^2 t'^2 = 0, \qquad (2.8)$$

da er von O' zur Zeit $t' = 0$ ausgesandt wurde. Die durch (2.7) und (2.8) definierten Mengen von Ereignissen stimmen überein: Es sind die Ereignisse an der Front aller möglichen Lichtstrahlen, die von einem bestimmten Punkt im Raum zu einem bestimmten Zeitpunkt ausgesandt wurden. Die neue Transformation muß daher so beschaffen sein, daß, wann immer x, y, z, t die Gleichung (2.7) erfüllen, x', y', z', t' die Gleichung (2.8) erfüllen und umgekehrt. Nur wenige lineare Transformationen haben diese Eigenschaft, und für wie in Bild 6 orientierten Systeme stellt sich nur *eine* als akzeptabel heraus. (Andere haben Fehler, wie zum Beispiel, daß sie Zukunft und Vergangenheit in den beiden Systemen vertauschen, etc.) Diese eine Transformation ist die Lorentztransformation.[1])

$$x' = \frac{x - Vt}{\sqrt{\left(1 - \frac{V^2}{c^2}\right)}}$$

$$y' = y,$$

$$z' = z, \qquad (2.9)$$

$$t' = \frac{t - \frac{Vx}{c^2}}{\sqrt{\left(1 - \frac{V^2}{c^2}\right)}}.$$

(Diese Gleichungen stimmen genau mit jenen überein, die Lorentz im Jahr 1904 einführte, um die Koordinaten von Ereignissen in zwei Inertialsystemen, von denen eines das Äthersystem war, in Beziehung zu setzen. Die Transformation trägt weiterhin seinen Namen.)

---

[1]) Weitere Details der Herleitung findet man im Buch des Autors "An Introduction to Relativity" [278]. Man kann die Lorentztransformation auch aus einer Vielzahl von anderen Postulaten herleiten. Mehrere Zitate befinden sich im Buch von Arzeliès [2].

Die Gleichungen (2.9) sind nur anwendbar, wenn die Größe V kleiner als c ist. Andernfalls wären die Nenner auf der rechten Seite null oder imaginär. Daher verneint die spezielle Relativitätstheorie die Möglichkeit, daß irgendein Beobachter und sein Bezugssystem relativ zu einem zweiten Beobachter und Bezugssystem mit einer Geschwindigkeit reisen kann, die gleich oder größer als c ist. Aufgrund weiterer Entwicklungen der Theorie können weder Teilchen noch Energie schneller als mit Lichtgeschwindigkeit transportiert werden. Wir rufen uns hier die Stelle bei Poincaré (aus dem Jahre 1904) in Erinnerung, wo er „eine ganz neue Mechanik" fordert und „diese sich erst da abzeichnet, wo, da Trägheit mit der Geschwindigkeit zunimmt, die Lichtgeschwindigkeit eine unüberwindbare Grenze ist". Wenn aber kein Transport von Masse (Energie) oder Information stattfindet, kann die Geschwindigkeit c übertroffen werden. Wenn zum Beispiel ein Lichtstrahl von einer Lampe auf einen Teil einer Leinwand fällt und die Lampe heftig schwingt, dann kann sich das beleuchtete Gebiet im Prinzip mit jeder endlichen Geschwindigkeit über die Leinwand hinweg bewegen. Eine solche Vorrichtung kann nicht verwendet werden, um ein Signal von einem Teil der Leinwand zu einem anderen zu senden, obwohl es natürlich dazu benützt werden kann, Signale von der Lampe in die Nähe der Leinwand zu senden. Diese Signale pflanzen sich gerade mit der Geschwindigkeit c fort.

Die Existenz einer Grenzgeschwindigkeit ist aufs Engste mit der Frage der *Kausalität* verknüpft. Die zeitliche Aufeinanderfolge zweier Ereignisse muß in zwei verschiedenen Bezugssystemen nicht dieselbe sein. In unserem Zug-Beispiel (Abschnitt 2.5) ist das gleichzeitige Aufleuchten der Lampen aufgrund des Beobachters am Bahndamm für den Beobachter im Zug nicht gleichzeitig. Für den mitreisenden Beobachter O' leuchtet die Lampe am Vorderende des Zugs M' als erste auf. Wenn sich ein anderer Beobachter O'' in einem zweiten Zug befände, der in die entgegengesetzte Richtung fährt, würde O'' finden, daß die Lampe am *hinteren* Ende N' als erste aufleuchtet (aufgrund eines einfachen Symmetriearguments). Folglich können die Ereignisse des Aufleuchtens von Lampen gleichzeitig stattfinden oder in irgendeiner Reihenfolge, je nach dem Bezugssystem des Beobachters. Darin liegt kein Widerspruch. Hingegen haben Ereignisse, die miteinander *kausal* verknüpft sind, eine eindeutige Zeitordnung. Wir wissen zum Beispiel, daß ein entferntes Telefon erst abgehoben wird, *nachdem* wir gewählt haben, und daß es keine Chance gibt, eine bestimmte chemische Reaktion zu beobachten, bevor die erforderlichen Chemikalien zusammengebracht worden sind. Die physikalischen Gesetze würden in jedem Bezugssystem, in dem diese Behauptungen nicht zutreffen, eine merkwürdige Form annehmen, und das Relativitätsprinzip sagt uns, daß diese merkwürdigen Gesetze dann in *allen* Bezugssystemen, unserem eigenen inbegriffen, gelten müßten. Es wird später klar werden, daß, wenn ein sich bewegender Punkt, um von einem Ereignis E_1 zu einem Ereignis E_2 zu gelangen, mit einer größeren Geschwindigkeit als c reisen müßte, E_2 nicht von *allen*

Beobachtern als vor E_1 stattfindend angesehen werden kann. In diesem Fall kann also E_1 nicht die Ursache von E_2 sein.

Wenn andererseits die Reise zwischen den Ereignissen mit einer Geschwindigkeit kleiner als c erfolgen kann, ist die Zeitordnung der Ereignisse absolut, und E_1 könnte möglicherweise E_2 verursachen.

In einer relativistischen Welt, in der trotzdem Überlichtgeschwindigkeiten für Signale erlaubt sind, kann man sich bizarre, paradoxe Situationen vorstellen. Es wäre zum Beispiel möglich, ein Ereignis zu beobachten und dann Schritte zu ergreifen, die das Auftreten dieses Ereignisses verhindern. Solche Möglichkeiten werden von David Bohm in seinem Buch "The Special Theory of Relativity" [246] diskutiert.

Man beachte, daß, wenn V viel kleiner ist als c, der Nenner $\sqrt{\left(1 - \dfrac{V^2}{c^2}\right)}$ nahezu gleich 1 ist. In diesem Fall reduzieren sich die Gleichungen für die Lorentztransformation ungefähr auf jene der Galilei-Transformation. Daher sind in den meisten Fällen, bei denen die Geschwindigkeiten niedrig sind, relativistische Effekte zu vernachlässigen. Wenn die relativistischen Effekte bei niedrigen Geschwindigkeiten bedeutender wären, wäre die spezielle Relativitätstheorie viel früher entstanden, als dies tatsächlich der Fall war.

Die Transformation, die Koordinaten in S durch jene in S' ausdrückt, muß aus (2.9) herleitbar sein, indem man V durch $-V$ ersetzt, und indem man die Striche von der linken auf die rechte Seite gibt. Wir erhalten

$$x = \frac{x' + Vt'}{\sqrt{\left(1 - \dfrac{V^2}{c^2}\right)}},$$

$$y = y',$$

$$z = z',$$

$$t = \frac{t' + \dfrac{Vx'}{c^2}}{\sqrt{\left(1 - \dfrac{V^2}{c^2}\right)}}$$

(2.10)

Dies folgt daraus, daß das System S sich relativ zu S' mit der Geschwindigkeit $-V$ in der x'-Richtung bewegt. Die Gleichungen (2.10) stellen die *inverse Transformation* zu (2.9) dar und können auch durch Umformen von (2.9) erhalten werden.

Betrachten wir nun die relativistische „Geschwindigkeitsaddition". Um einen einfachen Fall zu nehmen, nehmen wir an, daß sich ein Körper in der x'-Richtung in S' mit der Geschwindigkeit v bewegt, wobei er bei $t' = 0$ in O' wegfährt. Seine Lage zu jedem späteren Zeitpunkt t' beträgt $x' = vt'$, wobei y' und z' konstant bleiben.

Wegen (2.10) ist Lage und Zeit in S gleich

$$x = \frac{x' + Vt'}{\sqrt{\left(1 - \frac{V^2}{c^2}\right)}} = \frac{(v + V)\,t'}{\sqrt{\left(1 - \frac{V^2}{c^2}\right)}} \, ,$$

$$t = \frac{t' + \frac{Vx'}{c^2}}{\sqrt{\left(1 - \frac{V^2}{c^2}\right)}} = \frac{\left(1 + \frac{Vv}{c^2}\right)t'}{\sqrt{\left(1 - \frac{V^2}{c^2}\right)}} \, ,$$

(2.11)

wobei y und z dieselben konstanten Werte wie y' und z' haben. Daher, wenn u die Größe $\frac{x}{t}$ bezeichnet,

$$u = \frac{v + V}{1 + \frac{Vv}{c^2}} \, ,$$

(2.12)

was die konstante Geschwindigkeit des Körpers in der x-Richtung in S ist. Die Gleichung (2.12) ersetzt das vorrelativistische Gesetz $u = v + V$ für die „Addition" von Geschwindigkeiten entlang einer geraden Linie.

Wenn v und V beide positiv sind, ist u *kleiner* als die Summe von v und V. Ein relativistisches Resultat dieser Art war zu erwarten, denn, wie nahe auch immer V und v bei c sind: wir wissen, daß u nicht c übertreffen darf. Wenn zum Beispiel $v = \frac{3}{4}c$, und $V = \frac{3}{4}c$, dann ist auf der Basis der klassischen Theorie $u = \frac{3c}{2}$, während aufgrund der Relativitätstheorie wir aus (2.12) erhalten, daß $u = \frac{24c}{25}$, was kleiner als c ist.

Geschwindigkeiten in andere Richtungen, die nicht parallel zur Relativgeschwindigkeit der zwei Inertialsysteme sind, können in ähnlicher Weise behandelt werden. Es stellt sich heraus — was zunächst überraschend ist —, daß die Geschwindigkeitskomponenten in der y'- und z'-Richtung verschieden sind von denen in der y- und z-Richtung, ungeachtet der Tatsache, daß $y = y'$ und $z = z'$ ist. Das rührt daher, daß Zeitintervalle in den beiden Systemen verschieden sind.

2.7 Bewegte Lineale und Uhren

Man rufe sich in Erinnerung, daß Fitzgerald und Lorentz vorschlugen, daß durch den Äther mit der Geschwindigkeit v bewegte Körper um den Faktor $\sqrt{\left(1 - \frac{v^2}{c^2}\right)}$ in der Bewegungsrichtung kontrahiert werden. In der Relativitätstheorie ist dieser Vorschlag natürlich inhaltslos, da es keinen Äther gibt. Da aber die Koordinaten von Ereignissen sich beim Übergang von einem System zum anderen in einer nicht-klassischen Weise ändern, könnte man erwarten, daß die Dimensionen eines Körpers in irgendeiner Hinsicht in verschiedenen Bezugssystemen verschieden sind. Der innige Zusammenhang zwischen Koordinaten und Messungen macht es leicht nachzuweisen, daß dies tatsächlich so ist.

Man betrachte einen Meterstab AB, der parallel zur x'-Richtung im System S' liegt (Bild 7). Im S-System, das sich in der im letzten Abschnitt beschriebenen Weise zu S' verhält, bewegt sich der Stab parallel zu sich selbst mit der Geschwindigkeit V. Was ist die gemessene Länge des Stabs in S? Zunächst müssen wir klarstellen, was diese Frage überhaupt bedeutet, denn die Länge eines bewegten Gegenstandes ist eine Frage der Definition. Wir können nicht einmal im Prinzip einen Meterstab in Ruhe an den bewegten Stab anlegen und die beiden einfach vergleichen, ohne eine ganz bestimmte Entscheidung darüber zu treffen, wie der Vergleich durchzuführen ist. In irgendeinem Sinn sollte die Länge S ein Maß für die Entfernung zwischen den Enden A und B sein, wenn das Wort Länge etwas von seiner gebräuchlichen Bedeutung behalten soll: Aber die Zeiten für die Beobachtung von A und B müssen noch festgelegt werden. In Analogie zum klassischen Konzept der Länge eines bewegten Körpers werden wir annehmen, daß die Beobachtungen von A und B relativ zum Meß-System *gleichzeitig* durchgeführt werden sollen und daß daher die Länge in S die Entfernung zwischen den Lagen der Endpunkte für einen bestimmten Wert von t ist.

Im System S' sind die x'-Koordinaten von A und B Konstante, die wir, für eine bestimmte Zahl K, als $x'_A = K$ und $x'_B = K + 1$ schreiben können. Wir bezeichnen die x-Koordinaten der Enden im System S mit x_A und x_B, die beide von der Zeit t abhängen. Die verbleibenden Raumkoordinaten bleiben in den beiden Systemen dieselben und brauchen daher nicht weiter betrachtet zu werden.

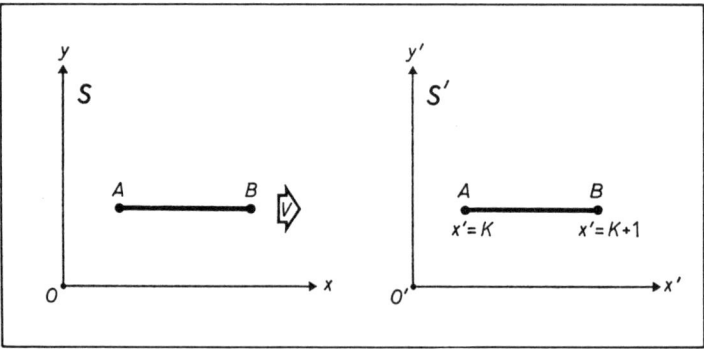

Bild 7 Der Meterstab AB ruht in S'

Zur Zeit t haben wir wegen (2.9)

$$x'_A = K = \gamma (x_A - Vt),$$

$$x'_B = K + 1 = \gamma (x_B - Vt),$$

wobei γ den Ausdruck $\dfrac{1}{\sqrt{\left(1 - \dfrac{V^2}{c^2}\right)}}$ bezeichnet. Nach Subtraktion ist daher

$$x'_B - x'_A = 1 = \gamma (x_B - x_A),$$

oder

$$x_B - x_A = \frac{1}{\gamma} = \sqrt{\left(1 - \frac{V^2}{c^2}\right)}, \qquad \text{(in Metern)}$$

was kleiner als 1 ist. *Ein bewegter Stab ist kürzer als ein identischer in Ruhe.* Überdies ist der Kontraktions-Faktor $\sqrt{1 - \dfrac{V^2}{c^2}}$ exakt gleich dem Faktor von Fitzgerald-Lorentz, obwohl er sich nun auf die Bewegung eines Körpers relativ zu einem beliebigen Inertialsystem bezieht. Der Name Fitzgerald-Lorentz-Kontraktion wird heute allgemein für das relativistische Kontraktionsphänomen verwendet.

Wegen der Symmetrie der Beziehung der zwei Systeme S und S' folgt, daß ein in S ruhender Meterstab in S' verkürzt erscheint. Natürlich kann man das auch direkt aus (2.10) ableiten. (Man denke an zwei Hexen auf identischen Besenstielen. Wenn diese aneinander vorbeigleiten, bemerkt jede voller Stolz, daß ihr eigenes Statussymbol länger ist!) Dieses Resultat ist nur scheinbar widersprüchlich, da der Vergleich der identischen Stäbe aufgrund verschiedener Kriterien in den beiden Systemen durchgeführt wird. Jedes System verwendet sein eigenes Kriterium für Gleichzeitigkeit. Wenn sich ein Stab in Ruhe bezüglich einer Richtung befindet, die normal auf die der relativen Bewegung der Systeme steht, gibt es keine Kontraktion, da die y- und z-Koordinaten sich bei der Lorentztransformation (2.9) nicht ändern. Die Länge eines Stabes in seinem eigenen Ruhsystem heißt *Ruhe-* oder *Eigen*länge.

Immer kehrt die Frage wieder, ob die Fitzgerald-Lorentz-Kontraktion „wirklich" ist. Die Zweifel entstehen üblicherweise, weil die Längen von bewegten Körpern willkürlich sind, insoweit als die Annahme einer bestimmten Definition von Gleichzeitigkeit (wie die Einsteinsche, die wir verwenden) willkürlich ist. Wir aber können mit Nachdruck antworten, daß das Phänomen insoweit wirklich ist, als dieselbe Längenmessung aufgrund der klassischen (Newtonschen) und der Relativitätstheorie verschiedene Resultate ergibt. Das wird klar durch das folgende Beispiel. Zwei identische, parallele Stäbe AB und $A'B'$ mögen sich mit der Geschwindigkeit V in die entgegengesetzte Richtung bewegen, so daß sie aneinander vorbeigleiten (Bild 8). Wenn A den Punkt A' passiert, wird seine Position in S von einem

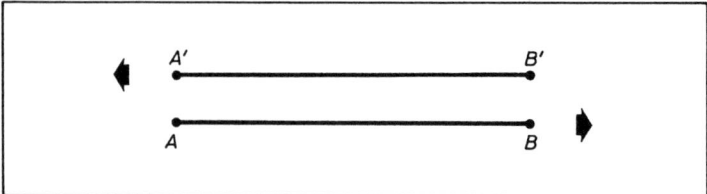

Bild 8

benachbarten Beobachter notiert. Ebenso, wenn B den Punkt B' passiert, wird seine Position in S von einem anderen in der Nähe stehenden Beobachter aufgezeichnet. Die Entfernung zwischen den zwei Positionen wird hierauf in S in Ruhe gemessen. Die relativistische Vorhersage für die gemessene Entfernung beträgt $\sqrt{\left(1 - \frac{V^2}{c^2}\right)}$ mal dem Wert aufgrund der klassischen Theorie.

Wir haben nun die Frage der Längen in verschiedenen Systemen behandelt. Betrachten wir nun das analoge Problem mit Zeitintervallen, das für die Zwecke dieses Buchs das wichtigere ist. Insbesondere müssen wir den Gang einer bewegten Uhr bestimmen. Nehmen wir an, daß eine in S' ruhende Standarduhr in Intervallen von einer Sekunde tickt. Wie groß ist das Zeitintervall zwischen den Schlägen in S?

Um die Lorentztransformation auf dieses Problem anzuwenden, müssen wir den Schlägen Ereignisse zuordnen. Diese Ereignisse könnten das Aussenden von Lichtblitzen durch eine Lampe sein, die an die Uhr angeschlossen und von ihr angetrieben ist. Oder die Ereignisse könnten einfach in der Anzeige des Zifferblattes der Uhr bestehen, wenn diese 12 Uhr, eine Sekunde nach 12, zwei Sekunden nach 12, etc. anzeigt. Jede Art von Ereignis fixiert eine Position und einen Augenblick in dem Leben der Uhr. Wenn die Uhr sich im Punkt (x', y', z') im System S' befindet, dann sind zwei aufeinanderfolgende Schläge Ereignisse mit den Koordinaten (x', y', z', T') und $(x', y', z', T' + 1)$ für eine bestimmte Zahl T'. Aufgrund von (2.10) sind die Zeiten derselben Ereignisse in S gegeben durch

$$t_1 = \gamma \left(T' + \frac{Vx'}{c^2}\right), \qquad \text{(erster Schlag)}$$

$$t_2 = \gamma \left(T' + 1 + \frac{Vx'}{c^2}\right), \qquad \text{(zweiter Schlag)}$$

und daher, nach Subtraktion,

$$t_2 - t_1 = \gamma = \frac{1}{\sqrt{\left(1 - \frac{V^2}{c^2}\right)}} \qquad \text{(Sekunden)} \qquad (2.13)$$

Das ist das erforderliche Zeitintervall in S. Es ist größer als eine Sekunde. Daher scheint die bewegte Uhr langsam zu gehen.

Aus Symmetriegründen folgt, daß auch eine in S ruhende Standarduhr von S' aus gesehen langsam zu gehen scheint. Dies kann man auch direkt mit Hilfe der Transformationsgleichungen verifizieren. Wie bei der wechselseitigen Kontraktion von Längen besteht auch hier kein Widerspruch. In dem einen Fall wird eine bestimmte Uhr in S' mit einer Aufeinanderfolge benachbarter Uhren in S, die alle mit der Einsteinschen Synchronisierungsvorschrift für S synchronisiert sind, verglichen. Im anderen Fall wird eine bestimmte Uhr in S mit solchen in S' verglichen, die auf analoge Weise in S' synchronisiert sind. *Bewegte Uhren gehen langsam.* Dieses Phänomen heißt *Zeit-Dilatation*.

Zunächst ist es eher schwierig, sich zwei Systeme von Uhren vorzustellen, von denen jedes relativ zum anderen langsam geht. Ein einfaches Beispiel wird diese Situation erläutern. Bild 9 zeigt eine Formation von drei Raumschiffen auf ihrer Reise quer durch das Sonnensystem. Ihre Geschwindigkeit soll $\frac{1}{2}\sqrt{3}c$, oder ungefähr $0,87\,c$ betragen, da für diesen speziellen und eher hohen Wert für $V\,\gamma$ den angenehmen Wert 2 hat. Die Schiffe sind gleich weit voneinander entfernt und fliegen diametral über die Bahn des äußersten Planeten Pluto, wobei ihr Weg nahe an der Sonne vorbeiführt. Ihr Abstand voneinander ist ungefähr 5.600 Millionen km (ein wenig kleiner als der mittlere Radius der Bahn des Pluto), sodaß sie die Sonne in Intervallen von sechs Stunden Sonnensystem-Zeit (SZ) passieren und jedes Schiff ungefähr zwölf Stunden für das Überqueren benötigt. Bild 9 enthält drei „Schnappschüsse" des Sonnensystems, wobei ein Schnappschuß ein Bild gleichzeitiger Ereignisse in einem gegebenen System ist. Die Schnappschüsse werden in sechs Stunden-Intervallen aufgenommen. Sie zeigen die Zeit in Stunden, wie sie von drei Uhren im Sonnensystem angezeigt wird, die sich am Anfang (A), Mittelpunkt (B — die Sonne) und Ende (C) des Durchquerens befinden. Sie zeigen auch die Anzeige von synchronisierten Uhren in den Raumschiffen. In jedem Bezugssystem wurde die Zeit Null willkürlich als der Augenblick gewählt, in dem das erste Schiff C passiert.

Man beachte, daß im Schnappschuß (I) die Uhr im hintersten Schiff achtzehn Stunden gegenüber der benachbarten Sonnensystem-Uhr in A vorgeht, wohingegen in (II) nur fünfzehn Stunden gegenüber der benachbarten in B. In (III) ist sie nur zwölf Stunden vor der benachbarten Uhr C. Die Uhr dieses Raumschiffs geht daher in SZ langsam. Weiter beachte man, daß die Sonnensystem-Uhr in C mit der nächsten Raumschiff-Uhr in (I) übereinstimmt, sechs Stunden nach der nächsten in (II) und zwölf Stunden nach der nächsten in (III) geht. Das zeigt, daß auch die Sonnensystem-Uhren im Bezugssystem der Raumschiffe langsam gehen.

Bezüglich der Zeitdilatation gibt es viel experimentelles Material, das wir im Detail im Kapitel 5 betrachten werden. An dieser Stelle ist es vielleicht hilfreich, nur ein Beweisstück für dieses Phänomen zu beschreiben. Dieses betrifft die Lebens-

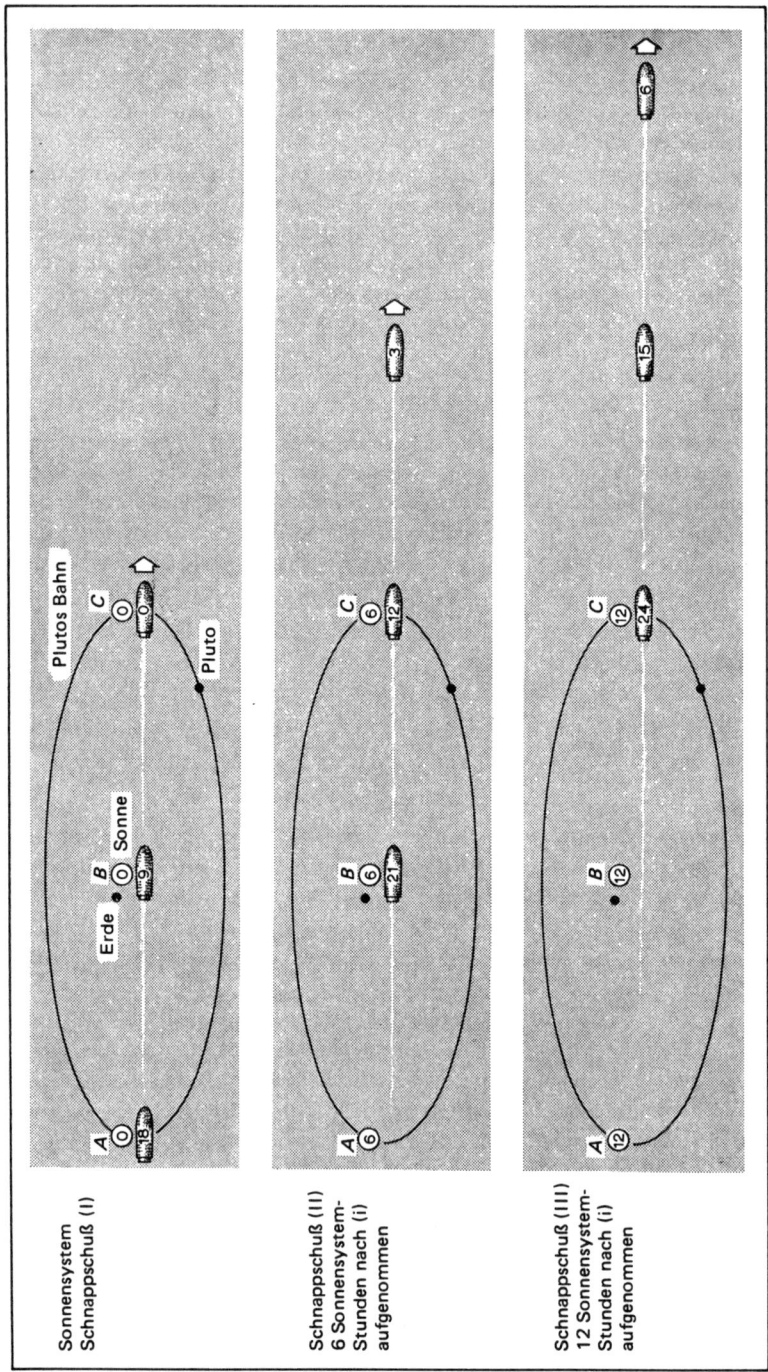

Bild 9 Drei Schnappschüsse vom Durchqueren des Sonnensystems durch einen Raumschiff-Konvoi, mit Uhrenanzeigen

dauer von μ-Mesonen, eine Art von Mesonen, die sich von den in Abschnitt 2.3 betrachteten π-Mesonen unterscheiden. Eine Veränderung der Lebensdauer mit der Geschwindigkeit wird der Zeit-Dilatation zugeschrieben.

Die Entdeckung des μ-Mesons fand kurz vor dem Zweiten Weltkrieg statt. Zu dieser Zeit machten verschiedene Forscher Fortschritte beim Studium geladener Teilchen in der kosmischen Strahlung. Man fand, daß die kosmische Strahlung in Seehöhe in zwei Anteile getrennt werden kann, durchdringende (oder „harte") und nicht-durchdringende („weiche"), die ungefähr im Verhältnis 2 : 1 oder 3 : 1 auftreten. Die harte Komponente durchdringt beachtliche Gesteinstiefen und dringt tief in Seen ein, während die weiche Komponente einigermaßen leicht, etwa von einer Bleiplatte, abgebremst werden kann. Nach dem Krieg wurde das Studium der kosmischen Strahlung intensiviert. Man verwendete in großem Maße in verschiedenen Höhen aufgestellte photographische Emulsionen. Auf diese Art machte man viele weitere Entdeckungen.

Die Untersuchungen zeigten, daß die die Erdatmosphäre erreichende primäre kosmische Strahlung hauptsächlich aus Atomkernen besteht, und daß das Zusammenstoßen dieser Kerne mit Luftteilchen in der oberen Atmosphäre zur Produktion von π-Mesonen führt. Diese geladenen π-Mesonen zerfallen schnell, gewöhnlich unter Aussendung von μ-Mesonen und anderen Teilchen, *Neutrinos*. Die μ-Mesonen sind die durchdringende Komponente der in Seehöhe beobachteten kosmischen Strahlung. Die andere Komponente besteht aus Elektronen.

Die erzeugten μ-Mesonen sind ebenfalls kurzlebig. Jedes Meson zerfällt in ein Elektron, das leicht nachzuweisen ist, und zwei Neutrinos. *Uns betrifft hier die mittlere Lebensdauer eines μ-Mesons, von der Erzeugung bis zum Zerfall.* Die Lebensdauer in *Ruhe* kann bestimmt werden, indem man das Meson in absorbierendem Material schnell zur Ruhe bringt und den Zeitraum mißt, bis zu dem das Zerfallselektron auftaucht. Gegenwärtig ist die dafür angenommene Zahl ungefähr $2{,}2 \cdot 10^{-6}$ Sekunden.

Messungen der Lebensdauer von μ-Mesonen bei hoher Geschwindigkeit wurden bei vielen Gelegenheiten in den 40er Jahren durchgeführt. Sie können (I) eine niedrige Höhe unversehrt erreichen, (II) auf ihrem Weg abwärts zerfallen, oder (III) unterwegs von der Luft absorbiert werden. Wenn der Anteil in (III) richtig geschätzt wird, ist der Bruchteil derer, die vor dem Erreichen niedriger Höhen zerfallen, bestimmt, und man kann daher die mittlere Lebensdauer berechnen.

Im Jahr 1940 beschrieben B. Rossi, N. Hilberry und J. B. Hoag [293] ein Experiment, bei dem ein Detektor zu verschiedenen Standorten in Colorado in Höhen bis zu 4.300 Meter gebracht wurde. Die gewählten Lagen waren Denver (1.616 m), Echo Lake (3240 m) und die Spitze des Mount Evans (4.300 m). Die Tabelle 1 zeigt, wie die Zählungen von der Höhe abhängen. Es wurden Zählungen mit und

Tabelle 1

Standort	Kohlenstoff-Absorber	Anzahl pro Minute (Korrigiertes Mittel)
Mt. Evans (4.300 m)	Nein Ja	11,79 ± 0,070 10,76 ± 0,114
Echo Lake (3.240 m)	Nein Ja	9,65 ± 0,046 8,72 ± 0,097
Denver (1.616 m)	Nein Ja	6,84 ± 0,039 6,36 ± 0,079

ohne Kohlenstoffabsorber, der vor den Apparat gestellt wurde, durchgeführt. Der Absorber war so entworfen, daß er dieselbe Absorptionsfähigkeit hatte wie die Luftschichten zwischen den verschiedenen Höhen. Die Differenzen in den Zählungen *mit* Absorber, in verschiedenen Höhen, konnten daher nur dem Zerfallen der μ-Mesonen auf ihrem Weg nach unten zugeschrieben werden.

Die dritte Spalte zeigt, daß ungefähr 60 Prozent der in 4.300 Meter vorhandenen Mesonen intakt überleben, wenn sie weitere 2.700 Meter hinunter fliegen. Es stellt sich heraus, daß die Zahlen in guter Übereinstimmung mit der relativistischen Vorhersage sind, daß das Leben der μ-Mesonen bei hoher Geschwindigkeit länger ist als das derer in Ruhe. Das Meson agiert wie eine Uhr, die im Mittel ein Zeitintervall von $2,2 \cdot 10^{-6}$ s in seinem eigenen Bezugssystem mißt. Hingegen geht die Uhr im Bezugssystem der Erde um den Faktor $\sqrt{\left(1 - \dfrac{V^2}{c^2}\right)}$ langsamer, wobei V die Fluggeschwindigkeit ist. Entsprechend ist die Lebensdauer des Teilchens länger.

Dieselbe Erklärung gilt für die einfachere, qualitative Beobachtung, daß eine beachtliche Zahl von μ-Mesonen die Erdoberfläche erreichen. Sie werden nämlich ziemlich hoch in der Atmosphäre erzeugt. Eine typische Höhe ist etwa 16 km. Selbst bei Geschwindigkeit c könnten die Mesonen nur eine Entfernung von

$$2,2 \cdot 10^{-6} \cdot 3 \cdot 10^5 = 0,66 \text{ km}$$

in Richtung der Erdoberfläche fliegen, bevor sie zerfallen, gäbe es nicht den relativistischen Effekt (Bild 10). Jene, die den Erdboden erreichen, haben Geschwindigkeiten von $0,999 \, c$ und mehr, was bedeutet, daß γ gleich zwanzig oder dreißig sein kann, und daß die Mesonen ohne weiteres eine Reise von zwanzig oder dreißig mal 0,66 km seit ihrer Geburt überlebt haben können.

Vom Standpunkt des Mesons ist seine Lebensdauer nur ungefähr $2,2 \cdot 10^{-6}$ s. Aber die Entfernung von seinem Entstehungsort zum Erdboden beträgt in seinem eigenen Bezugssystem — wegen der Fitzgerald-Lorentz-Kontraktion nur $\dfrac{16}{\gamma}$ km.

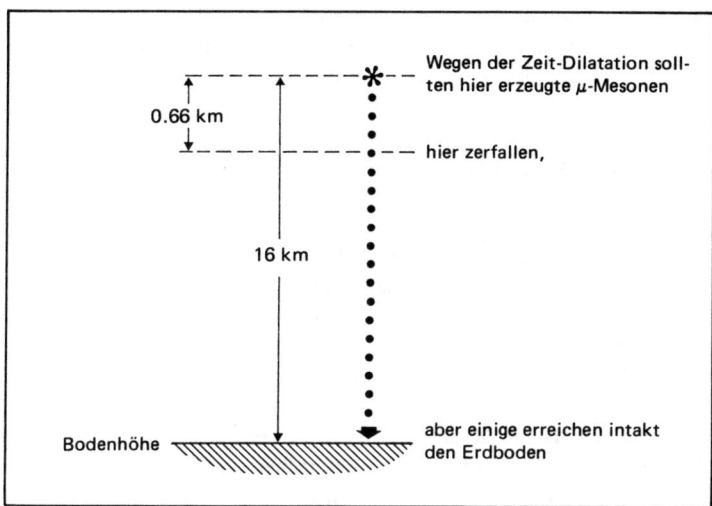

Bild 10

Diese weithin akzeptierte Interpretation der Beobachtungen an Mesonen wurde von E. G. Cullwick in Zusammenhang mit dem Uhrenparadoxon kritisiert. In seinem Buch "Electromagnetism and Relativity" [45] schreibt er:

> „Die Lebensdauer des Mesons wird nicht direkt gemessen, sondern wird aus Betrachtungen der Dichte und geschätzten Erzeugungsrate von Mesonen in verschiedenen Höhen geschlossen. Bei Betrachten der Literatur (siehe z. B. Rossi, Hilberry and Hoag) wird jedoch klar, daß die angebliche Realität der relativistischen „Zeitdilatation" nicht in Frage gestellt wird. Die Interpretation der Daten kann daher nicht als frei von Vorurteilen akzeptiert werden."

Seine eigene Erklärung, wie das μ-Meson die Erdoberfläche erreichen kann, ist folgende:

> „Die primären kosmischen Teilchen können eine gestoppte Geschwindigkeit größer als c haben, da sie nicht im Bezugsystem der Erde entstehen. Wenn sodann ein Meson mit einer Geschwindigkeit, oder wenigstens mit einem Bruchteil der Geschwindigkeit seines kosmischen Mutterteilchens entsteht, kann es auch eine gestoppte Geschwindigkeit größer als c haben. Es würde daher in seinem wirklichen Leben im Erdsystem viel weiter reisen, als dies mit einer gestoppten Geschwindigkeit, die mit c begrenzt ist, möglich wäre."

Aber Cullwicks Diskussion von „gestoppten Geschwindigkeiten" in seinem
Buch ist konfus und irreführend, und seine eigene Interpretation des Verhaltens
des Mesons scheint wenig Anhänger gefunden zu haben.

2.8 Minkowskis vierdimensionale Raum-Zeit

„Meine Herren!
Die Anschauungen über Raum und Zeit, die ich Ihnen entwickeln
möchte, sind auf experimentell-physikalischem Boden erwachsen. Darin
liegt ihre Stärke. Ihre Tendenz ist eine radikale. Von Stund an sollen Raum
für sich und Zeit für sich völlig zu Schatten herabsinken und nur noch eine
Art Union der beiden soll Selbständigkeit bewahren."

So begann eine Ansprache, die der Mathematiker Hermann Minkowski [285]
auf der 80. Versammlung der Deutschen Naturforscher und Ärzte in Köln am
21. September 1908 hielt. Die Idee, jedes Ereignis (x, y, z, t) als einen Punkt in
einem vier-dimensionalen Raum darzustellen, war vorher von Poincaré betrachtet
worden, aber Minkowski war es, der die geometrischen Eigenschaften untersuchte,
die einem solchen Raum zugeordnet waren. Es war Minkowskis Absicht, eine geo-
metrische Basis für die Transformationsformel der Relativitätstheorie zu liefern,
um die ihnen zugrunde liegende mathematische Struktur aufzuzeigen. Sein vier-
dimensionaler Raum wurde als *Raum-Zeit* bekannt und die graphische Darstellung
der Bewegung von Körpern in der Raum-Zeit als *Raum-Zeit-Diagramm.*
Beginnen wir das Studium von Minkowskis Zugang, indem wir ein Objekt
betrachten, das sich entlang der x-Achse eines Inertialsystems bewegt. Um unsere
Ideen zu konkretisieren, nehmen wir an, daß das Objekt eine Rakete ist, die vertikal von der Erde (die x-Achse ist vertikal aufgerichtet) abgeschossen wird und daß
wir die erreichte Höhe graphisch durch die seit dem Abschuß vergangene (Erd-)
Zeit ausdrücken. Die gewöhnliche Art, diese Bewegung darzustellen, besteht darin,
daß man die Höhe x der Rakete in einem rechteckigen Diagramm gegen die verstrichene Zeit t aufträgt. Man nimmt die Achsen Oxt, wobei der Ursprung O das
Ereignis des Abschusses ist, und die ganze Bewegung als kontinuierliche Linie,
die in O beginnt, dargestellt wird.
Bild 11 zeigt zum Beispiel die Bewegung einer zweistufigen Rakete. Die
erste Stufe fiel nach dem Abwurf zurück zur Erde. Die zweite Stufe beschleunigte sich weiter in Richtung weg von der Erde, bis der Treibstoff verbraucht war.
Dann begann sie, auf ihrem Flug in den Raum unter der Gravitationsanziehung
der Erde (und des übrigen Sonnensystems) langsamer zu werden.
Jedes Ereignis (x, t), das auf der x-Achse eines Bezugsystems stattfindet,
kann in einem Diagramm dieser Art als Punkt mit den Koordinaten (x, t) darge-

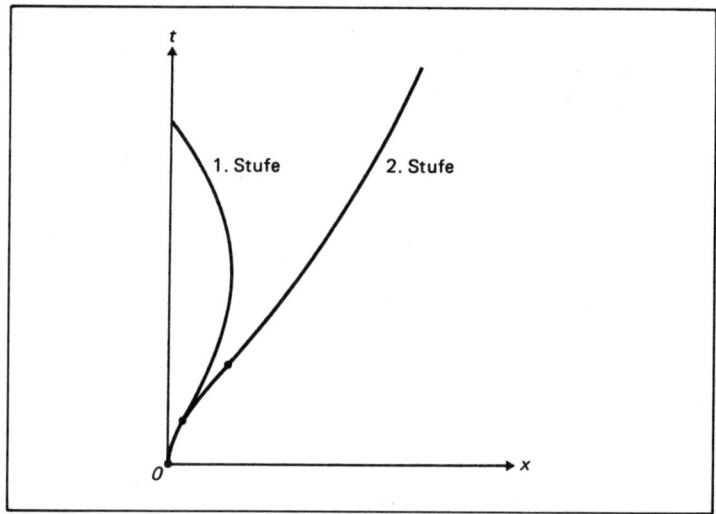

Bild 11 Die Welt-Linien der zwei Stufen einer Rakete

stellt werden. Wenn die y- und z-Koordinaten immer gleich Null bleiben, ist die Raum-Zeit einfach der zweidimensionale Raum, der aus allen möglichen Punkten (x, t) besteht. Minkowski verwendete den Ausdruck *Welt* für Raum-Zeit und *Welt-Punkt* für jeden Punkt darin, wie (x, t). Diese Bezeichnungen werden heutzutage weniger gebraucht, obwohl der Ausdruck *Welt-Linie* allgemein für die Bewegungslinien eines (punktförmigen) Körpers in der Raum-Zeit verwendet wird.

   Wenn sich ein Teilchen in zwei räumlichen Dimensionen bewegt, wie zum Beispiel auf einer ebenen Region der Oberfläche der Erde, ist das Raum-Zeit-Diagramm seiner Bewegung dreidimensional wie in Bild 12. Die Ebene der Bewegung wurde hier als die xy-Ebene gewählt, und rechtwinklige Koordinatenachsen $Oxyt$ eingeführt. Die Welt-Linie des Teilchens ist eine, im allgemeinen verdrehte (d. h. nicht-ebene) Kurve. Ein Körper von nicht-vernachlässigbarer Größe kann also in diesem Diagramm dargestellt werden: Die Welt-Linien all seiner Punkte füllen eine Röhre aus, die sogenannte *Welt-Röhre*. Die Welt-Röhre einer bewegten Scheibe wird in Bild 12 gezeigt.

   Wenn schließlich die Bewegung in allen drei Raumdimensionen stattfindet, ist die Raum-Zeit vierdimensional und kann daher graphisch nicht vollständig dargestellt werden. Sie kann aber mathematisch genauso befriedigend beschrieben werden wie die eingeschränkten Fälle von einer oder zwei Raumdimensionen. Die Raum-Zeit ist daher eine mathematische Begriffsbildung, in der die Zeit auf gleiche Weise dargestellt wird wie der Raum. Sie ist kein mystischer, physikalischer Raum, in dem man sich in vier Dimensionen „herumbewegen" kann.

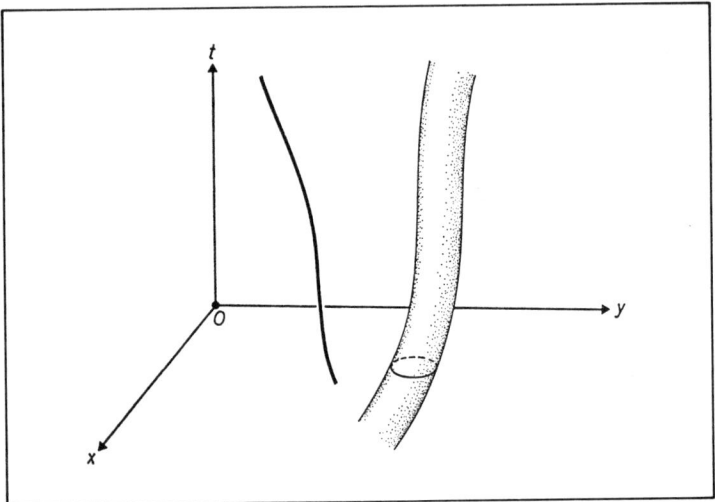

Bild 12 Welt-Linie eines Teilchens und Welt-Linie einer Scheibe, die sich beide in der xy-Ebene bewegen

Viel von den späteren Diskussionen in diesem Buch betrifft Bewegungen, die entlang einer geraden Linie stattfinden. Daher ist es lohnend, weitere Eigenschaften des Raum-Zeit-Diagramms von der xt-Art zu untersuchen.

Die Welt-Linie irgendeines im betrachteten Bezugssystem ruhenden Teilchens ist eine gerade Linie, die parallel zur Zeit-Achse Ot liegt. Die Zeit-Achse selbst ist die Welt-Linie des in $x = 0$ ruhenden Teilchens. Die x-Achse andererseits, und Linien parallel zu ihr, sind keine möglichen Welt-Linien. Sie sind nämlich Linien t = konstant, die gleichzeitige Ereignisse in verschiedenen Punkten verbinden; und kein Teilchen kann sich gleichzeitig an zwei verschiedenen Punkten befinden. Diese Linien heißen *Linien der Gleichzeitigkeit.*

Welt-Linien sind nie mehr als in einem gewissen Winkel gegen Ot geneigt, wobei der Grenzwinkel jener zwischen Ot und den sogenannten *Licht-Linien* (die Linien, die Lichtstrahlen darstellen) ist, denn die Geschwindigkeit eines Teilchens ist immer kleiner als c. Stellen wir uns vor, daß ein Lichtblitz im Punkt $x = 0$ zur Zeit $t = 0$ stattfindet, so daß das Licht sich entlang sowohl der positiven als auch der negativen x-Richtung ausbreitet. Der Weg in der Raum-Zeit von Licht in der positiven x-Richtung ist die gerade Linie $x = ct$, während der von Licht in der entgegengesetzten Richtung die gerade Linie $x = -ct$ ist. Diese beiden Linien, die gemeinsam durch die Gleichung $x^2 - c^2 t^2 = 0$ gegeben werden, teilen die Raum-Zeit in vier Gebiete, wie in Bild 13 dargestellt. Tatsächlich besteht für unsere augenblicklichen Zwecke kein wesentlicher Unterschied zwischen den beiden als

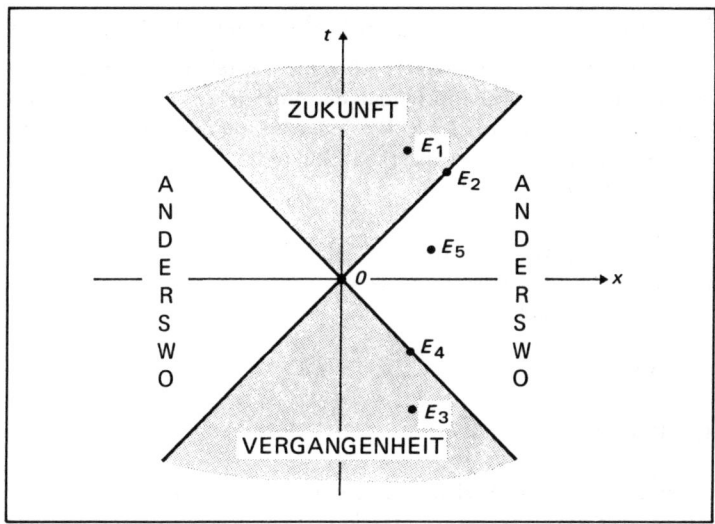

Bild 13

„anderswo" bezeichneten Gebieten. Wir sehen daher die gesamte Anzahl der Gebiete als drei an. Wir werden zeigen, daß die Aufteilung der Raum-Zeit in diese drei Gebiete eine einfache, aber wichtige Interpretation hat, und daß darüber hinaus die Art der Aufteilung eine ist, mit der alle inertialen Beobachter übereinstimmen.

Um das Argument einfacher zu machen, wählen wir Einheiten, in denen die Lichtgeschwindigkeit numerisch gleich 1 ist. Dies kann zum Beispiel erreicht werden, indem man das Meter als Entfernungseinheit beibehält und $\frac{1}{3 \cdot 10^8}$ Sekunden (ungefähr) als Zeiteinheit einführt. Wenn das Raum-Zeit-Diagramm in gleichem Maßstab für x und t gezeichnet wird, sind die Licht-Linien durch O (gegeben durch die Gleichung $x^2 - t^2 = 0$) beide gegen Ot im Winkel von $45°$ geneigt.

Es möge S das gerade verwendete Inertialsystem bezeichnen. Es sei S' das System, das entlang Ox mit der Geschwindigkeit V (in den neuen Einheiten, so daß V kleiner ist als 1) bewegt wird. Der Ursprung der beiden Systeme soll wie immer bei $t = t' = 0$ übereinstimmen. Wir werden zunächst verifizieren, daß die Aufteilung von Ereignissen in den beiden Systemen dieselbe ist, das heißt, daß ein „zukünftiges" Ereignis in Bild 13 auch ein „zukünftiges" Ereignis im Raum-Zeit-Diagramm für S' ist und so weiter. Man betrachte den Ausdruck $x'^2 - t'^2$. Wegen (2.9), mit c gleich 1, haben wir

$$\begin{aligned} x'^2 - t'^2 &= \gamma^2 (x - Vt)^2 - \gamma^2 (t - Vx)^2 \\ &= \gamma^2 (1 - V^2)(x^2 - t^2) \\ &= x^2 - t^2, \end{aligned}$$

da $\gamma^2 = \dfrac{1}{1 - V^2}$. Daher ändert sich der Ausdruck $x^2 - t^2$ unter der Lorentz-Transformation (2.9) nicht (oder ist *invariant*). Aber die Aufteilung von Ereignissen in Gebiete erfolgt im wesentlichen aufgrund des Vorzeichens von $x^2 - t^2$. Die Kriterien für die Klassifikation eines Ereignisses oder Weltpunktes (x, t) (der nicht *auf* einer der Licht-Linien $x^2 - t^2 = 0$ liegt) in „Zukunft", „Vergangenheit" oder „Anderswo" sind wie folgt:

> Zukunft: $x^2 - t^2$ negativ, t positiv
> Vergangenheit: $x^2 - t^2$ negativ, t negativ
> Anderswo: $x^2 - t^2$ positiv,

Nun ist wegen (2.9)

$$t' = \gamma (t - Vx) = \gamma t \left(1 - \frac{Vx}{t} \right), \tag{2.14}$$

und da $|x/t|$ kleiner als 1 ist für Ereignisse in den Gebieten „Zukunft" oder „Vergangenheit", folgt, daß der Klammerausdruck in (2.14) für diese Ereignisse positiv ist und t' daher dasselbe Vorzeichen hat wie t. Daher ist die Klassifikation von Ereignissen für S':

> Zukunft: $x'^2 - t'^2$ negativ, t' positiv
> Vergangenheit: $x'^2 - t'^2$ negativ, t' negativ
> Anderswo: $x'^2 - t'^2$ positiv

identisch mit der obigen, die sich auf S bezieht.

Der fundamentale physikalische Unterschied zwischen Ereignissen in den verschiedenen Gebieten liegt in ihren unterschiedlichen Möglichkeiten, mit dem Ereignis O zu kommunizieren. Es ist möglich, mit jedem „zukünftigen" Ereignis E_1 durch ein von O mit Geschwindigkeit kleiner als 1 ausgesandtes Signal Kontakt aufzunehmen. Auch kann jedes Ereignis E_2 auf der zukünftigen (t positiv) Hälfte der Licht-Linien von einem Signal von O erreicht werden, wobei die Signalgeschwindigkeit in diesem Fall notwendigerweise gleich 1 ist. Man kann das Ereignis O von einem „vergangenen" Ereignis E_3 aus erreichen, oder von einem Ereignis E_4 auf der vergangenen (t negativ) Hälfte der Lichtlinien, im ersteren Fall mit Hilfe eines Signals mit Geschwindigkeit kleiner als 1, im zweiten Fall mit Geschwindigkeit gleich 1.

Folglich könnte O Ereignisse wie E_1 oder E_2 verursachen oder beeinflussen, nicht aber E_3 oder E_4. In ähnlicher Weise könnte O von Ereignissen wie E_3 oder E_4 verursacht oder beeinflußt werden, nicht aber von E_1 oder E_2.

Schließlich kann ein Ereignis E_5 im Gebiet „Anderswo" keine Beziehung oder kausale Verbindung (in irgendeiner Richtung) mit O haben. Zum Beispiel hat ein Beobachter im Punkt O kein wie immer geartetes Wissen *zu diesem Zeit-punkt* über ein Ereignis „anderswo".

Es gibt auch eine etwas andere Art, diese Unterteilung der Ereignisse zu interpretieren. Es möge $x = Ut$ die Gleichung der geraden Linien OE_1 sein. Dann folgt aus den Formeln für die Lorentz-Transformation, daß in jenem Inertialsystem S', das die Geschwindigkeit U relativ zu S hat, die beiden Ereignisse O und E_1 in $x' = 0$ liegen. In S' finden die beiden Ereignisse am selben Ort statt und unterscheiden sich nur in der Zeit. Eine analoge Situation liegt hinsichtlich jedes „vergangenen" Ereignisses vor: Es gibt immer ein Inertialsystem, in dem das Ereignis am selben Ort stattfindet wie O.

Ereignisse „anderswo" besitzen diese Eigenschaft nicht. Es gibt aber immer einen Beobachter, der ein Ereignis wie E_5 als gleichzeitig mit O ansieht. Im Bezugssystem dieses Beobachters unterscheiden sich die beiden Ereignisse nur in der räumlichen Lage, aber nicht in der Zeit, das heißt, E_5 findet *anderswo* als O statt. Um dies zu beweisen, beobachten wir, daß für eine Konstante K mit Betrag größer als 1 die gerade Linie OE_5 die Gleichung $x = Kt$ hat. Es gibt nun ein bestimmtes Inertialsystem S', dessen Geschwindigkeit relativ zu S gerade $\frac{1}{K}$ beträgt, denn $|1/K|$ ist kleiner als 1. Indem wir in den Formeln für die Lorentztransformation $x = Kt$, $V = \frac{1}{K}$ setzen, erhalten wir $t' = 0$. Daher finden alle Ereignisse auf OE_5 in S' gleichzeitig zu $t' = 0$ statt. Insbesondere sind die Ereignisse O und E_5 selbst in S' gleichzeitig.

Man kann die Aufteilung der Raum-Zeit in „Zukunft", „Vergangenheit" und „Anderswo" relativ zu einem beliebig gewählten Ereignis P machen, und nicht nur relativ zu O. Wir zeichnen einfach die Lichtlinien ($45°$ zur t-Achse geneigt) durch den Welt-Punkt P im Raum-Zeit-Diagramm. Dies ergibt eine andere Aufteilung der Raumzeit, bei der die Ereignisse in den drei Gebieten in derselben Beziehung zu P stehen wie die entsprechenden Ereignisse in Bild 13 zu O.

Außerdem kann auch die volle vierdimensionale Raum-Zeit in ähnlicher Weise in drei Regionen eingeteilt werden, obwohl das graphisch nicht vollständig dargestellt werden kann. Aber in dem dazwischen liegenden Fall mit zwei Raumkoordinaten x, y und Zeit t ist eine graphische Beschreibung möglich. Zum Beispiel bilden die Lichtlinien durch das Ereignis (x_1, y_1, t_1) einen Kegel, dessen Gleichung

$$(x - x_1)^2 + (y - y_1)^2 = (t - t_1)^2$$

ist. Dies illustriert Bild 14.

Aus offensichtlichen Gründen heißen gerade Linien, die in einem Winkel von weniger als $45°$ gegen Ot geneigt sind, *zeitartig*. Jene, die $45°$ geneigt sind, heißen *lichtartig*. Und die übrigen heißen *raumartig*. Der aus den Lichtlinien in Bild 14 bestehende Kegel heißt der *Lichtkegel* des Ereignisses P.

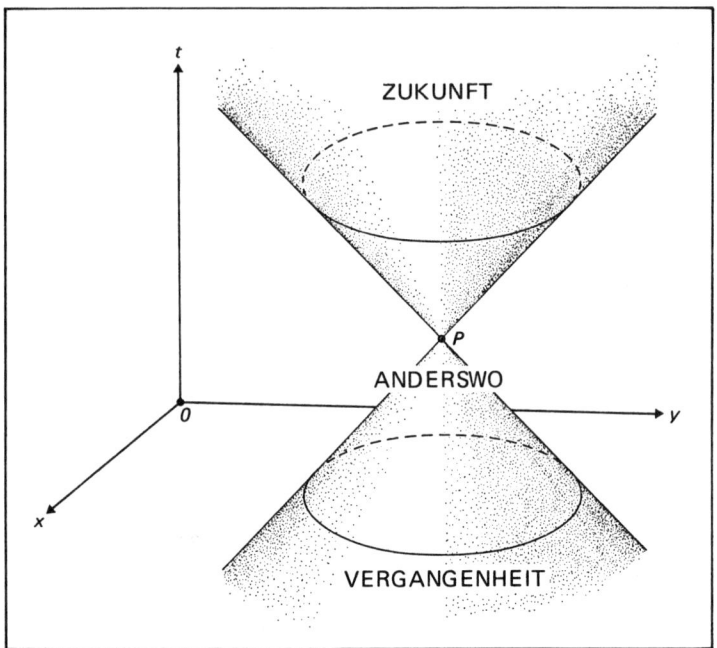

Bild 14 Die Regionen „Zukunft", „Vergangenheit" und „Anderswo" relativ zum Ereignis P
(x_1, y_1, t_1)

Es ist interessant zu sehen, wie S'-Messungen in einem für S konstruierten
Raum-Zeit-Diagramm durchgeführt werden können. Wir werden wie vorhin mit
nur einer Raumkoordinate und der Zeit arbeiten. Der erste Schritt ist, die x'- und
t'-Achse einzuführen. Die t'-Achse besteht aus der Menge von Ereignissen $x' = 0$,
d.h. $x = Vt$. Daher scheint sie als eine gerade Linie durch O mit Neigung V auf.
Ebenso besteht die x'-Achse aus den Ereignissen $t' = 0$ und ist daher wegen (2.14)
die gerade Linie $t = Vx$, wie in Bild 15 ersichtlich. Die beiden Linien Ox' und
Ot' sind auf die Linien Ox beziehungsweise Ot gleich geneigt. Daher halbiert die
Licht-Linie OL ($x = t$) sowohl den Winkel xOt als auch $x'Ot'$. Parallele Linien zu
Ox' sind Linien der Gleichzeitigkeit in S', da sie durch Gleichungen der Form
$x - Vt =$ konstant, d.h. $t' =$ konstant gegeben sind. Daher wird das Zeitintervall
zwischen zwei beliebigen Ereignissen E und F für S' in einer direkten Beziehung
zur Entfernung zwischen zwei Gleichzeitigkeitslinien für S' im Diagramm sein,
von denen jede durch eines der gegebenen Ereignisse geht. Das Zeit-Intervall mißt
man am bequemsten entlang Ot', zwischen den Schnittpunkten E_1 und F_1 der
Gleichzeitigkeitslinien, wenn einmal der korrekte Maßstab für die Messung bestimmt worden ist.

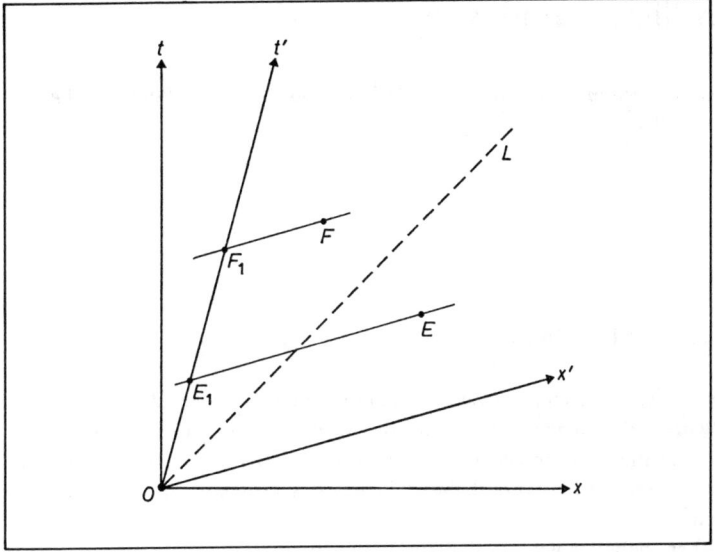

Bild 15 Das Zeitintervall in S' zwischen den Ereignissen E und F ist gleich dem zwischen den Ereignissen E_1 und F_1. Es kann daher leicht gemessen werden, wenn der richtige Maßstab bestimmt ist.

Man kann zeigen, daß die Zeiteinheit in S' durch eine Strecke der Länge

$$d = \sqrt{\frac{1 + V^2}{1 - V^2}}$$

(auf der Skala der kartesischen Achsen), parallel zu Ot' gemessen, gegeben ist. Wir müssen immer durch d dividieren, um aus der (schrägen) räumlichen Entfernung zwischen Gleichzeitigkeitslinien im Raum-Zeit-Diagramm das Zeit-Intervall in S' zu erhalten.

Längenmessungen in S' werden in einer ganz ähnlichen Weise wie Zeitmessungen durchgeführt, außer daß sie parallel zu Ox' und nicht Ot' vorgenommen werden. Man muß hier ebenfalls den Skalenfaktor d verwenden. Aus Gründen der Kürze lassen wir hier die Theorie des Skalenfaktors weg. Sie findet sich in den meisten Lehrbüchern der Relativitätstheorie (siehe zum Beispiel Rosser [199]).

3 Das Zwillingsparadoxon

„Die Zeit, junger Mann, hat uns beiden eine Lektion erteilt!" Plutarch, Leben: Themistokles zu Antiphales.

3.1 Das verlorene Paradoxon

Wir sind jetzt imstande, das Zwillingsparadoxon aufzulösen, das in Kapitel 1 beschrieben wurde. Das folgende Argument ist vielleicht „das geläufigste" von allen. Um zunächst die Frage zu umgehen, ob der Reisende im Einklang mit seiner mitgenommenen Standard-Uhr altert, behandeln wir das Problem mit Uhren anstatt mit Reisenden.

Wie bisher, nehmen wir an, daß die Bahnbewegung der Erde um die Sonne und ihre Rotation (mit allen Unregelmäßigkeiten) einen vernachlässigbaren Effekt auf den Gang von Uhren auf der Erde hat. Der etwas ungenaue, aber gebräuchliche Begriff „das Inertialsystem der Erde" wird verwendet, um ein Inertialsystem zu bezeichnen, in welchem die mittlere Bewegung dieser Uhren Null ist. Das Raumschiff (wir nennen es Nova) startet zu einer langen Rundreise, wobei die gesamte Bewegung entlang einer Geraden verläuft. Wir wählen sie als x-Achse eines Inertialsystems S, in dessen Ursprung die Erde ruht.

Die betrachtete Reise besteht aus fünf Abschnitten. Zuerst kommt eine Periode der Beschleunigung. Durch Zünden der Raketenmotoren hebt die Rakete ab. Am Ende dieses Abschnittes hat die Rakete eine Geschwindigkeit V in Richtung Ox, die nahe an die Lichtgeschwindigkeit herankommt. Zweitens gibt es einen längeren Abschnitt mit gleichförmiger Geschwindigkeit V. Drittens werden in der Nachbarschaft eines Sternes oder eines Nebels die Raketenmotore wieder gezündet, um die Bewegung umzukehren. Viertens gibt es einen längeren Abschnitt gleichförmiger Geschwindigkeit V in Richtung O. Fünftens werden die Raketenmotore zum letzten Mal verwendet, um die Nova bei der Rückkehr auf die Erde zum Stehen zu bringen. Die ganze Reise ist in einem Raum-Zeit-Diagramm in Bezug auf das Erdsystem S dargestellt, wobei die Zeit $t = 0$ als der Augenblick des Starts genommen wurde (Bild 16).

Im Bild sind die gekrümmten Teile OL', $M'N'$ und $P'Q$ die Weltlinien der drei Beschleunigungsabschnitte, d.h. Anfangs-, Mittel- und Endbeschleunigung, während derer der Raketenmotor arbeitet. Q ist der Augenblick der Landung.

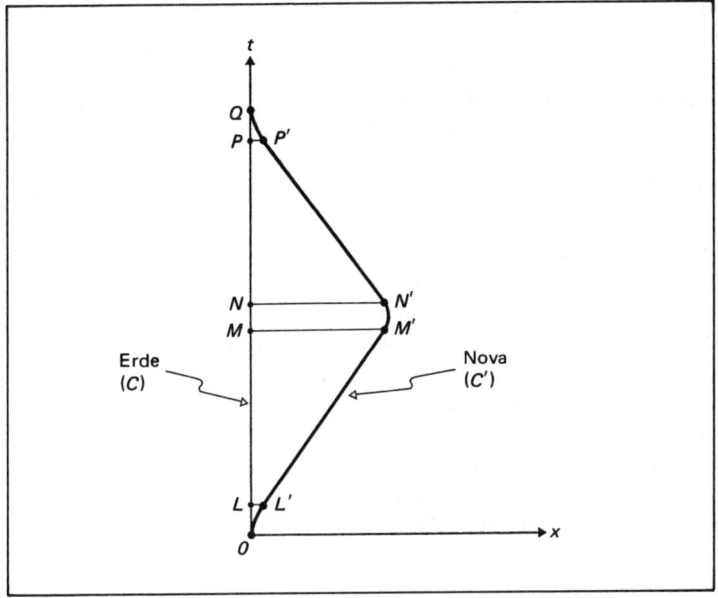

Bild 16

Die Ereignisse *L, M, N, P* auf der Weltlinie der Erde sind gleichzeitig zu *L', M', N', P'* in *S*.

Betrachten wir zunächst kurz die Intervalle der beschleunigten Bewegung. Das Problem der Beschleunigung wird genauer in Abschnitt 4.1 behandelt. Für unsere jetzigen Absichten können wir die Beschleunigungszeit, wie sie von den beiden Uhren, der Erduhr (*C*) und der Uhr im Raumschiff (*C'*) gemessen werden, vernachlässigen, vorausgesetzt, folgende zwei Bedingungen werden erfüllt:

1. Die *C*-Zeitdauer der drei Beschleunigungsabschnitte ist sehr klein im Vergleich zu der *C*-Dauer der gesamten Reise.
2. Die gesamte Beschleunigungszeit, die durch *C'* angezeigt wird, ist höchstens vergleichbar mit der von *C*.

Zu (2) ist zu bemerken, daß die Uhren, die wir täglich auf der Erde verwenden, sich tatsächlich in einem Zustand konstanter Beschleunigung befinden. Dies gilt ebenso für Uhren in einem Raumfahrzeug wie in einem Flugzeug. Man weiß, daß diese Uhren sowohl untereinander als auch mit der Newton'schen Zeit, die durch die Bewegung unseres Planetensystems gegeben ist, innerhalb der Meßgenauigkeit übereinstimmen. Es ist daher undenkbar, daß Beschleunigungen von der Größenordnung *g* den Uhrengang geeignet konstruierter Standard-Uhren um mehr als etwa 1/1000 % beeinflussen. Daher kann die 2. Bedingung erfüllt werden, wenn die Beschleunigung von Nova nicht zu groß ist und genügend lang durchgeführt wird, um die gewünschte Geschwindigkeit V zu erreichen.

Es gibt keine Schwierigkeit, die 1. Bedingung zu erfüllen, denn die gesamte Zeitdauer C der gleichförmigen Bewegung (dargestellt durch $LM + NP$) kann beliebig verlängert werden, ohne die C-Dauer der Beschleunigung ($OL + MN + PR$) zu beeinflussen. Notwendig ist dazu nur, daß der besuchte Stern oder Nebel weit genug entfernt ist.

Betrachten wir nun die gleichförmigen Abschnitte der Bewegung. Wegen der Zeitdilatation zeigt die Nova-Uhr C' entlang $L'M'$ weniger an als C entlang LM. (Die Ungleichung ist richtig herum; im Erdsystem geht C' nach, da LM die Zeit ist, die C für das Intervall $L'M'$ anzeigt und L, L' sowie M, M' paarweise gleichzeitig sind.) Ebenso zeigt die Nova-Uhr C' entlang des Abschnittes $N'P'$ der Weltlinie weniger an als die Erduhr C entlang des Abschnittes MP.

Beide Resultate ergeben, daß C' für die gesamte Reise weniger anzeigt als C, da die Beschleunigungszeiten vernachlässigt werden können. Das Fehlen der Symmetrie in der Bewegung der beiden Uhren ist evident, da es kein Inertialsystem gibt, in dem C' in Ruhe bleibt. Wir können daher in keinem Inertialsystem die Weltlinie von C' als gerade Linie darstellen. Die Raketenmotore bewirken die nicht gleichförmige Bewegung von C. Das folgende Argument, das von der Symmetrie keinen Gebrauch macht, wird oft als paradox bezeichnet.

Sowohl bei der Hinreise als auch bei der Rückreise befindet sich C' in einem Inertialsystem, von welchem aus die Uhr C langsamer geht. Daraus folgt, daß C und nicht C' die kleinere Gesamtzeit anzeigt, da die Intervalle der Beschleunigung vernachlässigbar sind. Der Widerspruch zu dem vorhergehenden Resultat ist das Paradoxon.

Die Täuschung bei diesem Argument besteht darin, daß nicht die gesamte Zeit, die C aufzeichnet, betrachtet wurde. Man muß sich im klaren sein, daß das Kriterium für die Gleichzeitigkeit im ersten Inertialsystem der Nova nicht das gleiche ist wie im zweiten. In Bild 17 sind die Linien der Gleichzeitigkeit in den beiden Nova-Systemen dargestellt (ausgezogene Linien). Auf der Weltlinie von C sind die Ereignisse L_1 und M_1 gleichzeitig mit L' und M' im ersten System, und die Ereignisse N_1 und E_1 gleichzeitig mit N' und P' im zweiten. Der Anstieg der Linien der Gleichzeitigkeit ist im unteren Teil des Diagramms gleich V (siehe Abschnitt 2.8; wir setzen wieder $c = 1$). Jene im oberen Teil haben einen Anstieg von $-V$, da dies die Geschwindigkeit der Nova entlang OX auf dem Rückweg ist.

Die C-Intervalle, dargestellt durch L_1M_1 und N_1P_1, sind wegen der Zeitdilatation kleiner als die entsprechenden C'-Intervalle, gegeben durch $L'M'$ und $N'P'$. Man muß jedoch das Intervall M_1N_1 noch zur C-Zeit dazugeben. Daher ist das Argument, das zu dem Paradoxon führt, unvollständig und gibt keinen Hinweis, wie dieses nicht vernachlässigbare Zeitintervall der C-Zeit berechnet wird.

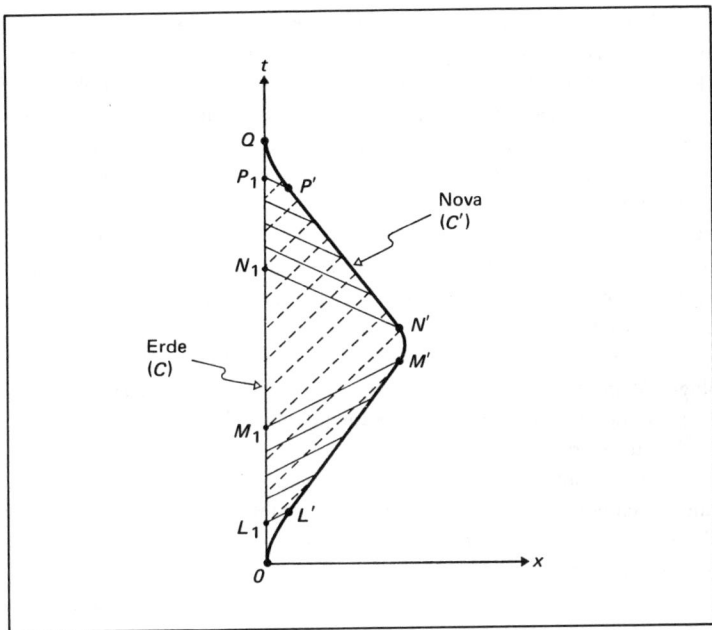

Bild 17 Durchgehende Linien bedeuten „gleichzeitig" im System der Nova, durchbrochene Linien stellen Lichtsignale von der Erde zur Nova dar.

In Tabelle 2 sind die richtigen Konsequenzen der Zeitdilatation vom Standpunkt der Erde und der Nova zusammengefaßt:

Tabelle 2

Erde	Nova
Das Zeitintervall $L'M'$ ist kürzer als LM.	Das Zeitintervall L_1M_1 ist kürzer als $L'M'$.
Das Zeitintervall $N'P'$ ist kürzer als NP.	Das Zeitintervall N_1P_1 ist kürzer als $N'P'$.
Das Zeitintervall OQ (C') ist kürzer als OQ (C).	Das Zeitintervall $OM_1 + N_1Q$ ist kürzer als OQ (C').

Daraus sollte man nicht schließen, daß eine Unstetigkeit in der Beobachtung der Erde von der Nova aus besteht. Es ist auch nicht so, daß die Erduhren während der Bewegungsumkehr enorm schnell zu gehen scheinen. Was man von der Nova aus durch ein Fernrohr beobachtet, sind z.B. Signale, die sich entlang Lichtlinien (gezeigt in Bild 17) fortpflanzen. Diese Lichtlinien konvergieren auf $M'N'$ keineswegs. Dasselbe gilt für eine Information, die man über Radio empfängt. Es ist nur das Kriterium der Gleichzeitigkeit, welches einer schnellen Veränderung unterliegt, was jedoch keine physikalische Bedeutung hat, da entfernte Gleichzeitigkeit nur Konvention ist. Es ist jedoch durchaus korrekt, einen konventionellen Begriff wie den der entfernten Gleichzeitigkeit als Hilfe zu benützen, um ein absolutes Resultat zu berechnen, z.B. die Zeitdifferenz, die bei Uhren auftritt, welche sich entlang verschiedener Weltlinien bewegen.

Der „durch und durch" Relativist, der meint, daß *jede* Bewegung relativ und daher bei dem Uhrenproblem nur gegenseitige Bewegung der Uhren maßgeblich ist, verneint die ausgezeichnete Rolle der Inertialsysteme und damit die spezielle Relativitätstheorie. Der ausgezeichnete Status von Inertialsystemen unterliegt der Erfahrung, und mit dieser steht und fällt die spezielle Relativitätstheorie. Die *Logik* des obigen Argumentes, welches den Kernpunkt der meisten Diskussionen über das Uhrenparadoxon betrifft, bleibt jedoch vollständig unbeeinflußt durch zukünftige Beobachtungen.

Einige Autoren glauben, daß man nur mit Hilfe der allgemeinen Relativitätstheorie die Beschleunigungsphasen der Nova adäquat behandeln kann. Dieser Gesichtspunkt wird uns in Kapitel 6 beschäftigen. Die obigen Argumente, die auf der speziellen Relativitätstheorie basieren, zeigen uns jedoch, daß, obwohl die Beschleunigungszeiten vernachlässigbar sind, die Existenz von Beschleunigungen durchaus nicht unberücksichtigt bleiben kann.

Eigentlich beinhaltet das Problem die Zeitmessung durch Uhren, die verschiedene *Wege* in der Raumzeit verfolgen, z.B. von einem Ereignis O zu einem anderen Q und ist das Raum-Zeit Analogon zu einer alltäglichen Situation. Man stelle sich vor, daß Bild 17 ein Teil einer Straßenkarte ist, die alternative Wege von einer Stadt O zu einer Stadt Q zeigt. Die direkte Route ist gerade, und die andere ist ebenfalls gerade außer einer Krümmung von vernachlässigbarer Länge. Um die Distanz entlang der beiden Routen zu vergleichen, könnte man die Krümmung ignorieren. Sie würde sich jedoch beim Ausmessen der geraden Abschnitte der Straße bemerkbar machen. Die Wege haben nicht nahezu gleiche Länge. Die Analogie ist treffend, nur stellt in der Raum-Zeit der gekrümmte Weg die kürzere Zeit dar. Dies ist eine Eigenheit der Raum-Zeit Geometrie.

W. Rindler [290] hat die Beschleunigung auf andere Art interpretiert. Er betont, daß in der kurzen Periode der anfänglichen Beschleunigung Nova einen beachtlichen Teil der Reise zurücklegt. Sei L (in dem Bezugssystem der Erde S) der Punkt der größten Entfernung von der Erde während der Reise. Vor dem Start ist daher L die zurückzulegende Distanz. Sofort nach der anfänglichen Beschleunigung sehen die Reisenden der Nova, daß die zurückzulegende Distanz wegen der Fitzgerald-Lorentz Kontraktion nur $L\sqrt{(1-V^2)}$ ist. Daher wird während der kurzen Periode der Beschleunigung eine effektive Distanz von $L[1-\sqrt{(1-V^2)}]$ (welche fast gleich L sein kann) zurückgelegt. Natürlich ist dies nur eine andere Art, das Resultat zu interpretieren.

3.2 Wir alle sind Uhren

„Wir alle sind Uhren, deren Gesichter die vorbeigehenden Jahre anzeigen."
Sir Arthur Eddington, Die Natur der physikalischen Welt

In welchem Ausmaß ist jedes Lebewesen eine Uhr? Ist das Altern des Menschen und seine Beurteilung von Zeitintervallen in einem festen Verhältnis zu einer Standarduhr, die er trägt, also unabhängig von seiner Bewegung? Ist das Paradoxon der Zwillinge identisch zu dem Paradoxon der Uhren? Unter den vielen Aspekten der Zeitabläufe in Lebewesen, werden wir nur kurz zwei besprechen. Das erste ist die unbewußte Wahrnehmung der Zeit durch den Menschen und seine Beurteilung ihrer Länge. Der andere Aspekt steht in Zusammenhang mit der bewußten Zeitmessung durch biologische oder „interne" Uhren bei Tieren (inklusive des Menschen) und Pflanzen.

Unsere bewußte Beurteilung einer Zeitdauer ist notorisch unverläßlich. Sie wird beeinflußt von vielen persönlichen und umweltbedingten Faktoren; durch die Art, wie das Zeitintervall gemessen wird, die Art wie das Zeitintervall zugebracht wird usw. Im übrigen sind die Resultate von Experimenten auf diesem Gebiet nicht immer eindeutig. So schreibt Herbert Woodrow in dem Handbook of Experimental Psychology [305] zu diesem Problem.

„Die Daten, die wir auf dem Gebiet der Zeitwahrnehmung gesammelt haben, zeigen zwei Merkmale. Erstens widersprechende Resultate verschiedener Experimentatoren, zweitens ihren subjektiven Charakter."

Einige allgemeine Eigenschaften folgen jedoch aus den vielen Untersuchungen der experimentellen Psychologen. (Der interessierte Leser sei verwiesen auf die Biographie von Fraisse *The Psychology of Time* [261], die etwa 567 Beiträge enthält.) Eine der wesentlichen Entdeckungen zu diesem Problem stammt von dem Schweizer Psychologen Jean Piaget über Untersuchungen von Kindern.[1]) Piaget interessierte sich für den Zusammenhang der Wahrnehmung von Abstand, Geschwindigkeit und Zeit. Da jede der drei Größen mathematisch durch die anderen zwei ausgedrückt werden kann, ergibt sich die Frage, ob das Zeitgefühl ein direktes oder ein abgeleitetes ist. Tatsächlich wurde von Einstein an Piaget die Frage gestellt [288], ob die subjektive Erfahrung der Zeit das „Integral der Geschwindigkeit" sei. Symbolisch kann man das Problem daher so formulieren: Sei d der Abstand, t die Zeit (in der klassischen Bedeutung). Wird dann die Geschwindigkeit v zuerst durch die geistige Berechnung des Verhältnisses $v = \frac{d}{t}$ gefunden oder

---

1) Für eine Biographie der vielen Schriften von Piaget, siehe John H. Flavell, *The Development Psychology of Jean Piaget* [260].

kommt die Wahrnehmung der Geschwindigkeit zu einem früheren Zeitpunkt als die der Zeit (letztere würde dann von der Gleichung $t = \frac{d}{v}$ abgeleitet werden)? Oder ist es vielleicht so, daß zunächst die drei Größen t, d und v unzusammenhängend sind?

Aus einer Anzahl einfacher, jedoch genialer Experimente schloß Piaget, daß der Begriff der Geschwindigkeit bei Kindern unabhängig von dem eines Zeitintervalls ist. Beim Kleinkind wird die Geschwindigkeit durch Ordnungsrelationen wahrgenommen ohne jede Meßbarkeit. Wird ein Kleinkind mit zwei bewegten Objekten konfrontiert, so entscheidet es richtig, welches sich schneller bewegt, falls Überholung eintritt. Daher kann es die Reihenfolge von Positionen und deren Änderung wahrnehmen. Es hat jedoch keinen Begriff für die Geschwindigkeitsabschätzung, wie sie bei wiederholten Experimenten mit nur einer bewegten Figur auftritt. Das Kind stützt sich nur auf Konzepte wie „dahinter", „davor", „vor" und „danach".

Ein Experiment, welches zeigte, daß die Meßbarkeit der Geschwindigkeit nicht verstanden wird, war sehr einfach. Einer Gruppe von Kleinkindern wurden zwei leere Tunnels gezeigt, und sie erklärten übereinstimmend richtig, daß eines der beiden Tunnel länger sei (was nahelegt, daß der Begriff der Länge verstanden wurde). Dann wurde durch jedes der Tunnel eine Puppe geschoben, wobei die Puppen gleichzeitig hinein- und herauskamen. Die Kinder stellten fest, daß die Puppen sich mit gleicher Geschwindigkeit bewegten (weil sie ihre Reise gleichzeitig begannen und gleichzeitig beendeten). Mit Bestimmtheit wurde daher nicht von der Gleichung $v = \frac{d}{t}$ geistig Gebrauch gemacht. Als die Tunnel entfernt wurden und sich die Puppen wie vorher bewegten, stellten die Kinder fest, daß die Puppe, welche den weiteren Weg zurücklegte, die schnellere war. Piaget erkannte, daß bei der Entwicklung des Kindes eine Anzahl von sukzessiven Stufen der Geschwindigkeitsabschätzung durchlaufen werden. In der Stufe 1 wird nur die Endposition der bewegten Figuren berücksichtigt, während die Anfangsposition völlig außer acht gelassen wird. In der Stufe 2 werden sowohl Anfangs- wie auch Endposition zur Beurteilung berücksichtigt. Stufe 3 ist eine Verfeinerung des Ordnungsbegriffes, wobei die Veränderung der Abstände zwischen den Figuren Berücksichtigung findet. Schließlich entsteht in Stufe 4 die Idee der Meßbarkeit.

In einer frühen Entwicklungsstufe verwechselt das Kind zeitlich aufeinanderfolgende Ereignisse mit der entsprechenden Aufeinanderfolge im Raum. Eine Bewegung von A nach C über B kann zeitlich richtig beurteilt werden (Ankunft in B findet vor Ankunft in C statt; das Zeitintervall von A bis C ist größer als das Zeitintervall von A bis B, etc.), jedoch ist das Verständnis der zeitlichen Reihenfolge nur scheinbar. Treten verschiedene Bewegungen nebeneinander auf, entsteht Verwirrung. Jede Bewegung hat ihre eigene „lokale Zeit", und die Gleichheit der Dauer wird nicht richtig verstanden. (Man sollte vielleicht darüber froh sein,

daß in dieser Entwicklungsstufe das Kind noch nicht mit dem schwer zu ändern-
den Begriff der „absoluten Zeit" vertraut ist.) Ein Dialog mit einem sechsjährigen
Kind während eines Experimentes illustriert die Art dieser Verwirrung. Zwei Figuren, eine gelbe und eine blaue, wurden in die gleiche Richtung entlang paralleler
Gerader auf einem Tisch bewegt. Sie starteten gleichzeitig, jedoch mit unterschiedlicher Geschwindigkeit, wobei die gelbe Figur schneller und weiter bewegt wurde,
aber zuerst stehen blieb. „Blieben sie gleichzeitig stehen? *Nein: die gelbe stoppte
vor der anderen.* Welche stoppte zuerst? *Die blaue Figur.* Was machen wir zu
mittag? *Wir essen.* Nun, wenn wir sagen, daß die gelbe zu Mittag stehenbleibt:
wann bleibt dann die blaue stehen? (Das Rennen wird wiederholt.) Stoppt sie
auch zu Mittag oder vor Mittag oder nach Mittag? *Vor Mittag.* Schau! *Ja, die gelbe
stoppt zuerst. Sie bewegte sich länger.* Und die andere? *Sie stoppte vor Mittag.* "

Piagets Experiment werfen ein Licht auf die Art, wie ein Erwachsener
Zeit wahrnimmt, da viele der Ordnungsgesetze die gleichen sind wie beim Kind.
Es scheint, daß die physikalische Zeit hauptsächlich durch die Relation $t = \frac{d}{v}$ bestimmt wird, daß jedoch in der frühen Entwicklung der Meßbarkeit das Kind oft
die eine oder die andere Größe auf der rechten Seite vernachlässigt und so zu der
Interpretation kommt, daß „größere Abstände längere Zeit bedeuten" oder „höhe-
re Geschwindigkeit kürzere Zeit bedeutet".

Verbunden mit der Gleichung zwischen t, d und v bestehen andere Relationen in der Physik, welche Piaget im Zusammenhang mit der psychologischen Zeit
verwendet. So z.B. findet die Relation

$$\text{Zeit} = \frac{\text{Arbeit}}{\text{Leistung}}$$

eine Analogie in der Beobachtung, daß die geschätzte Dauer einer Aktivität mit
der geleisteten Arbeit zunimmt, bei vergrößerter Leistung jedoch abnimmt.

Piagets Folgerungen wurden des öfteren angegriffen. Zum Beispiel stimmt
Paul Fraisse mit ihm in der Zeitwahrnehmung nicht überein. Er schreibt [261]
„Nach unserer Meinung hat ein Kleinkind nicht nur ein Gefühl für Geschwindig-
keit und Abstand sondern auch für Dauer." Und er argumentiert weiter:

„Man könnte fast sagen, daß er (Piaget) sich Situationen ausdachte, in
welchen die Beziehung $Zeit = \frac{Entfernung}{Geschwindigkeit}$ augenscheinlich war. Er bestätigt
des öfteren, daß der *Begriff* der Zeit sich mit den ersten ausgeprägten Er-
kenntnissen bildet, und danach erst der Zusammenhang von Geschwindigkeit
und Dauer. Wir hingegen tendieren mehr zu der Idee, daß die Vorstellung
einer Dauer bereits ein abstrakter Begriff ist und sich entwickelt, bevor das
Kind in der Lage ist, Ordnung und Dauer, unter Berücksichtigung der logischen Zusammenhänge von Zeit, Entfernung und Geschwindigkeit, in Be-

ziehung zu setzen. Wir glauben auch nicht daran, daß das Leben, welches dem Kind die Möglichkeit gibt, die Unaufhaltbarkeit der Zeit zu erfahren, sich ihm als eine Beziehung zwischen Arbeit und Leistung darstellt."

Fraisse glaubt, daß es eine Zwischenstufe in der Entwicklung des Kindes gibt, in welcher die Intuition nach und nach zunehmend abstrakteren Vorstellungen weicht. Die Vorstellung von Dauer wird mehr und mehr unabhängig davon, was in ihr geschieht. Abgesehen von diesen unterschiedlichen Meinungen scheint es evident zu sein, daß in der späten Kindheit und beim Erwachsenen die Relation $t = \frac{d}{v}$ für die Beurteilung von Dauer wichtig ist.

Wir kommen nun dazu, die Genauigkeit der menschlichen Beurteilung von Dauer, unter normal günstigen Bedingungen zu besprechen. Die Experimentatoren verwenden hauptsächlich zwei Arten von Intervallen. Diese sind:

1. das „leere Intervall", welches durch zwei Reize, wie etwa Lichtblitze oder hörbare Signale, begrenzt wird.
2. Das kontinuierliche oder „volle Intervall", währenddessen ein Licht- oder Schallsignal (oder möglicherweise eine Berührung) ständig aufrecht erhalten wird.

Das Verhalten in Bezug auf diese Art von Intervallen ist nicht immer gleich, und auch die Beurteilung innerhalb der gleichen Type ist von der Art der Reizung abhängig.

Ist das Intervall zu kurz, so wird vom Subjekt eine Dauer überhaupt nicht erkannt. Es ist sich nur eines einzelnen momentanen Lautes bewußt. Im 1. Fall werden die beiden Reizungen erst dann getrennt wahrgenommen, wenn die Dauer einen kritischen Wert, genannt *Wahrnehmungsschwelle von Reihenfolgen*, erreicht. Im Fall 2 wird die Zeit nicht wahrgenommen, bevor nicht die *Schwelle der Dauerreizung* erreicht ist.

Für eine kontinuierliche Lichtreizung ist der Schwellenwert von der Ordnung 0,1 Sekunden und abhängig von der Intensität. Für eine Lautreizung ist er jedoch nur etwa 0,01 Sekunden (weil der mechanische Prozeß des Ohrs schneller ist als der fotochemische im Auge) (Durup und Fessard, zitiert von Fraisse). Taktile Reize geben Werte, die etwa denen für Laute entsprechen.

Die Schwelle für die Wahrnehmung von Reihenfolgen hängt von der Art der Reizung ab, wobei systematische Effekte (welche für die einzelne Person gleichbleiben, aber von Person zu Person variieren) auftreten, falls der erste Reiz von einer anderen Art ist als der zweite. (Ein ähnlicher Effekt führt zu Fehlern von der Größenordnung von 0,1 Sekunden in der Beurteilung der Position eines beweglichen Zeigers auf einem Zifferblatt im Augenblick des Auftretens eines Lautes. In der Astronomie muß man eine „persönliche Gleichung" anwenden, um bei visuellen

Beobachtungen den systematischen Fehler beim Feststellen des Zeitpunktes, an dem ein Stern das Fadenkreuz im Teleskop durchquert, zu berücksichtigen.) Werden zwei Reize derselben Art verwendet, dann liegen die Schwellwerte etwa bei denen für die Dauerreizung; das heißt ungefähr 0,1 Sekunden für Licht und 0,01 Sekunden für Laute und Berührungen.

Viel kürzere Intervalle können bei einer langen Folge von Reizen wahrgenommen werden, welche das Subjekt als eine kontinuierliche Reizung mit veränderlicher Intensität beobachtet. George Miller und Walter Taylor vom Psycho-Acustical Laboratory der Harvard Universität führten im Jahre 1948 Experimente mit „weißem Lärm" durch, welcher aus einer Mischung von allen hörbaren Frequenzen besteht [283]. Sie fanden, daß das Ohr imstande ist, periodische Unterbrechungen mit einer Rate von 1.000 bis 2.000 pro Sekunde wahrzunehmen. Wie jedoch bereits erwähnt, empfindet das Subjekt bei diesem Experiment nicht die einzelnen Unterbrechungen, sondern nur eine Variation in der Intensität des Signals.

Zusammenfassend können wir daher sagen, daß für das echte Erkennen eines Intervalls die menschliche Reizschwelle bei etwa 0,01 Sekunden liegt und dies nur dann, wenn der Tast- und Gehörsinn in Bereitschaft ist.

Betrachten wir nun die tatsächliche Schätzung der Dauer von Zeitintervallen. In diesem Zusammenhang sind die Intervalle von etwa 1 Sekunde von besonderem Interesse. Falls Audioreize durch ein Intervall separiert sind, das größer als der Schwellenwert, jedoch kleiner als 0,6 Sekunden ist, werden einem weniger die Dauer als die Grenzen bewußt. Nach Fraisse, „nehmen wir nicht spontan ein Intervall wahr, sondern einen mehr oder minder lose zusammenhängenden Reiz. Das Intervall selbst wird nicht wahrgenommen, obwohl es unterscheidbar ist, falls wir unsere Aufmerksamkeit darauf richten." Zwischen 0,6 und 1 Sekunde erscheint das Intervall und seine Grenzen als Einheit. Für längere Zwischenräume wird das Intervall vorherrschend, und die Reize scheinen getrennt." Erreicht der Zwischenraum 1,8 bis 2 Sekunden, nehmen wir nicht mehr ein Zeitintervall, sondern nur den Abstand zwischen einem vergangenen und einem gegenwärtigen Ereignis wahr."

Die drei Arten von Intervallen, bei welchen das Subjekt sich bewußt wird über 1. nur die Grenzen, 2. die Grenzen zusammen mit dem Zwischenraum, 3. den Zwischenraum selbst, werden als „kurz", „indifferent" und „lang" klassifiziert. Diese Klassifikation ist wichtig, weil sich herausstellt, daß kurze Intervalle systematisch überbewertet und lange unterbewertet werden. Die größte Genauigkeit tritt bei den indifferenten Intervallen auf. Um ein Intervall abzuschätzen, wird üblicherweise die Person aufgefordert, es mit einem anderen (Standardintervall) zu vergleichen oder es durch Drücken einer Taste zu reproduzieren. Daher wird bei der Wiederholungsmethode die Person normalerweise bei einem kurzen Intervall zu lang anzeigen und umgekehrt.

Durch zahlreiche Bestimmungen wurde der indifferente Bereich, der mit der genauesten Abschätzung, mit etwa 0,6 bis 0,8 Sekunden festgelegt. Verschiedene Faktoren können diese Werte verändern. In der Praxis zeigt sich, daß während langer experimenteller Sitzungen die Person gegen Ende der Sitzung die Intervalle, welche nahe am Mittelwert liegen, am besten abschätzen kann.

Die Existenz eines indifferenten Intervalls scheint daher eine absolute Bedeutung zu haben und könnte eine der wichtigsten Fakten in der bewußten Zeiterfassung des Menschen sein. Woodrow [305] räumt die Möglichkeit ein, daß die Bezeichnung „kurz" und „lang" eine absolute qualitative Bedeutung haben könnte. Versuche wurden unternommen, um diese Zeitlängen zu bestimmen. Der Übergang, bei dem die Beurteilung eines Zeitintervalls von „kurz" zu „lang" sich ändert, wird das *absolute indifferente Beurteilungsintervall* genannt. Es scheint etwa zwischen 0,6 und 0,7 Sekunden zu liegen. Dieser Wert ist jedoch abhängig davon, welche Zeitintervalle von der Person vorher wahrgenommen wurden. Benussi (zitiert von Woodrow) fand z.B. heraus, daß der Übergang von „kurz" zu „lang" bei 0,23 Sekunden auftritt, wenn die Person mit einer Folge von Intervallen von zunehmender Länge, im Bereich von 0,09 bis 2,7 Sekunden, konfrontiert wurde. Wird die Person mit der gleichen Folge, jedoch in umgekehrter Reihung konfrontiert, so tritt der Übergang bei 1,1 Sekunden auf. Für eine ungeordnete Folge liegen die Werte zwischen 0,58 und 0,72 Sekunden. Die Versuchsperson scheint daher von vorangegangenen Wahrnehmungen beeinflußt zu sein. Nichtsdestoweniger besteht eine innere Stabilität. Aus Woodrow's Sicht:

„Es läßt sich nicht ausschließen, daß der „Standard" für die absolute Beurteilung von lang und kurz relativ stabil ist."

Es wurde vielfach betont, daß die Zone um 0,7 Sekunden mit spezifischen physiologischen Prozessen in Verbindung steht. So wurde z.B. von Wundt bemerkt, daß „[$\frac{3}{4}$ Sekunden] etwa der Zeit entsprechen, die ein Beinschwung bei schnellem Gehen benötigt. Es scheint nicht unwahrscheinlich, daß diese physische Konstante für die mittlere Wiederholungsdauer und die genaueste Abschätzung von Intervallen sich unter dem Einfluß der Körperbewegung entwickelte." Guyau stellte fest, daß „wir selbst heute noch die Abfolge unserer Wahrnehmung der Rhythmik des Gehens anpassen." (Siehe [261].) Fraisse gibt mehrere Beispiele für das Auftreten dieses Intervalls an, wie etwa die Reaktionen auf unterschiedliche Stimulierungen, bei der Identifikation von Wortgruppen oder Zahlen und dem Herzschlag. Er meint, daß diese unterschiedlichen Zeitdauern sich nicht wechselseitig regulieren, sondern daß alle Phänomene einem optimalen Rhythmus für aufeinanderfolgende Assoziationen im Nervensystem entsprechen.

Kommen wir nun zu der Betrachtung der weniger bewußten Zeitregulierung bei Lebewesen, und im speziellen, zu Messungen von längeren Zeitintervallen als den bisher betrachteten. Untersuchungen auf vielen Gebieten haben gezeigt, daß alle Arten von Organismen imstande sind, die vergangenen Stunden oder Tage genau aufzuzeichnen. Bienen verwenden eine innere Uhr bei der Navigation auf der Suche nach Futter. Max Renner, von der Universität München, zeigte dies überzeugend in einem beachtenswerten Experiment. In Long Islands, New York, wurden Bienen trainiert, um 13 Uhr zu einer Futterstation im Nordwesten zu fliegen. Darauf wurden die Bienen samt ihrem Stock per Flugzeug nach Kalifornien transportiert. Am nächsten Tag starteten die Bienen um 10 Uhr Lokalzeit (13 Uhr New Yorker Zeit) und flogen in südwestlicher Richtung zum Futter. Relativ zur Sonne war dies die gleiche Richtung wie ihre übliche Flugroute in New York. Daraus erkennt man, daß ihre Zeitmessung intern und unabhängig von der Position der Sonne ist, die Sonne jedoch als Kompaß gebraucht wird. (siehe Frank A. Brown [250].)

Bienen sind auch in der Lage, die Positionsänderung der Sonne während des Tages zu berücksichtigen. Werden sie z.B. während eines Ausfluges in eine lichtdichte Schachtel gegeben und später wieder ausgelassen, so kehren sie wieder genau zu ihrem Stock zurück. Die innere Uhr berücksichtigt daher die veränderte Position der Sonne.

Eine ähnlich beachtliche Fähigkeit der Orientierung zeigen Zugvögel. Sie machen Gebrauch von einer inneren Uhr in Verbindung mit der Sonne als Kompaß während des Tages und der Sterne während der Nacht. Hamner [264] beschreibt ein Experiment, bei dem Zugvögel gefangen und in ein Planetarium gesetzt wurden. Sie zeigten starke Anzeichen, in eine spezielle Richtung relativ zu dem Sternmuster an der Decke zu fliegen. Verdrehte man den Sternenhimmel, so veränderte sich auch die bevorzugte Richtung. Die Vögel berücksichtigten jedoch die langsame Rotation der Sternverteilung, welche sie normalerweise während einer Nacht beobachten würden.

Ein zweiter Fall der biologischen Zeitwahrnehmung ist das Phänomen der *Photoperiodizität,* bei dem das Verhalten von Pflanzen und Tieren von der relativen Länge zwischen Tag und Nacht abhängig ist. In manchen Fällen wird bei Kurztagpflanzen beobachtet, daß sie bei ständigem Licht nicht zum Blühen gelangen. Erst nach einer langen Periode der Dunkelheit (die einen kurzen Tag signalisiert) fängt die Pflanze an zu blühen. Diese Dunkelphase ist bis auf einige Minuten genau bestimmt, und der Effekt kann durch eine nur kurze Zeitspanne von Helligkeit zunichte gemacht werden. (siehe Hamner [265].)

Ein wichtiger Teil der Forschung über biologische Zeitwahrnehmung beschäftigte sich mit der sogenannten „zirkadianischen Rhythmik" (circa = ungefähr, diem = täglich). Pflanzen, wie etwa Bohnenkeimlinge, beginnen bei Tagesanbruch ihre Blätter aufzurichten, um sie bei Einbruch der Dämmerung wieder zu senken. Dieses rhythmische Verhalten hält selbst dann an, wenn die Pflanzen gleichförmigen Bedingungen mit konstanter Temperatur und Beleuchtung ausgesetzt sind. Desweiteren läßt sich eine „Phasenverschiebung" dieses Prozesses durch einige alternierende Perioden von hell und dunkel erreichen. Es läßt sich damit bewirken, daß die Blätter sich bei Nacht aufrichten und bei Tag sinken. Dieser neue Rhythmus hält selbst dann an, wenn die Beleuchtung wieder konstant gehalten wird.

Der natürliche Zyklus des Rhythmus beträgt nicht genau vierundzwanzig Stunden und kann verkürzt oder verlängert werden. Eine zehnstündige Periode der Helligkeit, gefolgt von zehn Stunden Dunkelheit oder vierzehn Stunden Helligkeit, gefolgt von vierzehn Stunden Dunkelheit, ergeben den neuen Zyklus von zwanzig bzw. achtundzwanzig Stunden. Werden jedoch die gleichmäßigen Beleuchtungsbedingungen wieder hergestellt, so kehrt die Pflanze wieder zu ihrem ursprünglichen Rhythmus zurück. Überraschenderweise wird der natürliche Zyklus nur sehr wenig von Temperaturänderungen beeinflußt, außer diese sind extrem. Minusgrade können zu einem Aufhalten der inneren Uhr führen, so daß eine Phasenverschiebung im Zyklus auftritt. (Viele Untersuchungen auf diesem Gebiet wurden von Erwin Bünning gemacht, und der Leser sei auf sein Buch, The Physiological Clock [252], verwiesen.)

Die zirkadianische Rhythmik ist bei allen Arten von Organismen, von den Pilzen bis zur Fruchtfliege, und von der Karotte bis zu den Krabben, vorhanden. Die Winkerkrabbe verändert ihre Farbe durch Vorgänge im Pigment der Haut, wobei sie dunkel bei Tagesanbruch und blaß bei Sonnenuntergang wird. Die Genauigkeit des 24-Stunden-Zyklus ist sehr groß, selbst unter gleichmäßiger Dunkelheit, und wird nur sehr wenig durch Temperaturänderungen beeinflußt, was daraufhinweist, daß der Zyklus durch Metabolismus entsteht. Wird die Krabbe für einige Stunden in Eiswasser gelegt, bemerkt man, daß der Zyklus um diese Zeitdauer verschoben wird.

Die zirkadianische Rhythmik des Menschen zeigt eine eigene Beständigkeit. Während es möglich ist, den üblichen Tagesablauf künstlich auf eine nicht vierundzwanzigstündige Periode zu gründen, bleiben z.B. die Körpersekretionen unverändert. Hamner [264] beschreibt Experimente in Spitzbergen, wo die Sonne im Sommer kontinuierlich scheint. Bei diesem Experiment wurden die Uhren und der Tagesablauf der Kolonie einem 21-Stunden-Tag angepaßt und bei einer anderen Gelegenheit einem 27-Stunden-Tag. Die Teilnehmer gewöhnten sich oberflächlich sehr schnell an den neuen Zeitablauf, die Sekretionen blieben jedoch davon unbetroffen. Diese zwei Zeitraten schienen bei den Teilnehmern einigen Stress hervorzurufen.

Andere zirkadianische Zyklen zeigen sich beim Menschen im Blutbild, im Herzschlag, im Blutdruck etc. Temperatureffekte sind nicht groß, denn die Körpertemperatur ändert sich wenig mit der Temperatur der Umgebung. Steigt die Körpertemperatur, wie etwa bei Fieber, so scheint der menschliche Rhythmus beschleunigt, wie einige Experimente zeigten.

Die Biologen streiten sich noch immer über die Frage, ob die biologische
Uhr vollständig intern ist oder durch äußere Einflüsse gesteuert wird. Sicher gibt
es vererbbare Einflüsse. Professor Frank A. Brown [249] glaubt, daß ein Einfließen
von äußeren Faktoren den Zeitablauf bestimmt, und daß verschiedene Organismen
erstaunlich sensitiv für geophysikalische Änderungen sind. Nach Professor J. L.
Cloudsley-Thomson [253] spielt die Erdrotation keine Rolle, weil die zirkadianische Rhythmik von Pflanzen und Tieren sogar am Südpol beibehalten wird. Anscheinend glauben die meisten Biologen an eine echte „innere Uhr". Einige glauben,
daß jede Zelle eine biologische Uhr ist oder eine solche enthält, und daß die Synchronisation durch das zentrale Nervensystem durchgeführt wird. Die Frage ist
wichtig. Nach der Ansicht von Cloudsley-Thomson: „Wenn die Genauigkeit der
biologischen Uhren von dem Erhalt geophysikalischer Information abhängt, so
kann das Ausschalten derselben entsetzliche Folgen für den Raumfahrer haben."

Kehren wir nun zu der anfänglich gestellten Frage nach dem Zusammenhang
von lebenden und Standard-Uhren der Physik zurück. Wenn die geophysikalischen
Faktoren nicht eine viel größere Rolle spielen als die meisten Biologen annehmen,
kann der Mensch ohne den Erdrhythmus überleben. Er hält damit Schritt (in seinem
Altern wie auch in Kurzzeitprozessen) mit den Uhrenmechanismen des Körpers,
die den üblichen Gesetzen der Chemie und der Physik unterliegen. Diese Gesetze
sind, nach der speziellen Relativitätstheorie in allen Inertialsystemen gleich. Die
mathematische Formulierung der Gesetze enthält eine Zeitvariable, welche die Standard-Zeit im betrachteten Bezugssystem ist. Es gibt daher keine andere Möglichkeit
als die, daß das menschliche Altern mit der Standard-Zeit verknüpft ist. Einwände,
wie die von L.O. Pilgeram (S. 9) sind, sofern sie inertiale Bewegungen betreffen,
unfundiert. Bei beschleunigter Bewegung scheint es wahrscheinlich, daß die menschliche Uhr sich wie jede andere Uhr verhält, vorausgesetzt, daß die Beschleunigung
nicht zu groß ist und den Körper beschädigt. In dieser Hinsicht ist der Mensch, un-
glücklicherweise, eher verwundbar.

3.3 Beschleunigte Uhren

Wir haben bisher bei der Diskussion über das relative Altern bzw. der Zeitmessung jede detaillierte Betrachtung von beschleunigten Uhren vermieden, indem
wir nur Raumfahrten mit kurzen Beschleunigungsperioden betrachteten. Bei den
Berechnungen im Abschnitt 3.1 gingen wir von der Beobachtung aus, daß kleine Beschleunigungen den Gang von Uhren geeigneter Bauart nicht wesentlich verändern.

In seiner Arbeit von 1905 machte Einstein diese Einschränkung nicht, sondern betrachtete zunächst den Fall, daß sich eine Uhr (C') vom Punkt A zum Punkt
B entlang eines polygonalen Weges relativ zu einem Inertialsystem S bewegt. Dies
beinhaltet die Möglichkeit, daß B mit A zusammenfällt, und so C' sich entlang eines

geschlossenen Polygons bewegt. Es wurde angenommen, daß die Geschwindigkeit v von C' konstant ist, und daher die Uhr entlang jeder Geraden um den Faktor $\sqrt{(1-v^2)}$ in S langsamer geht, wobei wir wie üblich $c = 1$ gesetzt haben. Sei T die Zeit in S für die Bewegung A nach B, dann ist die Zeit, die von C' angezeigt wird,

$$T\sqrt{(1-v^2)} = T - \{1 - \sqrt{(1-v^2)}\}\, T.$$

Falls v viel kleiner als die Lichtgeschwindigkeit ist, wird C' von S aus um den Betrag

$$\{1 - \sqrt{(1-v^2)}\}\, T = \frac{1}{2} v^2\, T$$

nachgehen.

Einstein verallgemeinerte das obige Resultat für einen beliebigen, geschlossenen Weg, welcher mit konstanter Geschwindigkeit v durchlaufen wird, indem er eine explizite Annahme einführt.

„Nimmt man an, daß das für eine polygonale Linie bewiesene Resultat auch für eine stetig gekrümmte Kurve gelte, so erhält man den Satz: Befinden sich in A zwei synchron gehende Uhren und bewegt man die eine derselben auf einer geschlossenen Kurve mit konstanter Geschwindigkeit, bis sie wieder nach A zurückkommt, was t Sekunden dauern möge, so geht die letztere Uhr bei ihrer Ankunft in A gegenüber der unbewegt gebliebenen um $\frac{1}{2}\, t\, (v/c)^2$ Sekunden nach.“

Einsteins Annahme bedeutet, daß der Gang einer Uhr nur von der Geschwindigkeit, jedoch nicht von ihrer Beschleunigung abhängt (obwohl er, genaugenommen, eigentlich nur den Fall konstanter Geschwindigkeit betrachtet). Dies ist jedoch eine keineswegs triviale Annahme. Wir können uns durchaus Zeitnehmer vorstellen, die sehr unterschiedlich anzeigen, wenn sie sich entlang eines polygonalen Weges bzw. entlang eines stetig gekrümmten Weges mit gleicher Geschwindigkeit bewegen.

Angenommen, wir kaufen einen elektrischen Chronometer und modifizieren ihn, um ein (nicht relativistisches) Experiment auf der Erde durchzuführen. Zunächst bauen wir einen Schalter ein, der den Chronometer stoppt, wenn immer ein bestimmter elektrischer Kontakt unterbrochen wird. Die Schaltung ist so ausgeführt, daß der Kontakt über eine Stahlkugel erfolgt, welche in einer Plastikschale rollt, die einen kleinen Metallanschluß am Boden hat. Der Chronometer und die Schale sind auf einem Wagen montiert, der sich frei auf einem glatten Boden bewegt. Steht der Wagen oder bewegt er sich mit gleichförmiger Geschwindigkeit (mit Geschwindigkeiten, bei denen relativistische Effekte vernachlässigbar sind), so zeigt der Chronometer normal an. Wird der Wagen jedoch beschleunigt, so rollt die Kugel aus der Ruhelage und der Schaltkreis ist unterbrochen. Daher wird die Zeit während unbeschleunigter Bewegung normal gemessen und während einer Beschleunigung überhaupt nicht.

Bewegt sich nun der Wagen entlang eines Polygons mit konstanter Geschwindigkeit, dann entsteht eine Pause in der Zeitnehmung an jedem Eckpunkt. Ansonsten registriert der Chronometer die normale Zeit. Bei einer andauernd beschleunigten Bewegung kann es jedoch sein, daß die Kugel über die gesamte Zeit aus der Ruhelage verschoben ist und daher überhaupt keine Zeit aufgezeichnet wird. Dies ist ein Beispiel für einen Zeitnehmer, der für Beschleunigungen sensitiv ist. Obwohl die Schwerkraft für die Arbeitsweise dieser Apparatur wesentlich ist, kann man sich leicht andere Zeitnehmer ausdenken, die nicht davon abhängen und dennoch auf Beschleunigung reagieren.

Aus diesem etwas künstlichen Beispiel erkennt man, daß Beschleunigung im Gegensatz zu Geschwindigkeit durchaus den Gang einer Uhr beeinflussen kann; wie und ob, hängt jedoch von der Art des Mechanismus ab. Wird der Gang durch eine Unruhe bewerkstelligt, so ist dies ein eher kompliziertes dynamisches Problem. Wie wir aus Abschnitt 3.1 wissen, haben wir experimentelle Evidenz dafür, daß solche Uhren durch eine Beschleunigung bis zu einigen g kaum beeinflußt werden, und daher Einsteins Annahme vernünftig ist.

Die Behauptung, daß der augenblickliche Gang einer Uhr nur von der momentanen Geschwindigkeit abhängt, ist als *Uhrenhypothese* bekannt und wird manchmal bei der Definition einer „idealen" Uhr verwendet. Mathematisch kann diese Hypothese wie folgt formuliert werden. Ist $v(t)$ die Geschwindigkeit der Uhr C' zur Zeit t in dem Inertialsystem S, und $\Delta T'$, die von ihr gemessene Zeit im Intervall $(t, t + \Delta t)$ (während der v ungefähr konstant ist), dann gilt

$$\Delta T' = \sqrt{(1 - v^2)}\, \Delta t. \tag{3.1}$$

Für eine beliebige Bewegung von C' ergibt sich die gesamte Zeit, indem man den Weg in Elemente unterteilt und für jedes die Gleichung (3.1) anwendet. Durch Grenzübergang erhält man ein Integral für die totale Zeit T'

$$T' = \int \sqrt{(1 - v^2)}\, dt, \tag{3.2}$$

wobei die Integrationsgrenzen die Anfangs- und Endwerte von C sind. Dieses Integral wird als die *Eigenzeit* entlang des in Betracht gezogenen Abschnittes der Weltlinie von C bezeichnet. Eine *ideale* Uhr ist jene, welche die Eigenzeit entlang der Weltlinie anzeigt.

Es ist von großem Vorteil, die Einstein-Langevin Uhr (Abschnitt 2.4) als Zeitstandard zu verwenden. Wenn die Uhr nicht zu groß ist, lassen sich ihre Eigenschaften während einer Beschleunigung relativ einfach untersuchen. Ist die Uhr groß, so müssen wir die Art der Beschleunigung genau spezifizieren, und dabei können Komplikationen auftreten. Angenommen, die Uhr bewegt sich entlang Ox in S (die Spiegel senkrecht zu Ox) mit einer konstanten Geschwindigkeit v, bis Kräfte den Stab, auf dem die Spiegel montiert sind, beschleunigen. Greift die Kraft nur an dem Ende A des Stabes an, so wird das andere Ende B nicht sofort seine Geschwindigkeit verändern, denn dies würde bedeuten, daß die Wirkung A einen sofortigen Effekt in B erzeugt. Jedoch selbst im starrsten Körper können sich Signale höchstens mit Lichtgeschwindigkeit fortpflanzen (Bild 18). Tatsächlich wird durch die Kraft eine Kompressionswelle entlang des Stabes erzeugt, und man muß die Auswirkung dieses Effekts auf die Länge des Stabes berücksichtigen.

Diese Schwierigkeiten werden durch die Annahme vermieden, daß die Kräfte gleichzeitig auf beide Enden wirken (oder an allen Punkten der Uhr), denn Gleichzeitigkeit ist relativ. Falls Kräfte gleichzeitig in S angreifen, sind sie nicht gleichzeitig im Ruhesystem der Uhr, und wir erhalten ein unterschiedliches Verhalten der Uhr. Greift eine Kraft nur an dem Ende A an (wie es bei einer Uhr in einem Raumschiff denkbar ist), dann ist die Laufzeit eines Lichtstrahls, der in diesem Augenblick von A nach B läuft, unbeeinflußt. Für einen Strahl, der jedoch von B nach A läuft, ist die Distanz etwas geringer als im unbeschleunigten Fall. Dies zeigt die Schwierigkeiten, die entstehen, wenn eine zu große Uhr verwendet wird. Der Gang der Uhr hängt dann von der Bewegungsrichtung des Strahls ab. Ist der Abstand AB jedoch klein, so ist jede Veränderung in der Geschwindigkeit während der Zeit, die ein Lichtstrahl benötigt, von A nach B oder von B nach A zu gelangen, vernachlässigbar. Daher ist die Uhrenhypothese für eine genügend kleine Einstein-Langevin Uhr gültig.

Wir wollen jetzt die Reisezeit während eines Ausflugs in einem beschleunigten Raumschiff berechnen. Vom Standpunkt der Passagiere ist die bequemste Art, um hohe Geschwindigkeiten zu erreichen, eine leichte ständige Beschleunigung. Wir wollen den besonderen Fall einer relativistischen *gleichförmigen Beschleunigung* betrachten, die das Analogon zu der konstanten Beschleunigung in der Newton' schen Mechanik ist. Sie wird nicht durch die Bedingung „Beschleunigung in S =

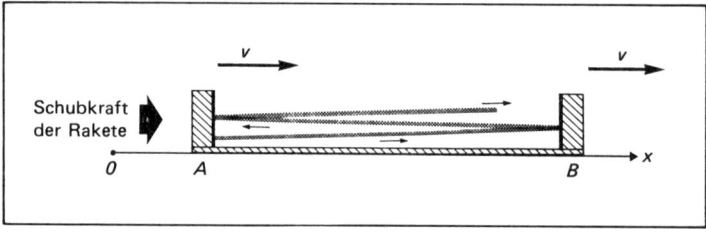

Bild 18

konstant" definiert (wie man zunächst erwarten würde), denn dies wäre unbrauchbar. Eine konstante Beschleunigung in einem Inertialsystem bedeutet nicht notwendigerweise eine konstante Beschleunigung in anderen Systemen, wie dies in der Newton'schen Theorie der Fall ist. (Der Beweis dieser Aussage folgt aus Gleichung (A.1) im Anhang.) Daher würde die Bedingung eine unterschiedliche Bedeutung für verschiedene Beobachter haben. Falls es möglich wäre, eine konstante Beschleunigung in einem beliebigen Intertialsystem für unbestimmte Zeit aufrecht zu erhalten, so würde die Geschwindigkeit schließlich die Lichtgeschwindigkeit überschreiten. Wir erkennen daraus, daß diese Bedingung an die Beschleunigung keine praktische Bedeutung in der relativistischen Mechanik hat. In der relativistischen Mechanik ist die Trägheit eines Körpers abhängig von der Geschwindigkeit, wobei seine Masse durch den Ausdruck $\dfrac{m_0}{\sqrt{(1-v^2)}}$ gegeben ist und m_0 die *Ruhemasse* ist. Wenn v gegen 1 strebt, ist die Masse unbeschränkt, und es kann daher keine Kraft geben, die eine konstante Beschleunigung des Körpers für alle Zeiten erzeugt.

Die vernünftigste Definition der gleichförmigen relativistischen Beschleunigung erhält man aus den folgenden dynamischen Betrachtungen. Stellen wir uns vor, daß der Motor des Raumschiffes mit einer konstanten Einstellung arbeitet, sodaß der Treibstoff mit einer konstanten Rate und einer konstanten Geschwindigkeit abgestoßen wird. Ist während der Beschleunigungsperiode die Masse des verbrauchten Treibstoffes im Vergleich zu der Gesamtmasse der Rakete, sowie der Besatzung und dem übrigen Treibstoff etc. vernachlässigbar, dann ist die Bewegung des Raumschiffes eine, die man vernünftigerweise gleichförmig beschleunigt bezeichnet. Sicher gibt diese Definition auch eine konstante Beschleunigung nach der Newton'schen Mechanik.

In jedem Augenblick existiert ein Inertialsystem (dessen Geschwindigkeit in S die gleiche ist wie die des Raumschiffes), in dem das Raumschiff momentan ruht, obwohl es beschleunigt ist. Wir nennen dies das *mitbewegte* System. Für jeden Augenblick gibt es ein anderes mitbewegtes System. Aus der Definition der gleichförmigen Beschleunigung folgt, daß die beobachtete Beschleunigung in jedem mitbewegten System gleich und die Ausströmgeschwindigkeit konstant ist.

Wie schaut nun die Bewegung in dem „festen" Inertialsystem S der Erde aus? Im Anhang wird gezeigt, daß die Beschleunigung a im mitbewegten System durch die Beschleunigung in S gegeben ist

$$\frac{dv}{dt} = a\beta^3,\tag{3.3}$$

wobei v die Geschwindigkeit in S und $\beta = \sqrt{(1-v^2)}$. Angenommen, die Geschwindigkeit zur Zeit $t = 0$ sei Null.

Durch Integration erhalten wir

$$\frac{v}{\sqrt{(1 - v^2)}} = at,$$

und durch Umordnung folgt

$$v = \frac{dx}{dt} = \frac{at}{\sqrt{(1 + a^2 t^2)}}. \tag{3.4}$$

Dies zeigt uns: Falls die gleichförmige Beschleunigung für unendliche Zeit aufrecht erhalten wird, würde sich die Geschwindigkeit v der Lichtgeschwindigkeit nähern.

Integrieren wir nochmals und setzen $x = 0$ zur Zeit $t = 0$, so finden wir

$$x = \frac{\sqrt{(1 + a^2 t^2)} - 1}{a}. \tag{3.5}$$

Die Weltlinie für diese Bewegung ist in Bild 19 dargestellt. Die Figur zeigt auch die Kurve $x = \frac{1}{2} at^2$, welche die Weltlinie für die gleiche konstante Beschleunigung und gleiche Anfangsbedingungen nach der Newton'schen Kinematik ist. Die strichlierte Linie ist die Asymptote an die relativistische Weltlinie und hat die Gleichung $x = t - \frac{1}{a}$. Es ist eine Lichtlinie, da der Anstieg gleich 1 ist.

Als Beispiel betrachten wir, daß das Raumschiff von der Erde aus startet, um einen entfernten Planeten, Stern oder Nebel zu besuchen. Um die Reise für die Passagiere bequem zu machen und dennoch eine möglichst hohe Geschwindigkeit zu erzielen, soll die Beschleunigung während der ersten Hälfte der Hinreise

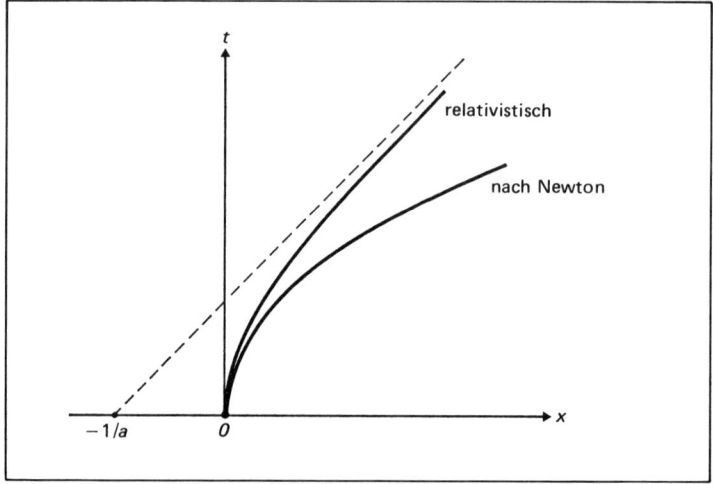

Bild 19 Gleichförmige Beschleunigung in der Newtonschen und der relativistischen Kinematik

konstant sein und während der zweiten Hälfte eine Abbremsung (negative Beschleunigung durch Schubumkehr der Rakete) derselben konstanten Größe, aufrecht erhalten werden. Die Rückreise wird nach einem vernachlässigbar kurzem Aufenthalt angetreten und verläuft genau umgekehrt wie die Hinreise. Die Weltlinie der gesamten Reise ist in Bild 20 gezeigt.

Angenommen, daß jede Periode der Beschleunigung und der Abbremsung für die Erdzeit die Dauer T hat, so beträgt die gesamte Erdzeit für die Reise $4T$. Wir berechnen die Reisedauer für die Passagiere unter Verwendung der Uhrenhypothese. Wegen der Symmetrie wird diese gleich $4T'$ sein, wobei T' die Zeit für die erste Hälfte des Hinweges ist. Wegen der Uhrenhypothese erhalten wir aus Gl. (3.4):

$$T' = \int_0^T \sqrt{(1 - v^2)} \, dt = \int_0^T \frac{dt}{\sqrt{(1 + a^2 t^2)}},$$

woraus durch Integration folgt

$$T' = \frac{1}{a} \ln \left\{ aT + \sqrt{(1 + a^2 T^2)} \right\}, \tag{3.6}$$

wobei ln den natürlichen Logarithmus bezeichnet.

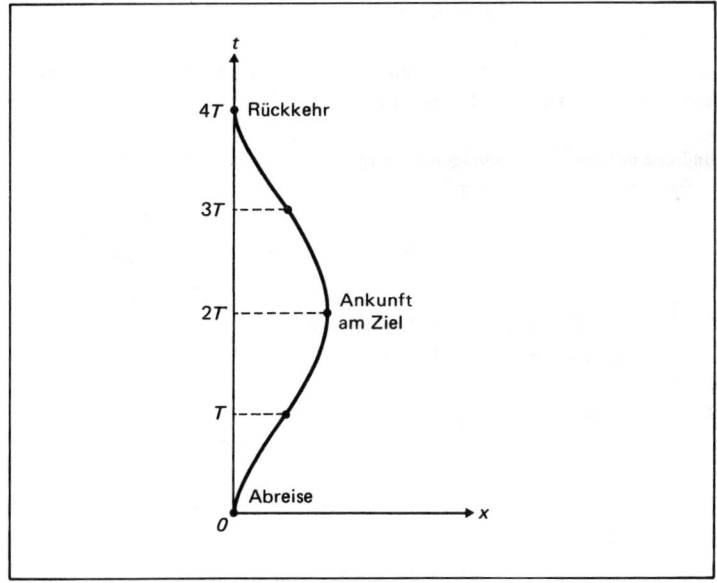

Bild 20

Die größte Distanz (im Erdsystem gemessen) wird nach der Zeit $2T$ erreicht. Wir erhalten sie durch Substitution $t = T$ in Gl. (3.5):

$$\text{größte Entfernung} = 2 \; \frac{\sqrt{(1 + a^2 T^2)} - 1}{a}. \tag{3.7}$$

Schließlich erhält man die maximale Geschwindigkeit, indem man $t = T$ in Gl. (3.4) setzt. Daher

$$\text{maximale Geschwindigkeit} = \frac{aT}{\sqrt{(1 + a^2 T^2)}}. \tag{3.8}$$

Setzen wir einige mögliche Werte ein. Damit die Reise bequem ist, wählen wir $a = g$, die Gravitationsbeschleunigung auf der Erdoberfläche. Dann erhalten wir in unseren Einheiten, in denen wir Längen in Metern und die Zeit in $\frac{1}{3 \cdot 10^8}$ Sekunden (um $c = 1$ zu setzen) messen,

$$a = \frac{9,81}{(3 \cdot 10^8)^2} = 1,09 \cdot 10^{-16}.$$

Tabelle 3 zeigt Werte, die für verschiedene T berechnet wurden. Spalte 1 und 2 geben die Werte von $4T$ bzw. $4T'$ an, Spalte 3 den größten Abstand nach Gl. (3.7) und die Spalte 4 die maximal erreichte Geschwindigkeit nach Gl. (3.8).

Es ist interessant, die Spalte 4 der Tabelle mit der Berechnung einer Reise zum nächsten Stern von Sir George Thomson zu vergleichen. Seine Reise bei *konstanter Geschwindigkeit* $\frac{1}{2}$ dauert siebzehn Jahre gegenüber etwas weniger als zwölf Jahren bei *konstanter Beschleunigung* 1g. Für die Besatzung und die

Tabelle 3: Rundreise mit einer Beschleunigung von 1g

Erdzeit 4T	Zeit im Raumschiff 4T'	größte Entfernung	maximale Geschwindigkeit $\dfrac{}{\text{Lichtgeschwindig-keit}}$
4 Tage	4 Tage weniger $\frac{1}{2}$ s	73 Millionen km (Mars?)	0,0028
3 Monate	3 Monate weniger 91 min	35 Lichtstunden	0,065
4 Jahre	3,5 Jahre	0,85 Lj	0,72
11,7 Jahre	7,1 Jahre	4,2 Lj nächster Stern	0,95
48,5 "	12,5 "	22,4 Lj	0,9968
57,0 "	13,1 "	26,6 Lj	0,9977
2350 "	27,5 "	1170 "	0,999 998 6
$4 \cdot 10^6$ "	56,4 "	$2 \cdot 10^6$ Lj (Andromeda)	$1 - \dfrac{1}{2 \cdot 10^{12}}$

Passagiere sind die entsprechenden Zeiten ungefähr vierzehneinhalb Jahre bzw. sieben Jahre. Bei der beschleunigten Reise ist die maximale erreichte Geschwindigkeit etwa 95 % der Lichtgeschwindigkeit. Beachten muß man auch die enorme Zeitverkürzung für die Reisenden zur Andromeda, die nur 56,4 Jahre gegenüber vier Millionen Erdjahre benötigen. Jene jedoch, die eine 4-Tage-Reise zum Mars unternehmen, gewinnen nur eine halbe Sekunde. Einige andere Werte der Tabelle sind für den Gebrauch im nächsten Abschnitt gedacht.

In Tabelle 4 sind zum Vergleich die entsprechenden Werte für den Fall $a = 2g$ angegeben. Es ist bemerkenswert, daß bei gegebener Erdzeit sich die Beschleunigung von $2g$ gegenüber der von $1g$ nur wenig auf die Entfernung auswirkt. Der Grund dafür ist der, daß die meiste Zeit der Reise mit fast gleicher Geschwindigkeit, nämlich nahe der Lichtgeschwindigkeit, zurückgelegt wird. Die Reisezeit zum Andromedanebel und zurück ist jedoch halb so groß, wenn die doppelte Beschleunigung verwendet wird. Die Möglichkeit solcher intergalaktischer Reisen wird im nächsten Abschnitt besprochen.

Tabelle 4: Rundreise mit einer Beschleunigung von 2g

Erdzeit $4T$	Zeit im Raumschiff $4T'$	größte Entfernung	maximale Geschwindigkeit / Lichtgeschwindigkeit
4 Tage	4 Tage weniger 1,8 s	146 Millionen km	0,0056
3 Monate	3 Monate weniger 6 Std.	70 Lichtstunden	0,13
4 Jahre	2,85 Jahre	1,25 Lj	0,90
11,7 "	4,8 "	5,0 "	0,987
48,5 "	7,6 "	23,3 "	0,9992
2350 "	15,1 "	1170 "	0,999 999 66
$4 \cdot 10^6$ "	29,5 "	$2 \cdot 10^6$ "	$1 - \dfrac{1}{8 \cdot 10^{12}}$

3.4 Über den Besuch entfernter Leute[1]

In zwei faszinierenden Artikeln [230; 231] (in *Science* vom Dezember 1961 und Juli 1962) hat Sebastian von Hoerner vom National Radio Astronomy Ob-

---

[1] Das meiste Material in diesem Abschnitt ist von Sebastian von Hoerner und wurde in den beiden angegebenen Artikeln publiziert. Ich danke für seine Erlaubnis und die der Zeitschrift *Science* für die Reproduktion (Copyrights 1961 und 1962 von der American Association for the Advancement of Science). Einige zusätzliche Berechnungen stammen von mir.

servatory in Green Bank, West Virginia, einen Überblick über die praktischen und theoretischen Grenzen gegeben, die für Raumfahrer bei einer Kontaktaufnahme oder einem Besuch anderer Zivilisationen im Universum bestehen. Der erste Artikel, genannt „Die Suche nach Signalen von anderen Zivilisationen" beschäftigte sich mit Abschätzungen der Lebensdauer einer Zivilisation, die eine hohe technische Entwicklungsstufe erreicht hat. Ferner mit Abschätzungen von Entfernungen zu den nächsten Sternen, für deren Planetensystem es wahrscheinlich scheint, eine solche Zivilisation zum heutigen Zeitpunkt zu tragen, und den Möglichkeiten einer Radiokommunikation mit ihnen. Der zweite Artikel „Die allgemeinen Grenzen der Raumfahrt", befaßte sich mit dem Problem des Antriebs für die Zurücklegung der Distanzen unter Berücksichtigung der Zeitdilatation.

Von Hoerner geht von der Annahme aus, daß alles scheinbar Einmalige und uns Eigene tatsächlich eines unter vielen und wahrscheinlich durchschnittlich ist. Dieses Prinzip des „Typischen" muß in der Naturwissenschaft stets berücksichtigt werden, um einen Fortschritt zu erreichen. In Ermangelung anderer Information ist natürlich anzunehmen, daß bestimmte allgemeine Eigenschaften unserer Umwelt und die Entwicklung unserer Zivilisation typisch ist für jede andere. Obwohl wir natürlich nicht annehmen, daß andere Planetensysteme und das Leben auf ihnen im einzelnen unserem gleicht. (In einer bescheideneren Art müssen wir uns auf ein ähnliches Prinzip im täglichen Leben ständig verlassen, wann immer wir neue Orte besuchen oder neuen Situationen gegenüberstehen).

Es ist daher vernünftig anzunehmen, daß

1. sich Leben und Intelligenz bei geeigneter Umgebung und der notwendigen Zeit nach den gleichen Regeln der natürlichen Auslese auch woanders entwickelt.
2. eine durchschnittliche Zivilisation unseren heutigen Stand der Wissenschaft, Technologie und das Verlangen nach interstellarer Kommunikation nicht in einem kürzeren Zeitraum als wir erreicht.

Von Hoerner argumentiert, man müsse berücksichtigen, daß eine bestimmte Zivilisation nicht unbedingt unendlich lang besteht:

> „Die Naturwissenschaft und Technologie entwickelten sich (wenn auch nicht ganz, so doch in hohem Maße) durch den Kampf um Vorherrschaft und dem Verlangen nach einem angenehmen Leben. Beide dieser treibenden Kräfte haben, falls nicht rechtzeitig unter Kontrolle gebracht, die Tendenz zu zerstören. Die erste führt zur totalen Zerstörung und die zweite zu biologischer oder geistiger Degeneration."

Er nimmt daher an, daß sich an vielen Orten ähnliche Zivilisationen wie die unsere, aber jede von endlicher Lebensdauer, entwickelt haben. Berechnen wir den wahrscheinlichen mittleren Abstand zwischen benachbarten technischen Zivilisationen. Für einige Millionen unserer nächsten Nachbarsterne (der „lokale" Teil unserer Galaxie) führen wir die folgenden mittleren Größen ein:

T_0 = notwendige Zeit, um eine technische Zivilisation von der Entstehung des Sternes an zu entwickeln

T = Alter der ältesten Sterne

ν_0 = der Teil aller Sterne, die Planeten haben, welche imstande sind, Leben zu entwickeln; wir nennen diese: „günstige" Sterne

ν = der Teil aller Sterne, welche im Moment eine technische Zivilisation besitzen

l = Lebensdauer der Zivilisation nach Erreichen der technischen Entwicklungsstufe bis zur Zerstörung oder Degeneration.

Wenn wir annehmen, daß die Sternentstehung ein konstanter Prozeß ist, dann ist das Alter der bestehenden Sterne gleichmäßig bis zu einem Maximalwert T verteilt. Der Anteil der Sterne, die älter als T_0 sind, ist $\frac{T - T_0}{T}$, und falls keine Begrenzung durch die Lebensdauer besteht, gilt $\nu = \nu_0 \frac{(T - T_0)}{T}$. Andererseits, falls $T - T_0$ größer als l ist, wird der Anteil $\frac{l}{T}$ der günstigen Sterne, die eine technische Zivilisation zum heutigen Zeitpunkt besitzen, $\nu = \nu_0 \frac{l}{T}$ sein. Daher ist

$$\nu = \nu_0 \frac{l}{T}, \qquad \text{wenn } l \leqslant T - T_0,$$

$$\nu = \nu_0 \frac{T - T_0}{T} \qquad \text{wenn } l \geqslant T - T_0. \tag{3.9}$$

Für die Begrenzung der Lebensdauer einer Zivilisation betrachtet von Hörner fünf wichtige Fälle

1. vollständige Zerstörung allen Lebens,
2. Zerstörung des höher entwickelten Lebens,
3. physische oder geistige Degeneration und Verfall,
4. Verlust von Interesse an Naturwissenschaft und Technologie,
5. überhaupt keine Begrenzung.

Seien $p_1, p_2, \ldots, p_5$ die Wahrscheinlichkeiten dafür, daß irgendeine Zivilisation das entsprechende Schicksal erleidet, und sei $l_1, l_2, \ldots, l_5$ die zugehörige Lebensdauer ($l_5 = T - T_0$).

Die mittlere Lebensdauer ist

$$l = p_1 l_1 + p_2 l_2 + \dots + p_5 l_5, \tag{3.10}$$

und falls jeder günstige Stern nur eine Zivilisation während seiner Lebensdauer hervorbringt, dann gilt

$$v = v_0 \frac{l}{T} \tag{3.11}$$

mit dem gegebenen Wert.

Falls die Lebensdauer von l_2 und l_3 genügend kurz ist, kann es sein, daß sich eine zweite Zivilisation auf dem gleichen Planeten, im Fall 2 oder 3, entwickelt. Dies sollte bei einem Anteil $p_2 + p_3$ aller günstigen Sterne der Fall sein. Da jedes der fünf oben angeführten Schicksale auch bei der zweiten Zivilisation auftreten kann, wird wiederum ein Anteil $p_2 + p_3$ der Sterne, die eine zweite Zivilisation haben, eine dritte hervorbringen usw. Unter der Annahme, daß die Wiederkehrzeit vernachlässigbar kurz ist, können wir Gl. (3.11) ersetzen durch:

$$v = v_0 \frac{lQ}{T}, \tag{3.12}$$

wobei Q der *Wiederkehrfaktor* ist

$$Q = 1 + (p_2 + p_3) + (p_2 + p_3)^2 + \dots = \frac{1}{1 - (p_2 + p_3)}. \tag{3.13}$$

Die Wahl für die numerischen Werte der unterschiedlichen Lebensdauer und Wahrscheinlichkeiten in den Fällen 1 bis 5 unterliegt Vermutungen. Diese Werte sind hauptsächlich für die Berechnung von l wichtig. Dies wird sich in der Bestimmung von v niederschlagen, was sich wiederum auf die Abstandsberechnung auswirkt. Glücklicherweise hängt die Abschätzung des Abstandes nicht sehr kritisch von v ab. Sei D der mittlere Abstand zwischen benachbarten Sternen beliebiger Art. Betrachten wir zwei Raumgebiete. Das eine enthält n technische Zivilisationen, und das andere, ähnlich in der Form, jedoch kleiner, enthält die gleiche Anzahl n von Sternen beliebiger Art. Das Verhältnis der Volumina der beiden Regionen wird dann $1 : v$ sein. Die linearen Abmessungen der Regionen werden jedoch im Verhältnis $D : D_0$ sein, und durch Vergleichen der Volumina erhalten wir $\left(\frac{D}{D_0} \right)^3 = \frac{1}{v}$, d. h.

$$D = \frac{D_0}{v^{1/3}}. \tag{3.14}$$

Diese Gleichung zusammen mit (3.12) zeigt uns, daß D nur von der Kubikwurzel aus l abhängt. Ein Fehler in l um einen Faktor 8 ergibt daher einen Fehler in D um den Faktor 2.

Eher pessimistisch setzt von Hoerner die Wahrscheinlichkeit dafür, daß eine Zivilisation eine unbegrenzte Lebensdauer hat (außer der Begrenzung durch die Lebensdauer des zugehörigen Sterns) gleich Null an, d. h. $p_5 = 0$ (Die Möglichkeit, daß sich eine Zivilisation durch Kolonisation auf benachbarte Sterne ausbreitet, wird anscheinend ausgeschlossen.) Die anderen von ihm angenommenen Werte für die Lebensdauer von l_i und die Wahrscheinlichkeiten p_i ($i = 1, 2, \ldots 5$) sind in Tabelle 5 gezeigt. Der Leser sollte sich die Zeit nehmen und alternative Werte vergleichen. Man beachte die besonders groß angenommene Wahrscheinlichkeit (0,6) der Auslöschung durch die Zerstörung höheren Lebens nach einer Lebensdauer von nur 30 Jahren. Für den Augenblick setzen wir jedoch mit den Berechnungen auf der Basis von von Hoerners Zahlen fort. Durch Addition der Werte in der fünften Spalte erhalten wir ungefähr $l = 6.500$ Jahre. Aus der Spalte 4 erhalten wir für $Q = 4$.

Welchen Wert sollen wir für T annehmen? Dieser ist verläßlicher bekannt als die bisher betrachteten Größen. Das Alter der ältesten Sterne in unserem Teil

Tabelle 5: Von Hoerner's Werte für die Lebensdauer und Wahrscheinlichkeiten

Fall	Abgeschätzter Wertbereich für l_i (Jahre)	Angenommene Werte l_i (Jahre)	Angenommene Werte p_i	$p_i l_i$ Jahre
1. Vollständige Zerstörung allen Lebens	0−200	100	0,05	5
2. Zerstörung des höher entwickelten Lebens	0−50	30	0,60	18
3. Physische oder geistige Degeneration und Verfall	$10^4 - 10^5$	$3 \cdot 10^4$	0,15	4500
4. Verlust von Interesse an Naturwissenschaft und Technologie	$10^3 - 10^5$	10^4	0,20	2000
5. Überhaupt keine Begrenzung	wenigstens $T - T_0$	$T - T_0$	0,00	0

der Galaxie kann aus theoretischen Sternmodellen und der beobachteten Luminosität, Radien und Massen vieler Sterne, abgeschätzt werden. Bondi [247] gibt das Alter zwischen $3 \cdot 10^9$ und $8 \cdot 10^9$ Jahren, gemessen vom Anfang der Entwicklung in der Hauptreihe, an. Der Verlust an Energie eines Sternes durch Strahlung, wird hauptsächlich durch thermonukleare Fusion von Wasserstoff zu Helium, gedeckt.

Bevor der Stern die Hauptreihe erreicht, findet eine Periode der Kondensation der Materie statt. Die Zeitskala für diesen Prozeß, bei dem viele Sterne gleichzeitig entstehen, ist schwierig abzuschätzen, weil die Dichte der Materie sehr gering ist. In den meisten Theorien der Sternevolution wird die Geburt eines Sternes dadurch festgelegt, daß der Radius einen bestimmten Wert erreicht hat. Von diesem Zeitpunkt bis zum Erreichen der Hauptreihe wird die abgestrahlte Energie durch Abgeben von Gravitationsenergie durch weitere Kontraktion gedeckt. Dieser Prozeß dauert jedoch relativ kurz im Leben des Sterns; etwa 10 bis 100 Millionen Jahre für einen Stern wie die Sonne. Es ist möglich, daß Bondis untere Schranke eher zu niedrig ist. Einige Abschätzungen des Erdalters ergeben $4,2 \cdot 10^9$ bis $4,8 \cdot 10^9$ Jahre (Allen [243]), was bedeutet, daß die Sonne mindestens so alt ist.

Es gibt eine Anzahl von bekannten Sternmodellen, aus denen man eine Abschätzung für die Lebensdauer eines Sternes erhalten kann. So z.B. geben Menzel, Bhatnager und Sen [279] eine detaillierte Rechnung für die Sonne, unter der Verwendung eines homogenen Modells von Schwarzschild u.a., und errechnen eine zu erwartende Lebensdauer von ungefähr 10^{11} Jahren. Dies gibt eine obere Grenze für das Alter. Anscheinend wurden Sterne von der Größe der Sonne noch nicht im Endzustand beobachtet (H. Spencer Jones [301]). Spencer Jones setzt

$$T = 10^{10} \text{ Jahre,}$$

was nahe an Bondis höherem Wert liegt und mit den meisten anderen Abschätzungen übereinstimmt. Das ist auch der Wert, der von von Hoerner angenommen wird, er beträgt

$$D_0 = 2,3 \text{ parsecs}^1) = 7,50 \text{ Lichtjahre}$$

für den mittleren Abstand der 10 nächsten Sterne von der Sonne.

Den Anteil aller Sterne, welche „günstig" sind, gibt er mit 0,06 an. Ein kleiner arithmetischer Fehler führt jedoch dazu, daß in der folgenden Berechnung $\nu_0 = 0,1$ ist. Um die Arbeit von von Hoerner weiter zu untersuchen, wollen wir diesen letzten Wert annehmen, der aus heutiger Sicht nicht übertrieben optimistisch zu sein scheint. Vor einigen Jahren war dies noch nicht der Fall, so schreibt z.B. im Jahre 1930 Sir James Jeans [272]:

„Es ist ein so unwahrscheinlicher Zufall, daß Sonnen, wie die unsere, Planeten ausstoßen, daß nur etwa ein Stern unter 100.000 einen Planeten besitzt, dessen Bahn in der engen (temperierten) Zone, in der Leben möglich ist, verläuft."

---

1) 1 parsec = 3,26 Lichtjahre.

Die Temperatur ist ein besonders kritischer Faktor für lebende organische Materie, was eine starke Einschränkung in den möglichen Bahnen der Planeten bedeutet. Jagjit Singh [297] gab 1961 folgende Abschätzung:

> „Nur 10% der Sterne unserer Milchstraße entstehen als Einzelsterne, und nicht jeder dieser Sterne hat ein Planetensystem, und nur weitere 10% dieser Planeten haben etwa die richtige Gesamtmasse, die axiale Rotation, den geeigneten Abstand vom Zentralstern und andere Eigenschaften, die die Entstehung von Leben und Intelligenz begünstigen."

Vielversprechender sind die Feststellungen von Sir Bernhard Lovell [275] (BBC Reith Lectures, 1958):

> „Die moderne Kosmologie ist vereinbar mit der Annahme, daß die meisten Sterne der Milchstraße Planetensysteme ähnlich dem unseren haben.",

und Fred Hoyle [269] sagt:

> „Man kann erwarten, daß die meisten Sterne Planetensysteme entwickelt haben .... Auch scheint die Zusammensetzung der Planeten nicht im geringsten willkürlich zu sein. Eher glaube ich, daß es erstaunlich wäre, wenn dies anders in anderen Planetensystemen wäre .... Lebewesen scheinen eher häufig im Universum zu sein."

G. Cocconi, Professor für Physik an der Cornell Universität, glaubte ebenfalls daran, daß ein großer Prozentsatz der Sterne Planeten haben, auf denen sich Leben entwickeln könnte. 1959 schrieb er an Lovell einen Brief, in dem er die Suche nach Signalen von extraterrestrischen Lebewesen mittels eines Radioteleskops vorschlug [276][1]) Cocconi meinte, daß es durchaus möglich ist, daß von den 100 sonnennächsten Sternen einige Planeten haben, auf denen eine fortgeschrittene Evolution existiert. Dies paßt gut zu dem vorgeschlagenen Wert für ν_0 von mindestens 0,1.

Aus den oben angegebenen Werten von Q, l, ν_0 und T, erhalten wir durch (3.12) eine Abschätzung für den Anteil aller lokalen Sterne, die zum heutigen Zeitpunkt eine fortgeschrittene technische Zivilisation haben

$$\nu = 2,6 \cdot 10^7$$

---

[1]) Die Suche nach solchen Signalen wurde am 1. April 1960 unter Leitung von Frank D. Drake am National Radio Astronomy Observatory, USA, unter dem Code Projekt Osma gestartet.

oder 1 Stern unter 3 bis 4 Millionen. Aus Gl. (3.14) und $D_0 = 7,50$ Lichtjahre, erhalten wir dann

$D = 1170$ Lichtjahre. (3.15)

(Der alternative Wert $\nu_0 = 0,06$ ergibt für $\nu = 1,56 \cdot 10^{-7}$ $D = 1390$ Lichtjahre). Unter der Verwendung dieser Zahlen zeigt eine weitere Analyse, daß das wahrscheinlichste „technische Alter" der ersten anzutreffenden Zivilisation etwa 12.000 Jahre ist (d.h. 12.000 Jahre nach dem Erreichen fortgeschrittener Radiotechniken) und daher eine Zivilisation mit überdurchschnittlicher Lebensdauer.

Wir haben schon bemerkt, daß D nicht wesentlich von ν, jedoch kritisch von dem Wert D_0 (welcher jedoch mit ziemlicher Genauigkeit bekannt ist) abhängt. Die Hauptquelle für Fehler in den Werten von ν liegt wahrscheinlich in einer schlechten Abschätzung von l, welche die sehr subjektiven Abschätzungen von l_i und p_i beinhaltet. Es wäre nutzlos, mit so wenig direktem Beweismaterial die Werte von von Hoerner „zu verbessern". Es ist jedoch sicherlich interessant zu sehen, wie sich ν und D verändern, wenn man Pessimismus durch beträchtlichen Optimismus ersetzt.

Angenommen, daß eine Zivilisation eine 50 : 50 Chance für unbegrenztes Überleben hat, dann ist $p_5 = \frac{1}{2}$. Da jetzt p_5 ungleich Null ist, müssen wir, um die Lebensdauer l zu erhalten, eine Abschätzung für T_0 geben. Für den Fall der Sonne dauerte es etwa $\frac{1}{2} T$ (das sind $\frac{1}{2} \cdot 10^{10}$ Jahre), um eine technische Entwicklungsstufe auf dem Planeten Erde hervorzubringen. Daher setzen wir $T_0 = \frac{1}{2} \cdot 10^{10}$ Jahre.

Der Wert für Q muß zwischen 1 und 2 liegen, und wir wollen ihn mit $Q = 1,5$ festsetzen. Die genauen Werte von $p_1 \ldots, p_4$ sind im allgemeinen unwesentlich, außer die entsprechenden Lebenszeiten $l_1, \ldots, l_4$ der Tabelle 5 sind um einige Zehnerpotenzen falsch. Wir erhalten daher

$l = 2,5 \cdot 10^9$ Jahre,

was natürlich ein viel größerer Wert als der von von Hoerner ist. Mit $D_0 = 7,50$ Lichtjahren und $\nu_0 = 0,1$ wie vorher, erhalten wir

$\nu = 0,0375$

oder etwas weniger als 4 % als den Anteil aller Sterne, welche heute eine technische Zivilisation haben. Als mittleren Abstand zu dem nächsten dieser Sterne, erhalten wir

$D = 22,4$ Lichtjahre.

Dies ist viel kleiner als der Wert in (3.15), und entspricht etwa fünfmal dem Abstand zu unserem nächsten Sternnachbarn, Proxima Centauri. Obwohl wir diesen Stern über eine Reise von 4,2 Lichtjahren erreichen, wird es wahrscheinlich notwendig sein, ein Vielfaches dieser Distanz zurückzulegen, um von intelligenten Gastgebern empfangen zu werden. Falls wir diese Reise erfolgreich zurücklegen, so ist es wahrscheinlich, daß unsere Gastgeber sehr weise sind und es wert ist, sie zu treffen.

Von Hoerner diskutiert in seinem zweiten Artikel, die theoretischen (und nicht nur die technologischen) Grenzen für Reisen mit hoher Geschwindigkeit. Tatsächlich scheinen die technologischen Faktoren weniger wichtig für den intergalaktischen Kontakt mit anderen Lebewesen zu sein, da unsere zivilisierten Nachbarn diese Faktoren wahrscheinlich überwunden haben. Wenn wir sie auch nicht besuchen können, so ist es doch möglich, Besuch von ihnen zu erhalten. Zur Zeit sind die besten Antriebsaggregate für Raketen chemischer Natur: Die Beschleunigung wird durch das Ausstoßen heißer Verbrennungsgase erzeugt. Die Begrenzungen sind zweifach; erstens im Energiegehalt der verwendeten Treibstoffe, und zweitens in der Temperaturbeständigkeit der Verbrennungskammer und der Ausströmdüsen. Das Verbrennen von Wasserstoff und Sauerstoff z.B. ergibt etwa drei mal soviel Energie pro Kilogramm wie TNT. Doch selbst bei der Verwendung dieser Antriebsmethode benötigt man einige Kilogramm Treibstoff, um ein Kilogramm Materie aus dem Erdgravitationsfeld zu entfernen. Ähnlich sind die Zahlen für Fluorwasserstoff. Diese Art des Antriebs kann jedoch nicht verwendet werden, um hohe Geschwindigkeiten außerhalb des Erdgravitationsfeldes zu erreichen, wie das folgende Argument zeigt.

Das Material der Düsen kann eine maximale Temperatur von etwa 4.000 °C aushalten, und die Ausströmgeschwindigkeit der Verbrennungsgase ist bei dieser Temperatur nicht höher als 4 km/s. Diese Begrenzung der Geschwindigkeit würde es verbieten, Brennstoffe mit extrem hohem Energieinhalt, falls solche vorhanden wären, zu verwenden.

Die Größenordnung der erreichbaren Geschwindigkeit für eine Rakete läßt sich mit einer nicht relativistischen Berechnung für verschiedene Ausströmgeschwindigkeiten und Lasten berechnen. Angenommen, das Raumschiff befindet sich außerhalb des Gravitationsfeldes in Ruhe und startet mit einer trägen Masse (inklusive dem Treibstoff) M_i. Die Ausströmgeschwindigkeit an der Düse sei konstant gleich s, und die Endmasse, wenn das Raumschiff den gesamten Treibstoff aufgebraucht hat, sei M_f. Berücksichtigt man die Impulserhaltung während der Verbrennung für jeden Augenblick, so erhält man die bekannte Formel für die

Endgeschwindigkeit V der Rakete in Abhängigkeit vom *Massenverhältnis* $M = \dfrac{M_i}{M_f}$,

$$V = s \ln M. \tag{3.16}$$

Diese Relation zeigt, daß die Endgeschwindigkeit V der Rakete nicht um vieles größer als s sein kann. Sind M_i und M_f fast gleich, so ist V viel kleiner als s. Ist jedoch 99,9 % der trägen Masse Treibstoff (was eher unwahrscheinlich ist), dann ist $M = 1000$ und daher $V = 6,9 s$. Selbst, wenn die gesamte anfängliche Masse bis auf

1 *Teil in einer Million* Treibstoff wäre (der Rest müßte das Raumschiff, die Besatzung und die Nutzlast beinhalten), würden wir trotzdem als Endgeschwindigkeit nur $V = 13,8\,s$ erhalten. Um Raumschiffe für hohe Geschwindigkeiten zu erhalten, sind chemische Brennstoffe nicht geeignet. Relativistische Berechnungen sind bei diesen Geschwindigkeiten nicht notwendig.

Betrachtet man die Effizienz einer Rakete, so zeigt sich, daß eine hohe Ausströmgeschwindigkeit notwendig ist, um eine hohe Endgeschwindigkeit zu erreichen. Der Energiegehalt des verbrannten Treibstoffes ist $\frac{1}{2}(M_i - M_f)s^2$, und die „brauchbare" Energie (jene der Endgeschwindigkeit der Rakete) ist $\frac{1}{2}M_f V^2$. Das Verhältnis q der letzteren zu der ersteren Energie ist ein einfaches Maß für die Effizienz der Rakete. Aus (3.16) finden wir

$$q = \frac{V^2}{s^2(e^{V/s} - 1)}.$$

Trägt man in einem Diagramm q gegen das Verhältnis $\frac{V}{s}$ auf, so erhält man Bild 21. Man sieht, daß es einen Maximalwert für $q = 0,648$ mit $\frac{V}{s} = 1,59$ gibt. Wird $\frac{V}{s}$ viel größer als dieser Wert, so fällt der Wert von q beträchtlich. So z.B. ist die Effizienz nur 0,01 für $V = 9\,s$. Daher kann für $s = 4\,\frac{km}{s}$, V nicht größer sein als $36\,\frac{km}{s}$, ohne daß die Effizienz unter 1 % fällt.

Andere Antriebsarten sind besser. Uranspaltung gibt etwa 6 Millionen mal mehr Energie pro Kilogramm wie das Verbrennen von Wasserstoff. 10 mal mehr ergibt die Fusion von Wasserstoff zu Helium, wie dies in der Wasserstoffbombe

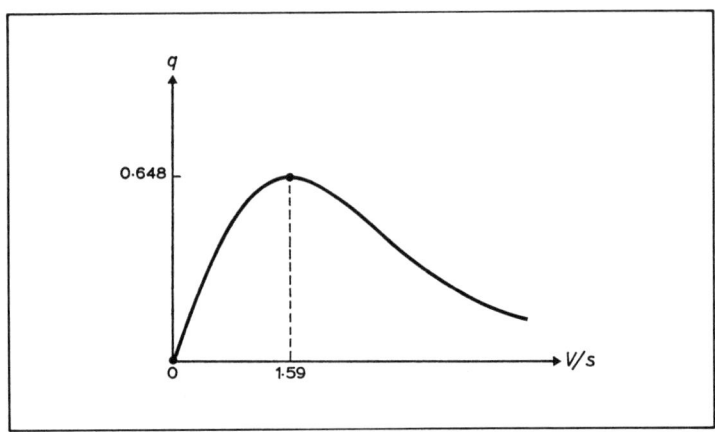

Bild 21

geschieht. Eine andere Möglichkeit ist die Verwendung von Ionenantrieb, bei welchem geladene Teilchen durch ein elektrisches Feld beschleunigt und ausgestoßen werden. Damit ist jedoch nur eine geringe Schubkraft zu erreichen, da s nur mit der Quadratwurzel aus der Feldspannung anwächst. Damit s vergleichbar zur Lichtgeschwindigkeit wird, würde man enorme Spannungen benötigen.

Die größtmögliche Energie aus einer gegebenen Treibstoffmasse erhält man durch komplette Annihilation der Materie mit Antimaterie, wobei Strahlung entsteht. Dieser Prozeß ergibt etwa 140 mal mehr Energie pro Kilogramm als die Wasserstofffusion, jedoch scheint dies ein eher unbrauchbarer Prozeß für den Raumschiffantrieb.

Bei hohen Geschwindigkeiten werden relativistische Betrachtungen wichtig, und die Formel für die Endgeschwindigkeit bei einer Einwegreise ist gegeben durch

$$V = \frac{1 - M^{-2s}}{1 + M^{-2s}} \qquad (3.17)$$

statt der ursprünglichen (3.16), wobei M jetzt das Verhältnis von Anfangs- zur Endruhemasse ist. Für die beste mögliche Antriebsmethode mit Photonen, die bei Annihilationsprozessen entstehen, ist $s = 1$, und wir erhalten durch Umordnung von (3.17):

$$M = \sqrt{\frac{1 + V}{1 - V}}. \qquad (3.18)$$

Um die daraus resultierende Begrenzung für Raumfahrten zu verstehen, betrachten wir drei Reisen mittels einer Photonenrakete zu anderen Sternen in verschiedenen Entfernungen in unserer Galaxie:

1. 1170 Lichtjahre: Dies ist die von von Hoerner geschätzte Entfernung der zehn nächsten technischen Zivilisationen in seinem ersten Artikel (einen etwas kleineren Wert betrachtet er in seinem zweiten Artikel),
2. 22,4 Lichtjahre: Dies ist unsere eigene „opitimistische" Abschätzung derselben Größe und
3. 4,2 Lichtjahre, der Abstand zu dem sonnennächsten Stern.

Wir betrachten den Fall, daß die erste Hälfte der Hinreise mit der konstanten Beschleunigung von $1g$ erfolgt, wie im letzten Abschnitt beschrieben. Dabei berücksichtigen wir nicht den für die Bremsung und für die Rückfahrt benötigten Treibstoff (vielleicht sind unsere Gastgeber so großzügig, uns solchen bereitzustellen). Die entsprechenden Geschwindigkeiten V sind aus Tabelle 3 zu entnehmen, und, falls M das Verhältnis von Anfangsruhemasse des Raumschiffes zur gesamten Ruhemasse bei halber Hinreise ist, finden wir für die angegebenen 3 Fälle (wobei wir c wieder gleich 1 setzen):

1. $V = 1 - 1{,}4 \cdot 10^{-6}$, $M = 1200$.

2. $V = 0{,}9968$, $M = 25$.

3. $V = 0{,}95$, $M = 6{,}2$.

Daher ist im Fall 1 nur ein Teil von 1200 der Anfangsruhemasse Brennstoff, während bei 2 dieses Verhältnis 1 : 25 und im Fall 3 nur noch 1 : 6,2 ist; (man darf dabei nicht vergessen, daß dies der bestmögliche Brennstoff ist.) Berücksichtigt man auch den Rückflug, dann wird sogar im Fall 3 die Ruhemasse des Raumschiffes bei der Ankunft beim Proxima Centauri nur $\frac{1}{6{,}2^2} = \frac{1}{38}$ von der Anfangsmasse sein. Erlaubt man beliebig lange Perioden ohne Beschleunigung, so können natürlich weitere Distanzen zurückgelegt werden.

J. R. Pierce [188] betrachtete die Möglichkeit, interstellare Materie einzufangen, um damit Brennstoff nachzufüllen. Das meiste der interstellaren Materie ist Wasserstoff, der ungleichmäßig verteilt in Form von Wolken mit einer Dichte von etwa 10^6 Atomen pro Kubikmeter (Allen [243]) vorhanden ist. Pierce berechnete, daß die Menge Brennstoff, die ein Raumschiff mit einer 10.000 m^2 großen Schaufel sammelt, unter dem Gesichtspunkt der Hochgeschwindigkeitsraumfahrt vernachlässigbar ist. So berechnete er z.B., falls die so eingefangene Materie der alleinige Brennstoff ist, und die Dichte des interstellaren Wasserstoffs 1000 mal größer ist als wir heute annehmen, daß ein Raumschiff mit einer Masse von 15.500 kg (15,5 Tonnen) eine Geschwindigkeit von nur 0,093 der Lichtgeschwindigkeit bei einer Reise über zehn Lichtjahre erreichen würde.

Freeman J. Dyson, der am Orion Projekt in San Diego in den späten fünfziger Jahren arbeitete, untersuchte die Möglichkeit, ein Raumschiff mittels nuklearer Explosionen, insbesondere mit einer Wasserstoffbombe, anzutreiben [256]. Dabei entstehen große Ausströmgeschwindigkeiten, etwa einige tausendmal größer als bei chemischem Antrieb, was dazu führt, daß das Raumschiff 7 % der Lichtgeschwindigkeit erreicht. Dyson sagte voraus, daß, unter der Annahme einer Langzeitexpansion des Bruttosozialprodukts der USA von etwa 4 % (um die Kosten zu decken), der erste interstellare Raumflug in etwa 200 Jahren beginnen wird.

In diesen ersten Reisen wird die Zeitdilatation keine wichtige Rolle spielen. Es ist heute noch zu früh zu sagen, ob die Menschen die Mittel finden oder den Wunsch haben werden, die entfernteren Regionen unserer Galaxie zu erforschen (außer durch Austausch von Radiosignalen). Falls sie sich wirklich mit „Sternspringen" befassen, werden kommulative Effekte der Zeitdilatation natürlich eine gewisse Rolle spielen. Man sollte dabei aber eher einen bescheidenen Zeitgewinn erwarten, als das Durchlaufen von Jahrhunderten in Sekunden.

4 Die Zweifler

„Zweifellos gibt es Menschen, welche die beständigen Dinge des Lebens als nicht wesentlich betrachten; diese aber sperren wir in Irrenanstalten."
Sir Arthur Eddington, The Mathematical Theory of Relativity

4.1 Das Problem der Beschleunigung

In diesem Kapitel geben wir eine Übersicht über eine Anzahl von Pro- und Kontra-Argumente, die im Zusammenhang mit der Kontroverse um das Uhrenparadoxon der speziellen Relativitätstheorie vorgebracht wurden. Oft schien es, daß sich die Diskussionen ganz einfach deswegen fortsetzten, weil die Antworten, die von einer Seite gegeben wurden sich nicht auf die erhobenen Fragen der anderen Seite beschränkten oder weil diese unpräzise waren. Arzeliès [2] kritisiert dies in folgender Weise:

„In einer solchen Diskussion werden stets dieselben Argumente vorgebracht und dieselben Antworten gegeben ..... ich schlage vor, daß man die Einwände und Antworten mit den Buchstaben *A, B,* ......, bezeichnen könnte; öffnet nun ein Nicht-Relativist die Schachtel *A,* dann würde ein Relativist den Knopf *B* drücken ....."

Gelegentlich wurden auch ad hoc Regeln eingeführt, um bestimmte Fragen zu behandeln. Diese Gesetze können von der Form sein „eine Uhr muß die und die Bedingung erfüllen" oder „um eine Uhr abzulesen, muß man sich mit ihr bewegen"; sie haben dadurch Gegnern viel Angriffsfläche geboten.

Diese Zankäpfel lassen sich in verschiedene Gruppen einteilen: die Berechtigung der speziellen Relativitätstheorie, beschleunigte Uhren und Beobachter zu behandeln, die falsche Annahme der Relativität *aller* Bewegungen; die Uhrensynchronisation und die Gleichzeitigkeit über Entfernungen; die Frage, was eine brauchbare Uhr ist usw. usw. Natürlich gibt es in der Aufstellung oft Überlappungen. Wir beginnen mit einigen Argumenten bezüglich der Beschleunigung.

Einige Autoren versuchten die Frage der Beschleunigung ganz zu vermeiden, z.B. Lord Halsbury [114]. Er modifizierte das Zwillingsproblem zu einem Problem „der drei Brüder". Der Bruder *A* ruht in einem Inertialsystem (z.B. der Erde), und Bruder *B* bewegt sich mit konstanter Geschwindigkeit *V* von ihm weg. Im Moment der Trennung stimmen die Uhren von A und B überein. Später trifft B seinen Bruder C, der auf die Erde mit konstanter Geschwindigkeit V zufliegt (die Weltlinien der Brüder werden in Bild 22 gezeigt). B und C bemerken, daß ihre Uhren beim Aneinandervorbeifliegen übereinstimmen. Wie vergleicht sich die Uhr von C mit der von A, wenn C die Erde erreicht?

Dieses Problem läßt sich durch Anwenden der Lorentztransformationsgleichungen auf die verschiedenen Paare von Inertialsystemen exakt behandeln. Angenommen, A, B und C ruhen im Ursprung von parallelen Inertialsystemen, die wir mit S, S' und S'' bezeichnen. Es sei die gemeinsame x-Richtung die Richtung der B Bewegung relativ zu A. Findet das Ereignis E_1, der Augenblick der gegenseitigen Separation, zur Zeit $t = 0$ in beiden Systemen S und S' statt, dann sind die Koordinaten (x, t) und (x', t') jedes Ereignisses auf der gemeinsamen x-Achse durch die Beziehung (2.9) gegeben

$$x' = \beta (x - Vt),$$
$$t' = \beta (t - Vx), \tag{4.1}$$

wobei $\beta = \dfrac{1}{\sqrt{(1 - V^2)}}$, und wie üblich $c = 1$. Angenommen, C passiert B zur Zeit $t = T$. Das Ereignis E_2 ist durch $x = VT$, $t = T$ in S, und durch (4.1) bei $x' = 0$, $t' = \beta (T - V^2 T) = \dfrac{T}{\beta}$ in S' beschrieben. Aus dieser Annahme folgt, daß auch die Uhr C bei E_2 $\dfrac{T}{\beta}$ anzeigt.

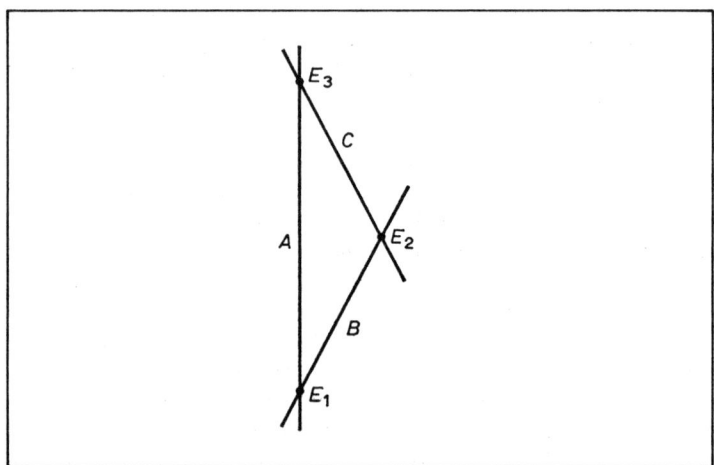

Bild 22 Lord Halsburys Problem der drei Brüder. Die Uhren von A und B stimmen bei der Trennung überein. Ebenso stimmen die Uhren von B und C beim Aneinander-Vorbeifliegen überein. Wie vergleichen sich die Uhren von A und C bei ihrem Zusammentreffen?

Die Lorentztransformation zwischen S'' und S unterscheidet sich von (4.1). Erstens muß V durch $-V$ ersetzt werden, und zweitens verbindet die Form (4.1) zwei Koordinaten-Systeme, deren Ursprung zur Zeit $t = 0$ übereinstimmt. Dies ist jedoch nicht der Fall für S'' und S. Dagegen bemerken wir, daß das Ereignis E_2 die Koordinaten (VT, T) in S und $\left(0, \dfrac{T}{\beta}\right)$ in S'' hat. Die daraus folgende Verschiebung des Ursprungs der Raum- und Zeitkoordinaten ist durch folgende Transformation gegeben:

$$x'' = \beta \{x - VT + V(t - T)\},$$

$$t'' - \frac{T}{\beta} = \beta \{t - T + V(x - VT)\}. \qquad (4.2)$$

Das Zusammentreffen in E_3 von C und A findet in dem Punkt $x = 0$ und zur Zeit $t = 2T$ in S statt. Wegen der zweiten Gleichung von (4.2) ist die Zeit dieses Ereignisses S'' (die Ablesung der Uhr C)

$$t'' = \frac{T}{\beta} + \beta(1 - V^2) T = 2T \sqrt{(1 - V^2)}.$$

Dies zeigt, daß die von den Uhren B und C zwischen den Ereignissen E_1 und E_3 gemessene Zeit um den Faktor $\sqrt{(1 - V^2)}$ geringer ist, als die von der Uhr A gemessene.

Die beiden Brüder B und C altern langsamer als A. Dies ist in Übereinstimmung mit dem Resultat für einen Reisenden in Abschnitt 1.3.

Der Einwand, der vielfach gegen dieses Argument vorgebracht wird, ist, daß im System S mehr als eine Uhr verwendet wird, ($t = T$ zeigt eine lokale Uhr bei dem Ereignis E_2), und daß daher entfernte Zeitmessung notwendig ist (was bei der Einstein-Synchronisation der S-Uhren legitim ist). Wir haben diesen Punkt bereits im Abschnitt 1.5 behandelt, und werden im nächsten Abschnitt nochmals darauf stoßen.

Wir kommen nun wieder auf die Frage der Beschleunigung im Fall der Zwillinge zurück. Cullwick [45] hält daran fest: „Wenn der Gang einer idealen Uhr[1]) *während der Beschleunigung* beeinflußt wird, würde diese Änderung nicht nach Aufhören der Beschleunigung erhalten bleiben und kann daher nicht die angebliche Zeitdifferenz bewirken." Er fährt fort:

„Die Anhänger eines asymmetrischen Alterns müssen daher auf die ursprüngliche Lorentz'sche Erklärung zurückgreifen, daß dieser Effekt durch die

---

[1]) Einige Autoren, z.B. Rindler [290] verwenden den Begriff „ideal" für eine Uhr, welche die Eigenzeit anzeigt, d.h. eine, welche der Uhrenhypothese genügt. Andere verwenden ihn weniger eng, was wir mit „Standard" bezeichnen würden.

absolute Bewegung im Äther hervorgerufen wird. Sie begründen dies oft mit
einer falschen Anwendung der Minkowski'schen vier-dimensionalen Schreib-
weise der Lorentztransformation. Wir schließen daher, daß sowohl das Paradoxon, wie auch seine scheinbare Lösung irreführend sind."

In einem Anhang (der ersten Ausgabe seines Buches) untersucht Cullwick
genauer das Verhalten bewegter Uhren und kommt zu dem Resultat, daß sich entfernende Uhren nachgehen, während näherkommende vorgehen. Die Diskussion
basiert jedoch nur auf der Beobachtung entfernter Uhren mittels Lichtstrahlen,
die vom Beobachter ausgehen, reflektiert werden und wieder zu ihm zurückkehren.
Die unterschiedliche Lichtlaufzeit von aufeinanderfolgenden Lichtstrahlen ist
identisch mit dem Dopplereffekt, und tatsächlich ist Cullwicks Formel die relativistische Doppler-Formel. Sie wird von ihm jedoch nicht als solche interpretiert.

Dingle meint, daß viele der „konventionellen" Standpunkte zu der Rolle
der Beschleunigung inkonsistent sind und im allgemeinen untereinander nicht
übereinstimmen. In einem Artikel schreibt er (unter Bezugnahme auf ein Beispiel
von Sir Georg Thomson):

> „Zusammenfassend zeigen, wenn man die Beschleunigung ignoriert,
> Symmetrieargumente, daß die Uhren beim Zusammenkommen keinen Un-
> terschied aufweisen können. Ist jedoch die Beschleunigung das wesentliche,
> dann werden die zweieinhalb Jahre entweder während der Beschleunigungs-
> phase [durch den Reisenden] gewonnen, oder die Beschleunigung beeinflußt
> den späteren Gang der gleichförmig bewegten Uhr. Das erste ist unmöglich; die
> Beschleunigungsphase wäre viel zu kurz. Daher folgt, daß der Gang einer gleich-
> förmig bewegten Uhr aus unbekannten Gründen von den vergangenen Beschleu-
> nigungen abhängt und daher alle Folgerungen aus dem angenommenen Doppler-
> Effekt beeinträchtigt sind."

Anscheinend ist hier die Beziehung zum Doppler-Effekt die, daß die Spektrallinien verschoben würden, falls eine unbekannte Beschleunigung die Zeitrate von
Sternen beeinflußt. Die astronomische Interpretation der beobachteten Rotverschiebung eines Sternspektrums als Fluchtbewegung wäre dann ungerechtfertigt.
Alle vorhergehenden und (unbekannten) Beschleunigungen müßten dann berücksichtigt werden, bevor man daraus Schlüsse zieht. Dieses Argument trifft jedoch
nicht zu. Der Effekt der vergangenen Beschleunigungen ist hier nur insofern wesentlich, als diese die Geschwindigkeit des aussendenden Sternes relativ zum Astro-
nomen festlegt.

In einem weiteren Artikel im darauffolgenden Jahr bezieht sich Dingle noch
einmal auf das Problem der Beschleunigung [60]. Builder hatte zuvor auf die dyna-

mische Asymmetrie in der Bewegung der Zwillinge hingewiesen, und Dingle antwortete darauf. (Es ist üblich, die Bezeichnung M (= bewegt) für den reisenden Zwilling, und R (= ruhend) für den zu Hause bleibenden Zwilling zu verwenden.)

„Aber in welchem Sinn ist M eher als R beschleunigt? .... Wenn wir daher die Beschleunigung vernachlässigen, und sie dann aus bestimmten Gründen wieder einführen, müssen wir M gegenüber R als beschleunigt betrachten. Denn es existiert nichts anderes außer R, auf das wir M beziehen können. Ist M jedoch relativ zu R beschleunigt, dann muß auch R relativ zu M beschleunigt sein. Alles andere wäre unbegreiflich. Daher ist die Behauptung „M ist der beschleunigte Beobachter" sinnlos. Sie kann nur eine Bedeutung erhalten, wenn wir berücksichtigen, daß mit M etwas „geschehen" ist. Z.B., daß M durch eine Explosion oder ein Gravitationsfeld oder etwas ähnliches beschleunigt wird. Dann ist es richtig, daß uns dies die Möglichkeit gibt, M von R zu unterscheiden, aber es gibt uns nicht die Möglichkeit, die *Bewegung* von M von der *Bewegung* von R zu unterscheiden."

Was die Symmetrie der Bewegung betrifft, so ist dies wirklich die Kernfrage. Falls es keine anderen Körper wie etwa Sterne oder interstellare Materie im Universum gäbe (fürs erste scheint es, daß die spezielle Relativitätstheorie sich nicht auf die Existenz dieser stützt), wäre es schwierig, die Behauptung, daß M und nicht R beschleunigt ist, zu verteidigen. Es gäbe nichts, was die beiden Bewegungen voneinander unterscheidet, und nur die relative Bewegung der beiden Körper wäre sinnvoll. Man kann jedoch keine vernünftigen Aussagen machen, wie das Universum wäre, wenn es nichts außer den beiden Beobachtern gäbe. Die durch Jahrhunderte gemachten Beobachtungen, welche schließlich zu der Formulierung der speziellen Relativitätstheorie führten, wurden alle im tatsächlichen Universum gemacht. Diese Beobachtungen haben gezeigt, daß eine spezielle Klasse von Bewegungen – die inertialen Bewegungen – vor allen anderen ausgezeichnet sind. Eine davon ist der Zustand der Ruhe relativ zu der mittleren Bewegung der Sterne in unserer Galaxie. Die spezielle Relativitätstheorie verneint daher nicht die Existenz einer Hintergrundmaterie im Universum. Sie betrachtet nur die Rolle dieser Materie bei der Bestimmung der Inertialbewegung als außerhalb ihrer Zuständigkeit und geht von der Existenz ausgezeichneter Bewegungen aus.

Mehrfach hat Dingle in seinen Arbeiten [62, 64] die folgenden „Trugschlüsse" angegeben, um seinen Standpunkt zu verteidigen.

1. Wenn zwei Körper sich entfernen und wieder zusammenkommen, dann gibt es nach dem Relativitätspostulat kein beobachtbares Phänomen, das in absoluter Weise zeigt, daß der eine eher als der andere bewegt wurde.

2. Wenn beim Zusammenkommen die eine Uhr durch die relative Bewegung verlangsamt ist, die andere jedoch nicht, so würde dies zeigen, daß die erste Uhr bewegt wurde.

3. Ist das Postulat der Relativität richtig, so folgt daraus, daß beide Uhren überhaupt nicht oder gleichermaßen verlangsamt sind. In beiden Fällen werden sie beim Zusammentreffen gleich anzeigen, wenn sie vorher übereinstimmten."

Nach unseren Anmerkungen liegt der Fehler bereits im Argument 1. Es gibt keinen Grund, warum das Argument, falls es überhaupt zutrifft, nicht auch auf geeignete Experimente mit einem Paar von Uhren, wie sie in Abschnitt 3.3 beschrieben wurden, angewendet werden könnte. Es kann jedoch keinen Zweifel über den tatsächlichen Ausgang eines Experimentes mit solchen Uhren geben.

Ein weiteres Argument von Dingle [68] ist: ,,Falls die Asymmetrie in dem Problem daher kommt, daß notwendigerweise einer der Körper durch eine mechanische Vorrichtung beschleunigt werden muß, während der andere nicht beschleunigt wird", so sollten die Uhren von C und A in dem Problem von Lord Halsbury übereinstimmen. Denn es tritt überhaupt keine Beschleunigung auf. Dieses Argument läßt sich jedoch leicht durch Betrachten der Raumzeit-Wege der Uhren C und B widerlegen bzw. durch M in dem Zwillingsparadoxon. In letzterem Fall ist die Weltlinie des jünger bleibenden Zwillings nur bei Auftreten einer Beschleunigung gekrümmt. Im ersten Fall ist eine Beschleunigung deshalb unnötig, weil nicht-parallele Segmente von geraden Weltlinien verwendet werden. Mehrere Autoren haben diese Fragen in ähnlicher Art beantwortet, so z.B. Mc Crea (Details ersehen Sie aus der Literaturangabe).

Wir beschreiben nun Versuche, beschleunigte Bezugssysteme in die spezielle Relativitätstheorie einzuführen, um den Zwillingen die Möglichkeit zu geben, ihre Uhren während der gesamten Reise untereinander zu vergleichen.

Was meint man mit einem beschleunigten Bezugssystem? Genaugenommen ist ein Bezugssystem nicht etwas, das mit einem bewegten Beobachter in Zusammenhang steht, sondern eine Vorschrift, Ereignisse zu bezeichnen, so daß man das Verhalten eines physikalischen Systems darstellen kann. So z.B. kann ein bestimmtes Inertialsystem von jedem Beobachter benützt werden, unabhängig von seinem eigenen Bewegungszustand; etwa wie jemand, der Radionachrichten hört, einen normalen Atlas verwenden kann, um die Weltereignisse darin einzutragen, auch wenn er sich gerade in einem Düsenflugzeug befindet. Ein inertialer Beobachter *kann* jedoch von einem für ihn besonders geeigneten Bezugssystem Gebrauch machen — dem Inertialsystem, in dessen Ursprung er ruht. Ein Vorteil eines solchen Systems ist, daß jedes Objekt, dessen Raumkoordinaten (x, y, z) konstant sind, sich in konstanter Entfernung von ihm befindet. Ähnlich bedeutet ein beschleunigtes Bezugssystem für einen Beobachter O eine *Vorschrift*, alle

Ereignisse mit vier Zahlen oder *Koordinaten* (drei für den räumlichen und eine für den zeitlichen Charakter) zu bezeichnen, so daß seine eigenen Koordinaten $(0, 0, 0)$ sind, und so daß alle Objekte mit konstanten Raumkoordinaten einen festen Abstand von ihm haben. Diese Behauptung ist jedoch nicht eindeutig, da dazu die gleichzeitige Beobachtung voneinander entfernter Punkte notwendig ist. Wir haben diese bisher nur für Inertialsysteme definiert, und sie ist in jedem Fall ein relativer Begriff.

Dieses Problem wurde auf verschiedene Weise behandelt. Møller [178, 179] führte eine Koordinatentransformation von einem Inertialsystem zu einem mitbewegten durch, d.h. zu einem System, in dem der Beobachter zu jedem Zeitpunkt ruht. Er verwendete diese Transformation im Zusammenhang mit dem Uhrenparadoxon für den Fall einer gleichförmig relativistischen Beschleunigung. Diese Behandlung basiert auf der Uhrenhypothese. Builder [18] hat eine detaillierte Analyse durchgeführt, indem er die R-Weltlinie aus der Sicht von M betrachtete. Ein anderer möglicher Zugang besteht in der Annahme, daß die Lichtgeschwindigkeit sogar für einen beschleunigten Beobachter konstant ist [153]. Diese Annahme führt zu einer Abstandsdefinition. Einige Autoren, unter Ihnen Crampin, McCrea und McNally [40] gingen davon aus, daß die Art, in der M seine Koordinaten festlegt, so ähnlich wie nur möglich zu der von R sein sollte, d.h. M kopiert die Vorschrift für inertiale Beobachter. Anders geht Page [185] vor, indem er die kinematische Relativitätstheorie nach Milne [284] anwendet. Ein guter, jedoch etwas komplizierter Überblick über die verschiedenen Zugänge wurde von Romain [197] gegeben.

Als ein Beispiel betrachten wir, unter Vereinfachung der Arbeiten von Crampin, McCrea und McNally, den Fall, wo M einer gleichförmigen relativistischen Beschleunigung unterliegt. Zunächst lassen wir M sich entlang der x-Achse des Inertialsystems S (Bild 23) von R bewegen, wobei wir die Zeit mit t bezeichnen. Wir betrachten nur Ereignisse auf der x-Achse und führen daher nur eine räumliche Koordinate ein. In dem Diagramm ist der Anstieg der Weltlinie von M in einem beliebigen Ereignis E gegeben durch

$$\frac{dt}{dx} = \frac{1}{V}, \qquad (4.3)$$

wobei V die momentane Geschwindigkeit von M ist. Sei S' das mitbewegte Inertialsystem im Ereignis E, wobei wir annehmen, daß sich M im Ursprung O' befindet. In Bild 23 ist die Linie der Gleichzeitigkeit EP im System S' eingezeichnet; aus der Diskussion im Abschnitt 2.8 folgt, daß diese Linie den Anstieg V hat. Wir nehmen nun an, daß M seine Uhr in einem bestimmten Punkt, etwa A, der Weltlinie auf Null gestellt hat und im weiteren die Eigenzeit in Übereinstimmung mit der Uhrenhypothese mißt. Wie führt M Koordinaten ein? Er entschließt sich, jedem Ereignis auf der Weltlinie, wie z.B. E, die Raumkoordinate Null und die Zeitkoordinate T

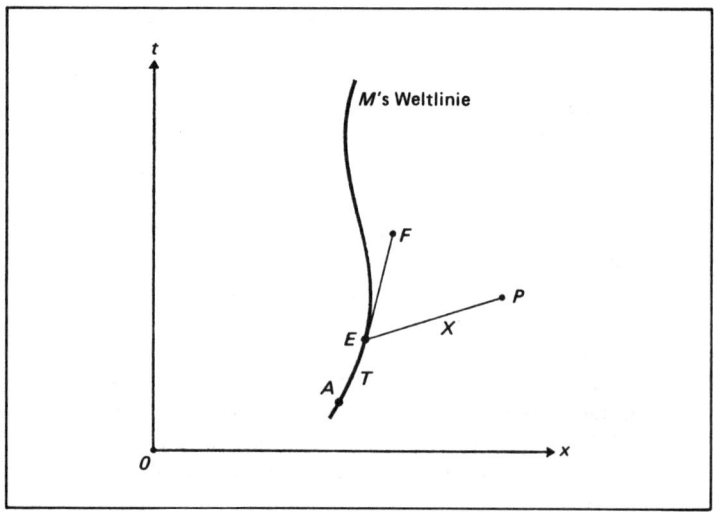

Bild 23 *EF* ist die Tangente an die Weltlinie von *M* im Ereignis *E*, *EP* ist die Linie der Gleichzeitigkeit durch *E* in einem mitbewegten Koordinatensystem

zu geben, wobei *T* die von seiner Uhr gemessene Zeit ist. In seinem beschleunigten Koordinatensystem hat daher das Ereignis *E* die Koordinaten (0, *T*). Jedem Punkt *P*, der gleichzeitig zu *E* im mitbewegten System *S'* ist, ordnet er ebenfalls die Zeitkoordinate *T* und die Raumkoordinate *X* zu, wobei *X* der Abstand *EP* in *S'* ist. Man kann sagen, daß dieser Vorgang den entsprechenden für einen unbeschleunigten Beobachter „nachahmt".

Führt *M* nun auf diese Weise Koordinaten ein, so ist es nicht evident, daß er jedem Ereignis Koordinaten zuordnet. Dies wurde jedoch von Crampin u.a. bewiesen, indem sie zeigten, daß für ein *beliebiges* Ereignis *P* stets ein Ereignis *E* auf der Weltlinie *M* existiert, so daß *EP* die Linie der Gleichzeitigkeit in dem mitbewegten System ist (mathematisch besteht das Problem darin zu zeigen, daß man für jeden Punkt *P* einen Punkt *E* auf der Weltlinie von *M* so wählen kann, daß *EP* den gleichen Winkel mit *Ox* hat wie die Tangente *EF* mit *Ot*). Crampin u.a. kommen zu dem Schluß, daß es mehr als ein Ereignis *E* geben kann, die Anzahl jedoch stets ungerade ist. Um sicherzustellen, daß *M* jedem Ereignis *P* nur ein Paar von Koordinaten (*X*, *T*) zuordnet, wird er angewiesen, nur das erste Ereignis *E* zu betrachten, falls mehrere existieren.

Die oben angegebene Vorschrift erlaubt uns, die restlichen Linien der Gleichzeitigkeit für die Beobachter des Raumschiffs Nova in Bild 17 einzutragen. Dies wird in Bild 24 gezeigt.

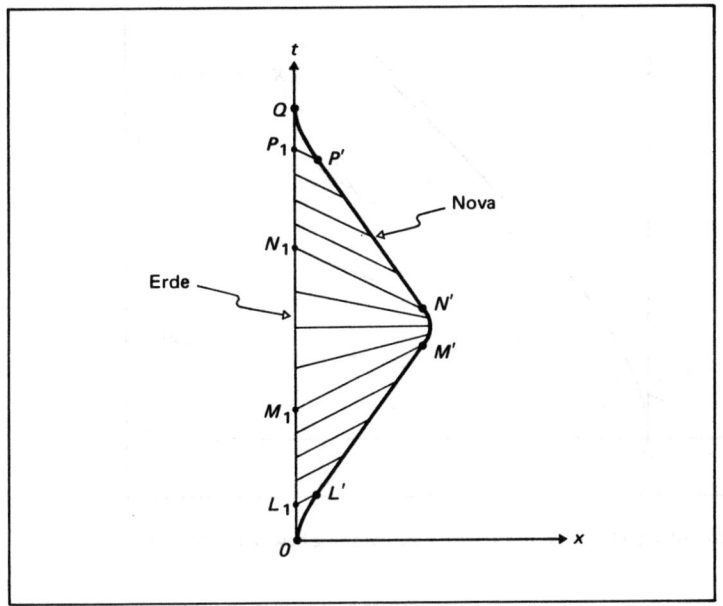

Bild 24 Die Linien der Gleichzeitigkeit im beschleunigten Bezugssystem des Raumschiffs Nova

Die Brauchbarkeit von beschleunigten Bezugssystemen wird dadurch beschränkt, daß es Schwierigkeiten in der Zuordnung der Koordinaten mit den tatsächlichen Beobachtungen geben kann. Im Speziellen gilt dies für sehr weit entfernte Ereignisse, wo, durch die schnelle Veränderung der Linien der Gleichzeitigkeit, die Koordinaten eines Ereignisses sich sprunghaft ändern. Nichtsdestoweniger lassen sich für den *gleichförmig* beschleunigten Beobachter Koordinaten und Beobachtungen einander zuordnen.

Nehmen wir für die Beschleunigung von M die Größe a in der x-Richtung von S, wie in Abschnitt 3.3 beschrieben. Wenn er von dem Ursprung zur Zeit $t = 0$ wegfährt, dann folgt aus Gl. (3.5), daß seine weiteren Positionen gegeben sind durch

$$\left(x + \frac{1}{a}\right)^2 - t^2 = \frac{1}{a^2}.$$

Die Weltlinie dieser Bewegung ist als dicke Linie in Bild 25 eingezeichnet. Durch direkte Rechnung oder unter Verwendung elementarer geometrischer Überlegungen folgt, daß alle Linien der Gleichzeitigkeit durch den Punkt A $\left(x = -\frac{1}{a}, t = 0\right)$

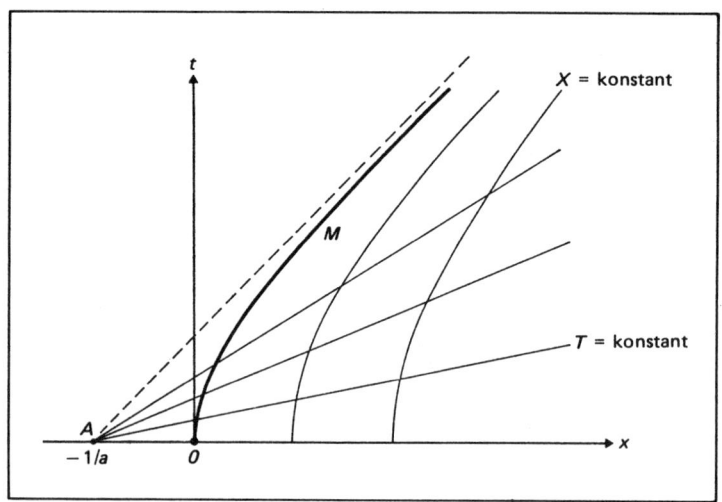

Bild 25 Die Koordinatenlinien X und T für ein gleichförmig beschleunigtes Bezugssystem

gehen. Jedes Objekt, dem M eine feste Raumkoordinate X zuordnet, hat als Weltlinie einen Teil einer Hyperbel. Alle diese Hyperbeln haben die gleiche Asymptote durch A. Alle Objekte mit diesen Weltlinien haben eine gleichförmige Beschleunigung in S, die sich jedoch in der Größe der Beschleunigung für verschiedene X unterscheiden. Daher sind die Kurven mit konstantem X gegeben durch

$$\left(x + \frac{1}{a}\right)^2 - t^2 = b^2, \tag{4.4}$$

wobei $b = X + \frac{1}{a}$, und $\frac{1}{b}$ die Beschleunigung des Objekts in X ist.

Es ist interessant zu bemerken, daß für ein Objekt, für welches X konstant ist, die Aussage „X hat einen festen Abstand von M" sinnvoll ist. Bild 26 zeigt ein von M ausgehendes Lichtsignal, welches von dem Objekt in X reflektiert wird und zu M zurückkehrt. Sei C der Augenblick der Aussendung und D der der Rückkehr, dann berechnet sich die Eigenzeit entlang CD zu

$$\frac{2}{a} \ln (1 + AX). \tag{4.5}$$

Wir bemerken, daß dies unabhängig von dem Ereignis C ist. Mit anderen Worten, falls für die Uhr von M die Uhrenhypothese gilt, ergibt seine Radarabstandsmessung einen konstanten Abstand zum Objekt. Für kleine Werte von X ist $\ln (1 + aX)$ ungefähr gleich aX und (4.5) reduziert sich auf $2X$. Nimmt der beschleunigte Beobach-

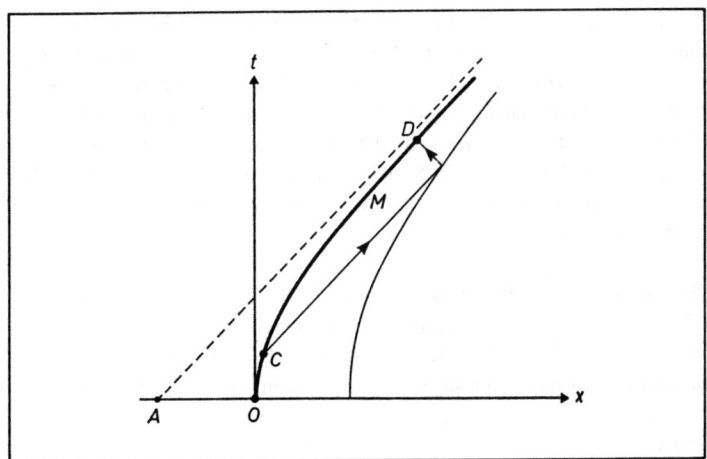

Bild 26

ter an, daß die Lichtgeschwindigkeit konstant gleich 1 ist, wie für den unbeschleunigten Beobachter, dann ist für ihn der Abstand des Körpers gleich X.

Fassen wir zusammen. Es besteht keinerlei Notwendigkeit, ein beschleunigtes Koordinatensystem einzuführen, um das Uhrenparadoxon zu erklären. Die Einführung eines beschleunigten Koordinatensystems kann jedoch zum besseren Verständnis von Beobachtungen führen, die der beschleunigte Beobachter macht. Insbesondere gilt dies im Fall einer konstanten Beschleunigung. Im allgemeinen ist es jedoch schwierig, die Beobachtungen von M mit den gewählten Koordinaten in Verbindung zu bringen, außer für nahe Ereignisse. Wir kommen auf diese Schwierigkeit im Kapitel 6 zurück.

4.2 Über die Gleichzeitigkeit

Von allen Auseinandersetzungen über das Uhrenparadoxon wurden die meisten im Zusammenhang mit der Beschleunigung und der Gleichzeitigkeit geführt. Die Einwände gegen das asymmetrische Altern, die sich auf den Begriff der Gleichzeitigkeit (und der Uhrensynchronisation) begründen, lassen sich in zwei Hauptklassen einteilen; jene, bei denen die Zeitbestimmung über Entfernungen in irgendeiner Weise als unzulässig betrachtet wird, und die anderen, in denen behauptet wird, daß konkrete Fehler in der Anwendung der Gleichzeitigkeit gemacht werden. Bei der ersten Art der Einwände sind angeblich die „Regeln" ungültig, bei der zweiten, sind die „Regeln" verletzt. In die zweite Kategorie fällt eine Anzahl von Argumenten über den Uhrengang und die Uhrenablesung (siehe die Literaturangaben). Da wir die Gleichzeitigkeit schon ausführlich diskutiert haben, betrachten wir hier nur kurz zwei Argumente, die von Zeit zu Zeit zu lebhaften Auseinandersetzungen geführt haben. In der Zeitschrift *Nature,* 1956 wendet sich Dingle [56] gegen die Definition der Einsteinschen Synchronisation mit der Begründung, daß sie auf einer ungültigen Annahme beruht. Indem er Einstein's Arbeit aus dem Jahr 1905 zitiert, meint er:

> „Wir nehmen an, daß diese Definition des Synchronismus in widerspruchsfreier Weise möglich ist, und zwar für beliebig viele Punkte; ... Wenn die Uhr in A sowohl mit der Uhr in B als auch mit der Uhr in C synchron läuft, so laufen auch die Uhren in B und C synchron relativ zueinander."

und argumentiert:

> „Wir wissen jetzt, daß diese Annahme nur teilweise gültig ist; zwei Lorentztransformationen in verschiedenen Richtungen kommutieren nicht. Daher kann man sie nicht für die Bewegung entlang eines Polygons anwenden und dann auf eine geschlossene Kurve erweitern."

Daher enthält Einstein's Arbeit „einen sehr bedauernswerten Fehler" und die spezielle Relativitätstheorie kann nicht konstant beschleunigte Bewegungen behandeln.

Im selben Jahr 1956 publiziert Dingle [59] eine weitere Arbeit in den Proceedings of the Physical Society, und verwendet selber Einsteins Definition (fälschlich), um das symmetrische Altern im Zusammenhang mit dem Problem von Lord Halsbury zu begründen. In unserer Bezeichnung argumentiert er ungefähr so: Eine Uhr C bewegt sich mit einer Geschwindigkeit V entlang der x-Achse eines Inertialsystems einer Uhr D. Eine weitere Uhr ruht im Punkt $x = X$ im System von D (die verschiedenen Weltlinien sind in Bild 27 eingetragen). Die Uhren C und D sind so synchronisiert, daß sie bei der Trennung Null zeigen, während A und D nach der Einsteinschen Definition synchronisiert sind.

Ein Lichtsignal (durchbrochene Linien) wird von A nach D gesendet und sofort zurück zu A reflektiert. Die Ereignisse E_1, E_2 und E_3 sind jeweils jene der Aussendung, der Reflektion und der Rückkehr des Signals. Die Koordinaten (x, t) der Ereignisse E_1 und E_3 im System D sind:

$$E_1 = (X, -X), \quad E_3 = (X, X).$$

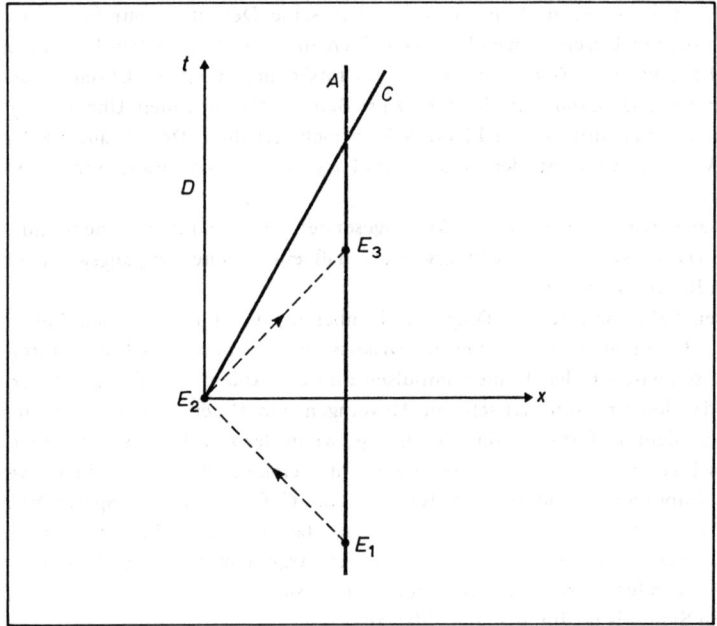

Bild 27

Durch Anwendung der Lorentztransformationsformeln erhält man die Koordinaten dieser Ereignisse im C-System:

$$E_1 = \left(\frac{X}{u}, -\frac{X}{u}\right), \quad E_3 = (Xu, Xu) \tag{4.6}$$

mit

$$u = \sqrt{\frac{1-V}{1+V}}.$$

Dingle wendet die Definition der Gleichzeitigkeit an, um daraus abzuleiten, daß die Zeit von E_2 im C-System gleich $\frac{1}{2}\left(Xu - \frac{X}{u}\right)$ ist, d.h. kleiner als Null. Da jedoch die Uhr in C Null anzeigt, folgert Dingle daraus, daß C „schneller geht", und daß eine näherkommende Uhr entsprechend langsamer gehen würde. Er meint, daß diese Anomalien zu Fehlerquellen in anderen Argumenten führen.

Antworten auf Dingle über diese Probleme wurden von McCrea, Crawford und anderen gegeben. Crawford [42] argumentiert, daß es falsch ist, die Einsteinsche Definition zu verwenden, um eine ruhende Uhr mit einer entfernt beweg-

ten Uhr zu synchronisieren; Einstein selber hat seine Definition nur für relativ
zueinander ruhende Uhren verwendet. Da jedoch die Definition jedem beliebigen
entfernten Ereignis eine Zeit zuordnet, ist es tatsächlich möglich, Uhren in be-
liebigem Bewegungszustand mittels einer zum Beobachter ruhenden Uhr zu synchronisieren; die Synchronisation bleibt jedoch nicht erhalten. Der genaue Fehler
in Dingles Vorgangsweise ist der, daß E_1 und E_3 verschiedene Raumpunkte im
C-System sind.

Das Signal wird von einem Punkt ausgesendet und kommt zu einem anderen zurück. Daher kann man nicht erwarten, daß eine solche Vorgangsweise zu
brauchbaren Resultaten führt.

L. Essen [91] stimmte mit Dingle darin überein, daß Einstein einen Fehler
gemacht hat. Er meint, daß man bei der Diskussion einer bewegten Uhr C unterscheiden müsse zwischen den Einheitsimpulsen und der Ablesung auf ihrem Zifferblatt, weil das letztere automatisch mit Messungen von C verbunden ist. (Wenn
ein Zeiger auf dem Zifferblatt von C n anzeigt, wenn der n-te Impuls stattfindet,
dann ist es schwer zu verstehen, wie ein Beobachter einen echten Unterschied zwischen der „Impulszeit" und der „Zifferzeit" von C finden kann). Später hält
Essen [95] daran fest: „Es wurde gezeigt, daß das bekannte Uhrenparadoxon
nur dadurch zustandekommt, daß während der Argumentation die Bedeutung
der Symbole geändert wird". Anscheinend bezieht sich dies auf die Verwendung
eines einzigen Symbols für Impuls- und Zifferzeiten.

In einem gut durchdachten Artikel beschreibt H. E. Ives [132], inwieweit
man die spezielle Relativitätstheorie entwickeln kann, ohne von der Einsteinschen Definition Gebrauch zu machen. Er verwendet dabei, unter der Berücksichtigung einer Idee von A. A. Robb (die Robb in dem Buch *Geometry of Space
and Time* [291] entwickelt), ein Zweiweg-Lichtsignal für die Zeitbestimmung
entfernter Ereignisse. Er nimmt jedoch an, daß der Zeitpunkt der Reflexion zwischen Aussendung und Rückkehr unbestimmt ist. Diese Annahme ist äquivalent
zu der Aussage, daß die Einweg-Lichtgeschwindigkeit beliebig, jedoch endlich
ist, und nur der Mittelwert der Geschwindigkeiten von Hin- und Rückweg invariant bleibt. Andere versuchten, die spezielle Relativitätstheorie vollständig auf
der Grundlage von „äquivalenten" Beobachtern, wie sie erstmals von Milne in seiner
kinematischen Relativitätstheorie verwendet wurden, zu entwickeln. Diese geniale
Theorie geht von der Hypothese aus, daß in jedem Raumpunkt und zu jeder Zeit
ein Bewegungszustand vor allen anderen ausgezeichnet ist, statt einer ganzen Klasse
von Bewegungen (die inertialen Bewegungen) wie in der speziellen Relativitätstheorie. Dieser Hypothese liegt das sogenannte „kosmologische Prinzip" zugrunde
(siehe z.B. H. Bondi, Cosmology [247]) welches besagt, daß die Bewegung der
Materie, etwa die der Galaxienhaufen, durch die Expansion des Universums als
ganzes, von jedem Punkt aus gesehen gleich ist. Im Speziellen gelingt es Milne,
mittels der Ideen der Zeitbestimmung und des Begriffs der Äquivalenz die Lo-

rentztransformation zwischen Koordinaten-Systemen äquivalenter Beobachter herzuleiten, und so seine kinematische Relativitätstheorie zu konstruieren [284].

Die Ideen von Milne wurden durch Whitrow, Page [185] und verschiedene andere im Zusammenhang mit der Zeitbestimmung über Entfernungen und der Synchronisation von Uhren, weiter entwickelt. Mittels einiger Diagramme geben wir einen kurzen Abriß über Whitrow's Zugang.[1])

Whitrow fängt mit einem fast weißen Blatt an. Ein Beobachter A, ausgerüstet mit einer geeigneten Standarduhr, sendet ein Signal (nicht notwendigerweise ein Lichtsignal) zu einem Beobachter oder einer mechanischen Anordnung in B, wo es sofort zurück nach A reflektiert wird. Bisher wurde noch nichts über den Bewegungszustand von B im Ereignis E_B gesagt. Seien E_1 und E_2 die Ereignisse der Aussendung und des Zurückkommens des Signals auf der Weltlinie von A. Die entsprechenden Uhrzeiten dieser Ereignisse seien t_1 und t_2. Schematisch ist die Situation in Bild 28 wiedergegeben. (Das Bild stellt jedoch nicht ein Raum-Zeit-Diagramm dar, weil bisher Abstände und Zeitkoordinaten noch nicht definiert wurden.)

Whitrow nimmt an, daß von allen Signalarten, die man verwenden kann, eine die schnellste ist. Dies soll besagen, daß für ein bestimmtes Ereignis E_B, ein

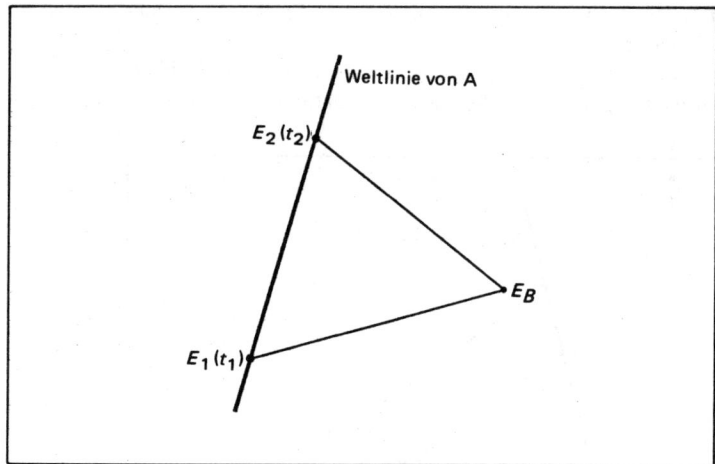

Bild 28

[1]) Dies ist eine Zusammenfassung aus seinem Buch *The Natural Philosophy of Time*, Nelson, London und Edinburgh (1961). Ich bin Herrn Dr. Whitrow und seinem Verleger zu Dank für die Erlaubnis zur Veröffentlichung verpflichtet. (Copyright G. J. Whitrow, 1961.)

Ereignis E_1 auf der Weltlinie von A existiert, welches zum spätestmöglichen Zeitpunkt ausgesandt wird, um E_B zu erreichen. Ähnlich ist E_2 das früheste Ereignis auf der Weltlinie von A, in dem ein Signal von E_B eintreffen kann. (Offenbar denkt man dabei an Lichtsignale, obwohl die speziellen Fortpflanzungseigenschaften des Lichtes nicht verwendet werden.) Als nächstes werden eine Reihe von Axiomen angeführt.

Axiom 1. Das Postulat der Kausalität: t_2 ist größer als t_1, außer E_B findet in A statt, wobei dann t_2 gleich t_1 ist.

Dieses bescheidene Axiom bedeutet einfach, daß die Signale nicht zurückkommen, bevor sie ausgesendet werden.

Axiom 2. Das Postulat der räumlichen Isotropie: Die Zeit t_B, die A dem Ereignis E_B zuordnet, wird durch eine Relation von der Form $t_B = f(t_2, t_1)$, bestimmt, wobei f eine eindeutige Funktion von t_2 und t_1 ist.

Z.B. ist in der Einsteinschen Definition $f(t_2, t_1)$ identisch mit $\frac{1}{2}(t_2 + t_1)$. Das Axiom 2 impliziert, daß die Zeit, die E_B zugeordnet wird, nicht von der Richtung, in der das Signal ausgesendet wird, abhängt. Der Einfachheit halber werden die schnellsten Signale mit Lichtsignalen bezeichnet, und eine Zeitordnung aller Ereignisse entlang des Lichtstrahls wird eingeführt. Ferner nimmt Whitrow an, daß die Verbindung zweier Ereignisse durch einen Lichtstrahl eindeutig ist:

Axiom 3. Die Lichtwege, die E_1 mit E_B und E_B mit E_2 verbinden, sind im allgemeinen eindeutig.

Sei E_C ein Ereignis nach E_B auf dem Lichtweg $E_1 E_B$. (Wir können annehmen, daß sich im Ereignis E_C ein Beobachter C befindet). In Bild 29 ist ein Licht-

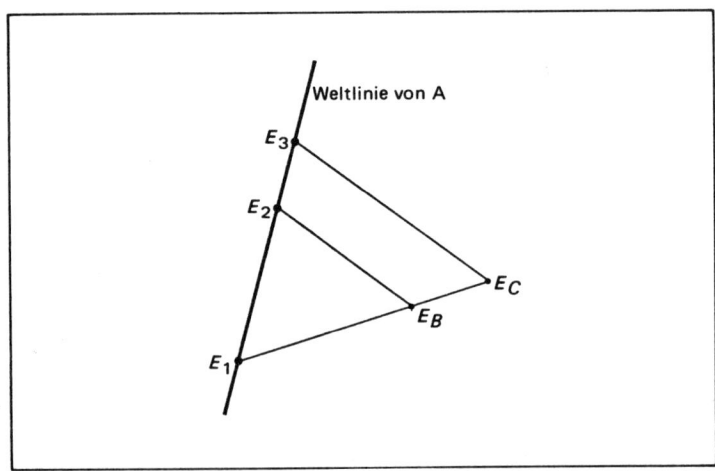

Bild 29

signal eingezeichnet, welches von E_1 über E_B nach E_C sofort nach A zurückläuft. Es erreicht die Weltlinie von A im Ereignis E_3, wobei die Uhr von A t_3 anzeigt. Nach Axiom 2 ordnet A dem Ereignis E_C die Zeit $t_C = f(t_3, t_1)$ zu. Natürlich ist t_3 größer als t_2, da das direkte Lichtsignal das schnellste Signal zwischen E_B und der Weltlinie von A ist. Als viertes Axiom wird die Bedingung auferlegt, daß die Zeitordnung, die A den Ereignissen E_B und E_C zuordnet, mit der, wie sie auf dem Lichtweg vorkommt, übereinstimmt. Für den in Bild 29 dargestellten Fall bedeutet dies, daß t_C größer als t_B ist. Diese eher schwache Annahme schränkt jedoch die Form der Funktion f stark ein. Es muß nämlich $f(t_3, t_1)$ größer sein als $f(t_2, t_1)$, falls t_3 größer als t_2 ist. Die Idee ist nun, weitere Axiome einzuführen, um die Funktion f festzulegen.

Im nächsten Schritt wird festgelegt, wie A Abstände von Ereignissen auf einem Lichtweg wie E_B und E_C festlegt. Der Abstand soll eine positive Größe sein, der nur von t_B und t_C abhängt; (diese Bedingung beinhaltet eine Annahme über die homogene Struktur des Raumes). Durch weitere Axiome werden Bedingungen für den Abstand auferlegt; z.B. wird die Addition eingeführt

$$\text{Abst. } (E_C, E_B) + \text{Abst. } (E_B, E_1) = \text{Abst. } (E_C, E_1)$$

und die Bedingung

$$\text{Abst. } (E_1, E_B) = \text{Abst. } (E_B, E_2),$$

was ausdrückt, daß A relativ zu dem Ereignis E_B ruht. Nach insgesamt sieben Axiomen erhält man, daß der Abstand r des Ereignisses E_B von A gegeben ist durch die Gleichung

$$r = \frac{1}{2}\left[g(t_2) - g(t_1)\right], \tag{4.7}$$

und die E_B zugeordnete Zeit genügt der Gleichung

$$g(t) = \frac{1}{2}\left[g(t_2) + g(t_1)\right], \tag{4.8}$$

wobei g eine eindeutige, streng monoton wachsende Funktion ist. Eliminiert man $g(t_2)$ aus den letzten beiden Gleichungen, erhalten wir

$$r = g(t) - g(t_1).$$

Daher ist die Geschwindigkeit für das ausgesandte Lichtsignal $\frac{dr}{dt} = \frac{dg}{dt}$. Eliminiert man zwischen den Gleichungen (4.7) und (4.8), $g(t_1)$ statt $g(t_2)$, so erkennt man, daß dies auch die Geschwindigkeit für das zurückkommende Lichtsignal ist. Die

Einsteinsche Definition der Uhrensynchronisation entspricht dem Fall $\frac{dg}{dt} = c$, und
(4.7) und (4.8) reduzieren sich auf

$$r = \frac{1}{2} c (t_2 - t_1),$$

$$t = \frac{1}{2} (t_2 + t_1).$$

Whitrow zeigt, daß diese Form durch zwei weitere Axiome erreicht wird. Erstens
sollen die gemessenen Zeitintervalle nicht von der Wahl des Zeitnullpunktes der
Uhr A abhängen. Werden, zweitens, die Zeiteinheiten der Standarduhr verändert,
so sollen sich die zugeordneten Zeiten entfernter Ereignisse, entsprechend, um
den gleichen Faktor ändern.

Wir erhalten dadurch eine axiomatische Formulierung der Einsteinschen
Uhrensynchronisation. Details und eine Weiterentwicklung dieses interessanten
Zugangs, insbesondere über den Begriff mehrerer äquivalenter Beobachter, möge
der Leser dem Buch von Whitrow oder Milne entnehmen.

4.3 Der Doppler-Effekt und der k-Kalkül

Der Doppler-Effekt ist die beobachtete Frequenzänderung einer Welle oder
eines periodischen Signals, die durch die Bewegung der Quelle oder des Beobachters entsteht. Um die Zeitbestimmung in entfernten Raumpunkten zu umgehen,
wurde des öfteren bei der Diskussion des Zwillings- und des 3 Brüder-Problems
vom Doppler-Effekt Gebrauch gemacht. Besonders aufschlußreich sind die Argumente die auf dem k-Kalkül basieren (ein Kalkül, der im allgemeinen H. Bondi
zugeschrieben wird, der ihn in einer Reihe von Radio-Vorlesungen verwendete).
Die Formel für den Doppler-Effekt erhält man auf sehr einfache Art mittels dieses
k-Kalküls, oder durch direkte Anwendung der Lorentztransformation. Überdies
kann der k-Kalkül verwendet werden, um die Lorentztransformation *abzuleiten*
(siehe D. Bohm, *The Special Theory of Relativity* [246].

In der Zeitschrift *Discovery* betrachtet Bondi [11] drei inertiale Beobachter,
die wir mit A, B und C bezeichnen. Ihre Orte liegen auf einer Geraden, wobei A
und C relativ zueinander ruhen, während B sich zwischen ihnen mit einer Geschwindigkeit V in der Richtung AC bewegt (siehe Bild 30). A emittiert eine Reihe
von Lichtsignalen (oder Radiopulsen) in Abständen von einer Sekunde. Die Emis-
sionsereignisse sind $a_1, a_2, a_3, \ldots\ldots$, und diese Signale passieren B in den Ereignissen $b_1, b_2, b_3, \ldots.$, und erreichen C in den Ereignissen $c_1, c_2, c_3, \ldots.$.

In dem Bezugssystem von A und C ist die Signallaufzeit von A nach C stets
gleich. Sendet A Signale in gleichen Zeitintervallen aus, wird C sie in gleichen
Zeitabständen empfangen. Diese Zeitintervalle sind je 1 Sekunde.

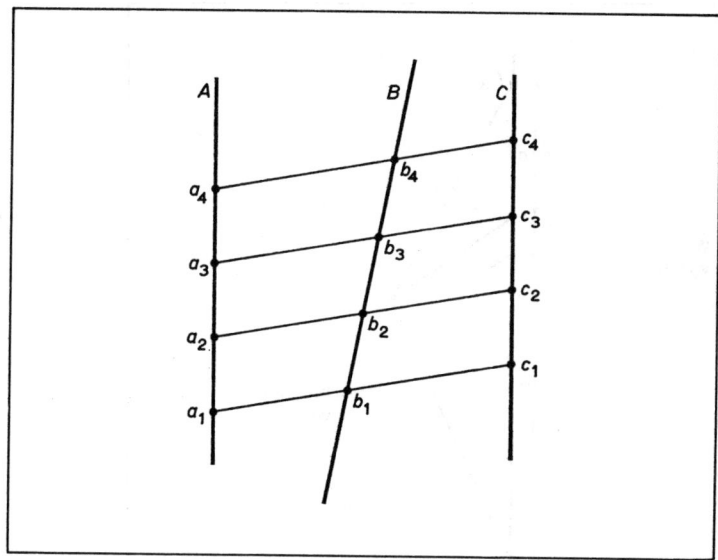

Bild 30

Da sich B von A entfernt, verlängert sich die Signallaufzeit von A nach B ständig, doch empfängt B die Signale in gleichen Zeitintervallen. Sei die von B gemessene Zeit, zwischen dem Empfang zweier aufeinanderfolgender Signale, k Sekunden, wobei k von V abhängt.

Aus dem Diagramm ist sofort ersichtlich: sendet B Signale genau in den Ereignissen b_1, b_2 ..... nach C aus, dann kommen diese Signale ebenfalls in den Ereignissen $c_1, c_2, ...$ in C an. In anderen Worten bedeutet dies, daß das Zeitintervall des Empfangs von C $\frac{1}{k}$ mal dem Zeitintervall der Aussendung von B ist.

Daraus erhalten wir ein wichtiges Resultat. Ist k das Verhältnis von Empfangsintervall zu Aussendungsintervall für zwei Beobachter, die sich mit der Geschwindigkeit V entfernen, dann ist $\frac{1}{k}$ das entsprechende Verhältnis, falls sich die Beobachter mit der Geschwindigkeit V nähern.

Der Faktor k läßt sich leicht berechnen und ist auch experimentell bekannt. Die Stärke des k-Kalküls liegt jedoch darin, daß für das Zwillingsproblem nur wenig Annahmen eingehen, falls man die leicht beobachtbare Tatsache akzeptiert, daß k nicht gleich 1 ist. (Die beobachtete Rotverschiebung einer sich entfernenden Lichtquelle zeigt tatsächlich, daß k *größer* als 1 ist.) In Bild 31 verläßt der Reisende M den inertialen Zwilling R mit einer Geschwindigkeit V. Nach einer kurzen Periode der Beschleunigung kommt er mit gleicher Geschwindigkeit V zurück. Die Ereignisse E_1, E_2 und E_3 sind die der Trennung, der Umkehr und der Rückkehr. Es wird

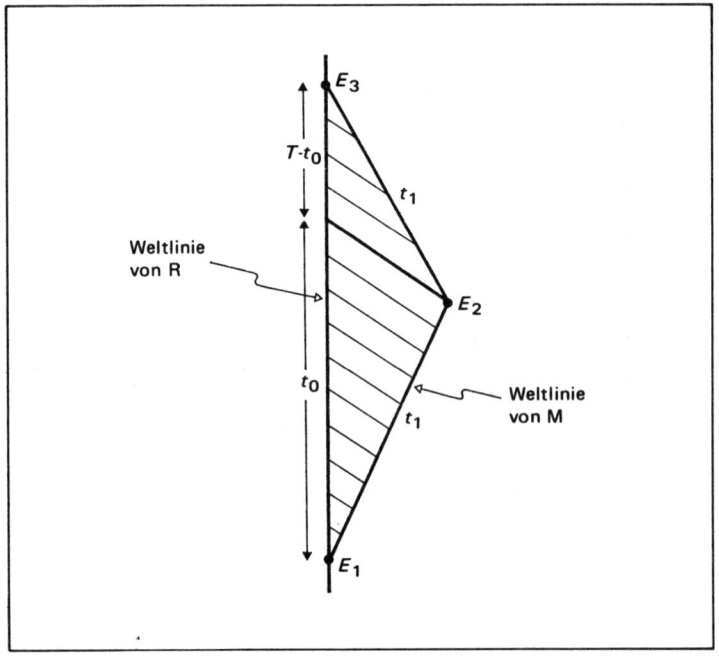

Bild 31

angenommen, daß M während der ganzen Reise Signale in Einheitsintervallen (nach seiner eigenen Uhr) aussendet.

Sei t_1 die von M gemessene Zeit zwischen den Ereignissen E_1 und E_2, und auch zwischen E_2 und E_3. Ferner seien 0, t_0, und T die Zeiten, die R auf seiner Uhr, für die Ereignisse der Trennung, des Empfangs eines Signals von M aus E_2, und der Rückkehr abliest. Demnach empfängt R „langsame" Signale in Intervallen k für die Zeit t_0 und „schnelle" Signale in Intervallen $\frac{1}{k}$ für die Zeit $T - t_0$. Indem wir für jeden Teil der Reise die Gesamtzahl der empfangenen Signale gleich der Anzahl der ausgesandten setzen, erhalten wir:

$$\frac{t_0}{k} = t_1, \quad (T - t_0)\, k = t_1, \tag{4.9}$$

und, indem man t_0 daraus eliminiert

$$T = \left(k + \frac{1}{k}\right) t_1. \tag{4.10}$$

Da jedoch $\left(k + \frac{1}{k}\right)$ stets größer als 2 für jedes positive k ungleich eins ist, so ist die von M gemessene Zeit $2t_1$ kleiner als die von R gemessene T, was in Übereinstimmung mit dem üblichen asymmetrischen Resultat ist. Dreht man das Argument um und läßt R Signale zu M aussenden, so führt dies nicht zu einem Widerspruch, denn M würde mehr schnelle als langsame Signale erhalten.

Um k zu berechnen, eliminieren wir zunächst aus Gl. (4.9) t_1, und schreiben

$$\frac{t_0}{k} = (T - t_0)\,k. \tag{4.11}$$

Als nächstes müssen wir eine Zeitzuordnung über Entfernungen einführen. Nach R benötigt M die Zeit $\frac{1}{2} T$ für die Hinreise und erreicht dabei den maximalen Abstand $\frac{1}{2} TV$. Das Signal, welches zur Zeit t_0 ankommt, benötigte für diese Strecke $\frac{1}{2} TV$ (die Geschwindigkeit ist gleich 1). Daher ist

$$t_0 = \frac{1}{2} T + \frac{1}{2} TV.$$

Setzt man diesen Wert für t_0 in Gl. (4.11) ein, so ergibt sich durch Umordnung, daß

$$k = \sqrt{\frac{1 + V}{1 - V}}. \tag{4.12}$$

Bezeichnen wir mit β die Größe $\frac{1}{k}$,

$$\beta = \sqrt{\frac{1 - V}{1 + V}}, \tag{4.13}$$

so ist dies das Verhältnis der empfangenen *Frequenz* der Signale von R zu der ausgesandten *Frequenz* von M, wobei M sich mit der Geschwindigkeit V entfernt. Die Formel (4.13) ist die Standard-Formel des relativistischen Doppler-Effekts für den Fall sich gegenseitig entfernender Quelle und Empfänger. Den Fall der Annäherung erhält man, indem man V durch $-V$ in Gleichung (4.13) ersetzt.

In *Nature* im Jahre 1957 zeigte J. H. Fremlin [106] das asymmetrische Altern mittels des Doppler-Effekts (er gebrauchte dabei nicht den k-Kalkül). Seine Zwillinge tauschen während der Reise Radiosignale, erzeugt durch identische kristallgesteuerte Kurzwellensender, aus. Darwin [47] gab eine ähnlich einfache Diskussion; er bezeichnete den Reisenden mit S_1 und den zurückbleibenden mit S_0. Beide senden Lichtsignale mit einer Rate von n pro Zeiteinheit aus, und die mittleren Empfangsraten werden berechnet. Beide Autoren erhalten asymmetrisches Altern. Indem man das Darwinsche Argument verallgemeinert, erhält man, daß S_0, $n \beta t_0$ „langsame" und $(T_0 - t_0)\,\frac{n}{\beta}$ „schnelle" Signale empfängt, wobei T_0 die gleiche Bedeutung wie T in der obigen Diskussion hat. Ähnlich empfängt S_1 $n \beta t_1$

„langsame" und · $(T_1 - t_1) \frac{n}{\beta}$ „schnelle" Signale, wobei T_1 die gesamte Reisezeit von S_1 bedeutet. Indem wir wieder die Gesamtzahl der empfangenen mit der Gesamtzahl der ausgesandten Signale gleichsetzen, erhalten wir

$$n \beta t_0 + (T_0 - t_0) n \beta = n T_1,$$

$$n \beta t_1 + (T_1 - t_1) \frac{n}{\beta} = n T_0,$$

(4.14)

Dingle [66] bestreitet, daß diese Gleichungen zu einer Asymmetrie führen, bei der T_1 kleiner als T_0 ist, obwohl, wenn wir t_1 gleich $\frac{1}{2} T_1$ setzen, die zweite Gleichung dies sofort zeigt.

$$\frac{1}{2} \left(\beta + \frac{1}{\beta} \right) T_1 = T_0,$$

Dingle antwortet auf die Arbeit von Darwin und nimmt auch Bezug auf Fremlin, jedoch hat er einen schwachen Stand. Er leitet die Gl. (4.14) aus „üblichen Überlegungen" ab, und verlangt dann Symmetrie, indem er $t_0 = t_1$ setzt. (4.14) ist jedoch inkonsistent, wenn $t_1 = \frac{1}{2} T_1$ ist. Dingle erklärt diesen Sachverhalt damit, daß t_1 größer als $\frac{1}{2} T_1$ ist, was ihn zu der Behauptung führt: „S_1 beobachtet damit, daß t_1 größer als $\frac{1}{2} T_1$ ist, was ihn zu der Behauptung führt: „S_1 beobachtet erst *nach* Zünden der Rakete eine Veränderung in der Frequenz der Blitze von S_0". Dingle argumentiert daher, daß S_1 nicht *sofort* nach Zünden der Rakete eine Änderung in den Signalen von S_0 feststellt. Die Änderung kommt erst später. Er betrachtet die Annahmen von Darwin als äquivalent zu der Einführung eines festen Äthers, relativ zu dem die Geschwindigkeiten gemessen werden. Auch widerspricht nach seiner Meinung die eindeutige Festlegung der Bewegungsumkehr von S_1 dem relativistischen Standpunkt.

Die experimentelle Auffindung eines verzögerten Doppler-Effekts wäre von großem Interesse. Fahy [100] ist der Ansicht, daß man in der Astronomie leicht danach suchen könnte. Die Bahnbewegung der Erde führt dazu, daß sich die Fluchtgeschwindigkeit (in einigen Fällen ist es eine Annäherung) relativ zu entfernten Nebeln ständig ändert, was zu einer Farbänderung des empfangenen Lichtes führt. Die Geschwindigkeitsänderung sollte sich in einer Schwingung der Spektrallinien mit einer Periode von einem Jahr bemerkbar machen. Die maximale Änderung in der Wellenlänge beträgt etwa $1 : 10^4$. Nach dem Verzögerungseffekt von Dingle sollten diese Schwingungen jedoch nicht in Phase mit der Änderung der Geschwindigkeitskomponente der Erde, relativ zu dem betrachteten Nebel sein. Die Phasenverschiebung ist abhängig von der Zeit, die das Licht braucht, um uns zu erreichen, und wird daher von Nebel zu Nebel verschieden sein. Beobachtungen von verschiedenen Nebeln sollten daher Schwingungen der Spektrallinien mit der Periode von einem Jahr, aber mit willkürlichen Phasenunterschieden, zeigen. Anscheinend wurden solche Beobachtungen nicht gemacht.

4.4 Wann ist eine Uhr keine Uhr?

Wir haben Beispiele dafür gegeben, was für uns eine gültige Uhr in einem Inertial- oder beschleunigten Bezugssystem ist. Umgekehrt könnte man fragen, was in speziellen Fällen eine *nicht* gültige Uhr darstellt; oder einfacher, wann ist eine Uhr keine Uhr? Besondere Wichtigkeit erlangte diese Frage im Zusammenhang mit der Kontroverse über das Zwillingsparadoxon im Jahre 1939, als Dingle [50] Zeitabschnitte beschrieb, die anscheinend nicht dem von der speziellen Relativitätstheorie vorhergesagten Phänomen der Zeitdilatation unterworfen sind. In einem Artikel über „die Relativität der Zeit" hält er daran fest, daß man Anhaltspunkte für die Längenkontraktion von bewegten Maßstäben finden kann (in dem Michelson-Morley-Experiment und anderen), daß es jedoch keine Beweise gibt und auch keine geben kann, daß bewegte Uhren langsamer gehen, weil in der Physik keine explizite Definition einer Uhr existiert. Die Anordnung, die er in seinem Artikel einführte, war eine Sanduhr, in der die Sandkörner mit einer Standardrate in den Behälter fallen. Die Zeit eines bestimmten Ereignisses wurde gemessen durch die Anzahl N der Körner, welche von einem willkürlich gewählten Augenblick bis zu dem fraglichen Ereignis herabfielen. Nehmen wir an, daß unsere Sanduhr in Ruhe bezüglich eines bestimmten Inertial-Systems ist, und daß wir damit Zeiten von Ereignissen messen, die nahe bei der Uhr liegen. Ist M die Masse und V das Volumen eines Sandkorns, dann ist die Masse und das Volumen von N Teilchen proportional zu M, d. h. MN und VN. Daher kann man sowohl die Masse als auch das Volumen des herabgefallenen Sandes als Zeitmaß verwenden (ein geeigneter konstanter Faktor läßt sich einführen, um eine beliebige Zeiteinheit zu erreichen).

Dingle nimmt nun an, daß die Uhr in eine gleichförmige Bewegung mit der Geschwindigkeit v gebracht wird, und, wenn sie sich gleichförmig bewegt, N in N' übergeht. (Die genaue Bedeutung dieser Aussage wollen wir für den Moment offenlassen.) Dadurch ändert sich MN zu $\dfrac{MN'}{\sqrt{(1-v^2)}}$ (wegen des Masse-Geschwindigkeitsgesetzes) und VN geht über in $VN'\sqrt{(1-v^2)}$ (wegen der Fitzgerald-Lorentz-Kontraktion). Dingle betrachtet den Fall, daß ein Beobachter die Rate einer bewegten Sanduhr mit der eigenen ruhenden Uhr vergleichen möchte. Er könnte diese Rate durch die Anzahl, die Masse oder das Volumen der herabgefallenen Körner feststellen. Das Verhältnis dieser Raten ist für die drei Fälle gegeben durch $\Big($wobei β gleich $\dfrac{1}{\sqrt{(1-v^2)}}$ ist$\Big)$

$$\frac{N'}{N}\,,\quad \frac{N'\beta}{N}\,,\quad \frac{N'}{N\beta}\,. \tag{4.15}$$

Er schließt aus dieser Ungleichheit der Verhältnisse, daß „die Zeitkoordinaten der [Lorentztransformation] Formel nicht die von einer Uhr angezeigte Zeit darstellt (außer in Einzelfällen durch Zufall). Er behauptet, daß t von einer ruhenden Uhr, jedoch t' im allgemeinen nicht von einer bewegten Uhr angezeigt wird. Im Speziellen wird t gemessen durch die Bahn eines freien Teilchens entlang eines inertialen Maßstabes, in Übereinstimmung mit dem ersten Newtonschen Gesetz. Eine ruhende „ideale Uhr", würde die Variable t messen. Dies führte Dingle zu der Annahme, daß t' auf die gleiche Weise gemessen werden sollte, und daß daher eine bewegte *ideale* Uhr langsamer geht, während dies für andere Uhren nicht der Fall sein muß. Dementsprechend meinte er, daß das Kennedy-Thorndyke Experiment nicht eine Bestätigung der Lorentztransformation für die Zeit, sondern ein Indiz dafür ist, daß die Frequenz eines strahlenden Atoms sich wie eine Uhr verhält.

Die Masse- und Volumenuhren wurden von Campbell [27] kritisiert, der daran festhält, daß es nicht richtig ist z.B. die herabgefallene Sandmasse einer Uhr, in einem bestimmten Bezugssystem in Masseneinheiten eines anderen zu messen. Hingegen ist es notwendig die Lorentz-Gleichungen zu verwenden, um die Masseneinheiten umzurechnen.

In seiner Antwort auf Campbell unterstreicht Dingle [51] seine Absicht, die allgemeine Vorstellung abzuschaffen, daß Zeitmessung identisch mit dem Ablesen des Zifferblattes eines unspezifizierten Instrumentes ist. Dabei zieht er die Analogie zu verschiedenen Typen von Thermometern [korrigierte Quecksilber-Glas-Thermometer, Platinwiderstand-Thermometer, etc.], welche nicht die absolute Temperatur messen; ebenso wie Uhren nicht unbedingt die physikalische Zeit messen. Man sollte nicht schließen, daß „irgendetwas, das tickt und einen Zeiger rund um ein Zifferblatt bewegt, die Lorentztransformation wiederspiegelt."

Später bezieht er sich [52] auf die vielen Briefe, die er über dieses Thema bekommen hat. Einige der Briefschreiber hielten es für wichtig, einen zweiten Beobachter einzuführen, der sich mit der Uhr bewegt. Falls diese Bedingung jedoch bedeutet, daß man Ruhemasse und Ruhevolumen einführt (so daß dann alle Verhältnisse in (4.15) sich auf N'/N reduzieren), dann würden die beiden Uhren stets übereinstimmen, denn eine *Zahl* ist stets gleich für alle Beobachter. (Dies zeigt die Ungenauigkeit — damals nicht unüblich — in Angaben über Zeitmessungen. Die Bedeutung des Verhältnisses N'/N ist vage. Zwei Beobachter werden nicht darüber streiten, welche Ereignisse dem Fallen des ersten und des n-ten Sandkorns bei einer bestimmten Uhr entsprechen, sie werden jedoch nicht notwendigerweise darin übereinstimmen, welche Ereignisse bei einer anderen Uhr dazu gleichzeitig sind.)

Ein beachtenswerter gedanklicher Austausch über diese Frage fand zwischen Dingle und Epstein [89] (im American Journal of Physics) statt. Der Letztere unterstrich einen operationalen Gesichtspunkt, nach welchem ein physikalischer Begriff (etwa ein Zeitintervall) nicht definiert ist, bis man nicht eine Operation mittels eines Instrumentes vorschreibt, welche ihn (den Begriff) zu einer Messung macht. Für Epstein gründete sich das Kriterium für einwandfreie Uhren auf die Interpretation, daß der Uhrenstand durch Ereignisse angezeigt wird, und daher haben seine „Konstruktionen" von Masse und Volumen „kaum mehr Bedeutung für die Zeitmessung als der berühmte Versuch von Sir Isaac Newton, der, als er ein Ei vier Minuten kochen wollte, angeblich seine Uhr in das kochende Wasser legte, und von seiner Haushälterin, das Ei in seiner Hand anstarrend, angetroffen wurde."

Später kritisierte Dingle [50] Epstein's Bestehen auf *zwei* Beobachter bei diesem Problem und meinte nochmals, daß die Zahlenuhr keine Zeitdilatation zeigen würde. Schwer geprüft, beklagte sich Epstein [90] in einem abschließenden Bericht über „grundloses Possenreißen" und das „Lächerlichmachen" seiner eigenen Analyse der Lorentztransformations-Formeln.

Der prominente polnische Physiker Leopold Infeld wurde von den Herausgebern des *American Journal of Physics* als Schiedsrichter herangezogen. Er erstellte eine Abhandlung [123] über die Eigenschaften von „periodischen" und „aperiodischen" Uhren. Periodische Uhren sind z.B. Armbanduhren, normale Uhren, eine Sanduhr, die umgedreht wird, wenn der obere Behälter leer ist, etc., während eine „aperiodische" Uhr z.B. durch ein freies Teilchen, welches sich entlang einer Meßskala bewegt, gegeben ist. Infeld betrachtete die Zahluhr als im wesentlichen periodisch, während die Masse- und Volumenuhren aperiodisch seien. Im weiteren argumentiert er, daß die scheinbaren Raten von relativ zueinander bewegten, aperiodischen Uhren, nicht eindeutig vergleichbar sind. Diese Abhandlung für Zeitmessung ist interessant, obwohl ich glaube, daß die Wichtigkeit für das vorliegende Problem von Infeld etwas überbewertet wurde.

Die zentrale Frage ist der Vergleich zweier identischer Uhren durch einen Beobachter, der sich bei einer der Uhren befindet. Die beobachtete Verlangsamung der anderen Uhr wird von der Lorentztransformation für alle drei Arten von Uhren, wie Zahlen-, Masse- und Volumenuhr vorhergesagt, vorausgesetzt, daß jede dieser Uhren die Zeitvariable im eigenen Ruhesystem mißt. Dieser Beweis folgt den Argumenten von Abschnitt 2.7 und bezieht sich auf Zeitintervalle zwischen bestimmten *Ereignissen*. Ob diese Ereignisse „Ticken", Zifferablesungen, oder das Fallen des N-ten Korns, Gramms oder Millimeters von Sand ist, ist irrelevant. In den letzten beiden Beispielen wird nur die *Ruhe-Masse* und das *Ruhe-Volumen* verwendet, damit Beobachter und Zeiger der bewegten Uhr, hinsichtlich des Fallens des N-ten Gramms oder Millimeters, übereinstimmen.

4.5 Das Prinzip der Unmöglichkeit

„Würde ein neuer Isaac Newton geboren werden, so könnten wir ihn auf eine Raumfahrt schicken, von der er nach 30 Jahren im Alter von, sagen wir, 3 Jahren zurückkehrt. Dies würde im Einklang mit der Relativitätstheorie und den experimentellen Tests dieser Theorie sein — und alles was wir für unsere Anstrengungen erhalten würden, wäre ein zurückgebliebenes Kind."

Diese Feststellung wurde von McCrea [166] im Jahre 1957 (sicher ein Hauptjahr von Veröffentlichungen über das Uhrenparadoxon) als Antwort auf eine Bemerkung von J. S. Courtney-Pratt gemacht, der meinte, falls asymmetrisches Altern möglich ist, so könnte ein Raumfahrer seine Probleme dadurch schneller lösen, daß er einen Erdbewohner für sich denken läßt. McCrea hoffte, vielleicht etwas leichtfertig, damit jene Leute zu beruhigen, die das asymmetrische Altern ablehnen, weil es scheinbar etwas (ein längeres Leben) für nichts gibt, was in der Natur nicht vorkommen sollte. Solche Leute sind daher davon überzeugt, daß es in der Natur ein Prinzip geben muß, welches diese Art von Gewinn verbietet.

Eine große Anzahl von Naturgesetzen läßt sich in Form von Verboten ausdrücken. Vor einigen Jahren hat Whittaker [302] in einem Vortrag einige aufgezählt, und wir geben Beispiele davon:

„Es ist unmöglich, ein elektrisches Feld in einem Raumgebiet, welches ganz von einem Leiter von beliebiger Form und Größe umgeben ist, durch Aufladen des Leiters zu erzeugen."

„Es ist unmöglich, durch Abkühlung eines Körpers unter die Temperatur seiner Umgebung mechanische Arbeit zu erzeugen."

„Es ist unmöglich, eine gleichförmig geradlinige Bewegung, die ein System als ganzes besitzt, durch Beobachtung von Phänomenen innerhalb des Systems festzustellen."

„Es ist unmöglich zu sagen, wo wir uns im Universum befinden."

Das erste Beispiel von Whittaker enthält einen wesentlichen Teil der Grundlagen des Elektromagnetismus. Das zweite ist eine direkte Konsequenz des zweiten Hauptsatzes der Thermodynamik. Das dritte ist eine verbale Form des Prinzips der speziellen Relativitätstheorie, und das letzte ist eine Aussage des kosmologischen Prinzips (nicht das *perfekte* kosmologische Prinzip; siehe H. Bondi, *Cosmology* [247]), welches aussagt, daß das Universum von allen Punkten aus gleich aussieht. Dieses Prinzip wird in fast jeder Kosmologie angenommen.

Viele ähnliche Prinzipien der Natur können angegeben werden; Whittaker nannte sie die *Postulate der Unmöglichkeit*.

Wenn das asymmetrische Altern anders herum funktionieren würde (so daß bewegte Uhren schneller gehen), würden wir, wie McCrea bemerkte, Newton II nach 3 Jahren in dem wissenschaftlich produktiven Alter von 30 (unter Vernachlässigung der technologischen und anderer Grenzen der Raumfahrt) zurückerhalten. So wie die Dinge stehen, können wir jedoch durch das Experiment nur *verlieren*.

In ähnlicher Weise ist es für uns unmöglich, die Rechengeschwindigkeit unseres besten Computers zu steigern, indem wir ihn in den Weltraum senden, während er längere Rechnungen durchführt; dies wiederum wegen der Richtung der Zeitasymmetrie. Das Prinzip der Unmöglichkeit von McCrea könnte man daher folgendermaßen formulieren: In einem frei bewegten Laboratorium ist es unmöglich, daß wir uns bei physikalischen Problemen einen Vorteil verschaffen, indem wir von einer unterschiedlichen Zeitrate Gebrauch machen, die in einem anderen beliebig bewegten Laboratorium auftritt.

Nichtsdestoweniger kann die Zeitdilatation im Prinzip zum Vorteil gereichen. Ein Einzelner könnte z. b. einen kurzen Urlaub im Weltraum nehmen, während sein Computer eine jahrelange Rechnung durchführt. Oder ein unheilbarer Kranker könnte einen Urlaub nehmen, um die Entdeckung für die Heilung seiner Krankheit auf der Erde abzuwarten. Dies scheint weit hergeholt, doch könnte es eines Tages möglich sein und dann durchaus dem künstlichen Winterschlaf von unheilbar Kranken (durch Tiefkühlung) vorzuziehen sein. (Für die relevanten Probleme dazu siehe A. U. Smith, *Biological Effects of Freezing and Supercooling* [298]).

4.6 Die spezielle Relativitätstheorie: richtig oder falsch?

Die Gültigkeit der speziellen Relativitätstheorie wurde in vielen Diskussionen über die Zeitdilatation in Frage gestellt. Bei einigen Anlässen untersuchte H. E. Ives die Folgerungen aus verschiedenen optischen Experimenten und wies ihre relativistische Interpretation zu Gunsten der Hypothese des Äthers zurück. 1937 zum Beispiel stützte er sich auf die Sternaberration und schloß daraus, indem er den Begriff von Uhren, die „unbeeinflußt durch Transport" sind, einführte, daß die Zeit absolut ist. Obwohl er annahm, daß die entfernte Gleichzeitigkeit sinnvoll ist, ließ er eine Unbestimmtheit innerhalb bestimmter Grenzen (in der Art wie Robb; siehe Abschnitt 4.2) zu und erhielt auf dieser Grundlage zwei Transformationsgleichungen, die ähnlich denen der Lorentztransformation sind.

Eines der Argumente von Ives [125] war, daß das Michelson-Morley-Experiment durch eine Kontraktion des Apparates, sowohl in Richtung der Bewegung durch den Äther, als auch senkrecht dazu, erklärbar ist, vorausgesetzt, daß diese Verkürzungen im Verhältnis $\sqrt{(1 - V^2)} : 1$ stehen. Dies enthält die Hypothese von Fitzgerald und Lorentz als Spezialfall. Im Zusammenhang mit dem Uhrenparadoxon argumentiert Ives [127], daß man alle Experimente erklären kann, indem man die Veränderung im Uhrengang relativ zum Äther annimmt. Er scheint jedoch nur die Wahl zwischen dem Ätherargument und einem, bei dem ausschließlich relative Geschwindigkeiten wesentlich sind, in Betracht gezogen zu haben. Damit läßt er die übliche relativistische Betrachtungsweise außer Acht.

Ives [128] kritisiert auch die Willkürlichkeit der operationalen Vorschriften, die in Einsteins Theorie eingehen, indem er sagt:

„Durch die tatsächliche, jedoch uneingestandene Ableitung aus der Äthertheorie und durch die Längenkontraktion und Frequenzverschiebung, die bei Relativbewegung zum Äther auftritt, sagt die Theorie bei Durchführung bestimmter ausgewählter Operationen die Resultate richtig voraus. Indem sie nicht darauf eingeht, was für ein physikalisches Verhalten dieser Gültigkeit zu Grunde liegt, bietet sie keine Erklärung für die Wahl der bestimmten Operationen. Sie gibt daher nur einen Teilaspekt der Phänomene bewegter Körper wieder, im Gegensatz zu der Beschreibung durch die Hypothesen von Fitzgerald, Larmor und Lorentz, denen die Phänomene der Abberation und des Michelson-Morley-Experiments zu Grunde liegen."

Das Kennedy-Thorndike-Experiment (unter Verwendung eines Michelson-Morley-Interferometers mit ungleichen Armen) bewies die Relativität der Zeit nur unter der Annahme, daß eine Längenkontraktion in der Bewegungsrichtung auftritt. Macht man andere Voraussetzungen, so argumentierte er, könnte man genauso gut die *Nicht*-Relativität der Zeit beweisen. Ives [130] meinte jedoch, daß die von ihm und G. R. Stilwell durchgeführten Experimente zum transversalen Doppler-Effekt (siehe Kapitel 5) ein Beweis für die speziellen Kontraktions- und Dilatations-Phänomene der speziellen Relativitätstheorie sind. Im Jahre 1951 schrieb er einen Bericht [133] über das Uhrenparadoxon, in dem er von der Lorentztransformation Gebrauch machte, ohne sich auf den Äther zu beziehen.

Ebenfalls für die Ätherinterpretation sprach sich Geoffrey Builder aus. Obwohl seine Arbeit unbestritten von hoher Qualität war, scheint seine Interpretation auf einer anfänglich falschen Auffassung zu beruhen. In einer Diskussion [18], die er im Jahre 1957 publizierte, argumentiert er überzeugend, daß das Uhrenparadoxon im Rahmen der speziellen Relativitätstheorie aufgeklärt wird. (Dies führte zu einer lebhaften Kontroverse mit Dingle [60; 19; 61].) Im folgenden Jahr scheint er jedoch seine Meinung geändert zu haben, indem er wie folgt ausführt [21]. Seien A und B zwei Standarduhren, die sich in einem Inertialsystem S zur Zeit $t = t_1$ trennen und zur Zeit $t = t_2$ wieder zusammenkommen. Ferner sei u und v die Geschwindigkeit der Uhren in S, wobei u und v von t abhängt. Zeigen die Uhren A und B eine Gesamtzeit T_A und T_B für die Zeit ihrer Trennung an, dann ergibt sich eine Zeitdifferenz nach der Uhrenhypothese von

$$T_A - T_B = \int_{t_1}^{t_2} \sqrt{(1-u^2)}\,dt - \int_{t_1}^{t_2} \sqrt{(1-v^2)}\,dt, \qquad (4.16)$$

(diese Gleichung gilt für jede Wahl des Inertial-Systems S). Da die Zeitverzögerung einer Uhr relativ zu einer anderen in dieser Formel nicht eine Funktion der *Beschleunigungen* ist, bestand Builder darauf, daß dies „die Möglichkeit einer kausalen Verbindung zwischen der relativen Zeitdifferenz und dieser Beschleunigungen" verhindert. Durch die untrennbare Verknüpfung von Geschwindigkeit und Beschleunigung ist es schwer, eine Berechtigung für diese Behauptung zu finden. Falls überhaupt keine Beschleunigung auftritt, so fallen die Weltlinien der beiden Uhren zusammen und sind Gerade in der Raum-Zeit. In diesem Fall sind u und v in Gl. (4.16) identisch, und daher tritt keine relative Zeitdifferenz auf. Daher ist der Einfluß der Beschleunigung in Gl. (4.16) unbestreitbar.

Eine vollständig analoge Situation besteht bei der Länge einer Kurve zwischen zwei Punkten in der euklidischen Ebene. Angenommen, die Punkte sind $(0, 0)$ und $(0, 1)$ in einem bestimmten kartesischen Koordinatensystem, dann gilt für die Bogenlänge einer Kurve $y = y(x)$, die die Punkte verbindet

$$\int_0^1 \sqrt{(1 + y'^2)}\, dx, \qquad \left(y' = \frac{dy}{dx} \right).$$

Kann man nun vernünftigerweise behaupten, daß die Bogenlänge, weil sie nur von der Steigung y' abhängt, nicht durch die Krümmung der Kurve beeinflußt wird, so als ob Steigung und Krümmung unabhängig wären? Und doch scheint sich Builder auf dieses Argument zu stützen.

Es sollte jedoch hervorgehoben werden, daß Builders Arbeit von Interesse ist, weil sie eine eingehende Analyse der Vereinbarkeit der Ätherhypothese mit der speziellen Relativitätstheorie enthält.

Der Experimentalphysiker Essen [91] glaubte, daß das Uhrenparadoxon durch einen Fehler in Einsteins Darstellung entstand, der im Nachhinein nicht erkannt wurde. Er meinte, daß dieser Fehler für einen Experimentalphysiker leichter erkennbar sei als für einen Theoretiker. Der „Fehler" besteht in der Nichtunterscheidung zwischen den „Impulsen" einer Zeiteinheit und dem Ablesen auf dem Zifferblatt, einen Unterschied, den wir in Abschnitt 4.2 erwähnten. Auch war er der Meinung, daß, da die Beschleunigung nicht in die Theorie der Zeitdilatation eingeht, das Resultat nicht eine Konsequenz dieser sein kann. Die Relativitätstheorie war daher in Gefahr; für den Fall, daß seine Ansichten korrekt wären,

„hätte dies weitreichende Konsequenzen. Viele Lehrbücher müßten revidiert werden, und da dieses Paradoxon durch die allgemeine Relativitätstheorie scheinbar bestätigt wird, müßte man auch diese kritisch untersuchen."

(Wären seine Ansichten richtig, müßte dies tatsächlich geschehen.)

Dingle andererseits war, bezugnehmend auf den „bedauernswerten Fehler" in Einsteins Arbeit von 1905, der Meinung, daß dies nicht die spezielle Relativitätstheorie selbst entkräftet [56]. Erst später kamen ihm Zweifel. 1962 bezog er sich auf eines seiner früheren Argumente über die Symmetrie und die scheinbare Unvereinbarkeit der beiden Gleichungen $\tau = t\sqrt{(1 - V^2)}$ und $t = \tau\sqrt{(1 - V^2)}$, wobei hier t und τ die von einem gemeinsamen Ereignis gemessenen Zeiten zweier Uhren sind, welche jeweils in Ruhe in einem Inertialsystem k (mit den Koordinaten (ξ, τ)) und K (mit den Koordinaten (x, t)) sind und eine Relativgeschwindigkeit V haben. (Tatsächlich ist eine sinnvolle Bedeutung der beiden Gleichungen die, daß t einer Koordinate und nicht der Anzeige einer einzelnen Uhr in der ersten Gleichung entspricht, und daß τ einer Koordinate und nicht der Anzeige einer einzelnen Uhr in der zweiten Gleichung entspricht. Die beiden Gleichungen sind daher nicht unverträglich, da die verwendeten Symbole verschiedene Bedeutung haben.) Dabei kam er zu der Auffassung, daß diese Unverträglichkeit ein echter Widerspruch sei.

Besorgt über die möglichen Auswirkungen, wenn die Wissenschaftler weiter Vertrauen in eine Theorie haben, von der gezeigt wurde, daß sie falsch ist, war er sehr bekümmert, daß seine Argumente nicht berücksichtigt wurden. Der verstorbene deutsche Wissenschaftler Max Born [13] berichtete, 1963 ein Separatum von Dingles Arbeit aus dem Jahre 1962 erhalten zu haben, mit der Bemerkung: „Mit freundlichen Grüßen. Testfall für die Ehrlichkeit der Wissenschaftler." In gewisser Weise ist es schade, daß Born die Herausforderung angenommen hat, denn eine zufriedenstellende Antwort auf Dingle hätte mehr Zeit benötigt, als Born dieser Sache zuwenden wollte. Seine kurze Arbeit in *Nature* bestand hauptsächlich in „Korrekturen" zu Dingles Ideen (was kaum den gewünschten Effekt erzielte) und einem teilweise erklärten Raum-Zeit-Diagramm.

Etwa zu dieser Zeit machte Essen [94] einen der wohl beachtenswertesten Vorschläge gegen die „konventionalistische" Anschauung im Zusammenhang mit dem Doppler-Effekt, von der Art wie in Abschnitt 4.3 diskutiert. Essen schrieb, „die Annahme, daß alle Zeitpulse, die von der bewegten Uhr ausgesendet werden, durch den ruhenden Beobachter während der Reisezeit empfangen werden", wird von H. Bondi, Darwin etc. gemacht und ist der einzige Weg, um das Resultat aus der speziellen Relativitätstheorie herzuleiten. „*Es ist leicht zu zeigen, daß es sowohl praktische als auch theoretische Gründe gibt, warum diese Annahme nicht getroffen werden kann.*"[1] Was mit den Signalen passiert, die *nicht* ankommen, wird jedoch nicht erklärt.

Die Gültigkeit der speziellen Relativitätstheorie wurde in den letzten Jahren (was die Frage der Zeitdilatation betrifft) wieder neu durch McCrea und Dingle

---

[1] Hervorhebung von L. Marder.

aufgenommen, deren detaillierte Argumente „für" und „wider" in der Zeitschrift *Nature* (im Jahre 1967 und 1968) publiziert wurden und gut bekannt sind [75; 76; 167]. Viele Untersuchungen über die Voraussetzungen und die Logik der speziellen Relativitätstheorie wurden seit 1905 gemacht. Keine Frage scheint jedoch so viele Kontroversen ausgelöst zu haben wie das Problem der Zeitdilatation. Und obwohl die Physiker im allgemeinen von der Konsistenz und Gültigkeit der speziellen Relativitätstheorie überzeugt sind, werden diese Diskussionen zweifellos weitergehen.

5 Experimentelle Beweise

„Was jetzt bewiesen ist, war einst nur Vorstellung."
William Blake, Sprüche der Hölle

5.1 Vor 1950

Abgesehen von indirekten Beweisen, wie dem Michelson-Morley-Experiment, gab es bis 1950 drei Hauptquellen zum Beweis der Zeitdilatation. Diese waren das Kennedy-Thorndyke-Experiment, das Experiment von Ives und Stilwell zum „Transversalen" Doppler-Effekt (oder genauer der „zweiter Ordnung") [134; 135], und die schon vorher diskutierten Beobachtungen der Lebensdauer von kosmischen μ Mesonen.

Das Kennedy-Thorndike-Experiment konnte nicht einfach aus der Annahme der Fitzgerald-Lorentz-Kontraktion des Apparates in der Bewegungsrichtung durch den Äther erklärt werden, und stellt daher in diesem Sinn eine Bestätigung der relativistischen Natur der Zeit dar. Wie jedoch Ives [130] hervorhob, kann sowohl das Kennedy-Thorndyke als auch das Michelson-Morley-Experiment, ohne auf die Zeitdilatation zurückgreifen zu müssen, erklärt werden, indem man etwas andere Annahmen (als die von Fitzgerald und Lorentz) über die Kontraktion der Interferometerarme macht.

Die Resultate von Ives und Stilwell, von den Bell Telephone Laboratories in New York, (publiziert im Jahre 1938 und 1941) führten zu einer direkteren Bestätigung der Zeitdilatation. Nach der klassischen Theorie entsteht der optische Doppler-Effekt durch die Bewegung einer Lichtquelle zum oder weg vom Beobachter, jedoch nicht bei nur relativer senkrechter Bewegung. Angenommen, ein Beobachter befindet sich in Ruhe in O relativ zum Äther und er beobachtet eine Folge von Lichtblitzen, die von einer periodischen Quelle ausgehen. Bewegt sich die Quelle senkrecht zur Beobachtungsrichtung, dann benötigen die aufeinanderfolgenden Signale gleiche Zeiten, um O zu erreichen, und die empfangene Frequenz wird gleich der ausgesandten sein. Die gleichen Überlegungen gelten für eine kontinuierliche Lichtquelle, die sich relativ zum Beobachter bewegt; es wird keine Änderung in der Frequenz (Farbe) beobachtet, wenn sich die Quelle senkrecht zur Beobachtungsrichtung bewegt. Die relativistische Situation ist jedoch anders. Durch die Zeitdilatation scheint einem inertialen Beobachter O eine Uhr, die sich mit der Geschwindigkeit V relativ zu ihm bewegt, um den Faktor $\sqrt{(1 - V^2)}$ verlangsamt,

d. h. ungefähr $1 - \frac{1}{2} V^2$, für kleine V. Bei nur transversaler Bewegung ist dies der einzige Beitrag zu der Frequenzveränderung. Die beobachtete Frequenzverschiebung ist zum roten Ende des Spektrums hin. Dies wird die transversale Doppler-Verschiebung genannt. Es ist ein Effekt „zweiter Ordnung" (im Gegensatz zu der bekannteren *radialen* Dopplerverschiebung durch die gegenseitige Annäherung oder Entfernung von Quelle und Beobachter), weil er nur vom Quadrat der Geschwindigkeit V und nicht von V selbst abhängt. Normalerweise ist daher die transversale Verschiebung sehr klein und schwierig zu messen. Nichtsdestoweniger hatte bereits Einstein vorgeschlagen, daß man diesen Effekt an schnell bewegten Teilchen der Wasserstoffkanalstrahlen messen könnte.

Die größte Schwierigkeit bei der Beobachtung des transversalen Doppler-Effekts im Laboratorium ist, zu garantieren, daß die Teilchen (erzeugt in einer Entladungsröhre) sich *genau* senkrecht zur Beobachtungsrichtung im Augenblick der Beobachtung bewegen. Eine weitere Schwierigkeit ist es, einen Teilchenfluß zu erhalten, dessen Teilchen ungefähr die gleiche Geschwindigkeit haben, damit die Spektrallinien des ausgesandten Lichts nicht zu diffus für Präzissionsmessungen sind.

Um diese Schwierigkeiten zu überwinden, untersuchten Ives und Stilwell nicht direkt den transversalen, sondern einen dazu äquivalenten Doppler-Effekt zweiter Ordnung. Sie verwendeten die Tatsache, daß die Verschiebung der Lichtwellenlänge bei Bewegung einer Quelle von bzw. zum Beobachter nicht genau gleich und entgegengesetzt sind. Für die sich entfernende Quelle erscheint die Wellenlänge verlängert, etwa von λ zu $k\lambda$, während für die sich nähernde Quelle eine Verminderung von λ zu $\frac{\lambda}{k}$ auftritt, wobei k dieselbe Bedeutung wie in Abschnitt 4.3 hat, d.h.

$$k = \sqrt{\frac{1 + V}{1 - V}}. \tag{5.1}$$

Das Mittel der beiden Verschiebungen ist daher äquivalent zu einer einzelnen Verschiebung von λ zu $\frac{1}{2} \left(k + \frac{1}{k} \right) \lambda$, wobei wegen (5.1)

$$\frac{1}{2} \left(k + \frac{1}{k} \right) \lambda = \frac{\lambda}{\sqrt{(1 - V^2)}} \simeq \left(1 + \frac{1}{2} V^2 \right) \lambda, \tag{5.2}$$

für V viel kleiner als 1.

Die beiden Experimentatoren entschieden sich, die kleine Verschiebung von $\frac{1}{2} V^2 \lambda$ in (5.2) durch gleichzeitige Beobachtung (unter Verwendung eines Spiegels) des in die Vorwärts- und in die Rückwärts-Richtung emittierten Lichtes einer Entladungsröhre zu messen, und verglichen dies mit dem Licht der ruhenden Quelle. Das Problem der Zerstreuung der ausgesandten Spektrallinien wurde durch die in den dreißiger Jahren entwickelte Entladungsröhre gelöst, welche Wasserstoffteilchen mit fast gleicher Geschwindigkeit erzeugte. Ein Teil der Resultate dieser

Experimente wurde im Juli 1938 unter dem Titel „Eine experimentelle Studie über den Gang einer bewegten Uhr", im *Journal of the Optical Society of America* [134] publiziert.

Man beachte, daß, um die Formel (5.2) zu verifizieren, eine separate Auswertung von V notwendig ist. Dies wird erreicht durch die Beobachtung des Doppler-Effekts erster Ordnung an dem in die Vorwärts- oder Rückwärts-Richtung ausgesandten Lichtes. Eine andere Möglichkeit ist die theoretische Berechnung von V aus der Spannung in der Entladungsröhre. In der Tabelle 6 sind in der ersten Spalte die Spannungen für Experimente mit Wasserstoff H_2 angegeben. Die restlichen drei Spalten zeigen die Werte von $\frac{1}{2} V^2 \lambda$

1. für V aus der Spannung berechnet,
2. für V aus dem beobachteten Doppler-Effekt erster Ordnung berechnet;
3. beobachtet im Doppler-Effekt zweiter Ordnung.

(Die letzte Zeile bezieht sich auf ein weiteres Experiment; siehe später.) Die Wellenlänge λ ist in Ångström gemessen (1 Ångström = 10^{-10} m).

Die Übereinstimmung der beobachteten mit den berechneten Werten ist sehr gut. Man beachte, daß nach der klassischen Theorie alle Größen in der letzten Spalte gleich 0 sind und daher das Experiment eine überzeugende Bestätigung der Zeitdilatationsphänomene gibt.

Wir erinnern daran, daß Ives des öfteren seinen Glauben an den Äther zum Ausdruck brachte. Es erscheint daher gerecht hervorzuheben, daß die beiden Experimentatoren ihr Resultat eher nach der Lorentzschen Theorie und nicht nach der Einsteinschen interpretierten. Sie sagten: „Der Schluß, den wir aus diesen Experimenten ziehen, ist, daß die Änderung in der Frequenz einer bewegten Lichtquelle die Voraussagen der Larmor-Lorentzschen Theorie verifizieren."

Tabelle 6 Einige Beobachtungen von Ives und Stilwell zum Doppler-Effekt zweiter Ordnung an H_2 Wasserstoff. (Siehe Erklärung im Text.)

Spannung (Volt)	$\frac{1}{2} V^2 \lambda$		
	Berechnet (1)	Berechnet (2)	Beobachtet (3)
7 780	0,0203	0,0202	0,0185
9 187	,0238	,0243	,0225
10 574	,0275	,0280	,027
13 560	,0352	,0360	,0345
18 350	,0478	,0469	,047
42 280		,1073	,1145

Im folgenden Jahr (1939) hob R. C. Jones [138] hervor, daß diese Resultate ebensogut mit der Einsteinschen Theorie im Einklang stehen, und zeigte auch mögliche Fehlerquellen auf. Weitere Verbesserungstechniken machten es Ives und Stilwell möglich, stark erhöhte Spannungen zu verwenden, die zu viel größeren Verschiebungen führten [135]. Ein typisches Resultat dieser späteren Experimente ist in der letzten Zeile der Tabelle 6 gezeigt. Es ist interessant zu bemerken, daß, obwohl sie sich für die technischen Beiträge von Jones entsprechend bedanken, sie nicht auf die relativistische Interpretation ihrer Resultate hinweisen, sondern ihre Aussage wiederholen. Axiome, durch die die Experimente von Michelson-Morley, Kennedy-Thorndyke und Ives-Stilwell zur speziellen Relativitätstheorie führen, wurden von einer Anzahl von Autoren, wie z.B. H. P. Robertson [292] und A. Grünbaum [263], betrachtet. Die Interpretation der ersten beiden Experimente durch Robertson (S. 21) haben wir bereits gegeben. Zum Vergleich geben wir die Interpretation des Ives-Stilwell-Experimentes durch Robertson:

„Die Frequenz einer bewegten Quelle wird um den Faktor $\left(1 - \dfrac{u^2}{c^2}\right)^{1/2}$ verändert, wobei u die Geschwindigkeit der Quelle relativ zum Beobachter ist."

Das Experiment zeigt daher direkt, egal ob man sich auf die spezielle Relativitätstheorie beruft oder nicht, die Verlangsamung von Uhren einer bestimmten Art.

5.2 Mesonen und die fünfziger Jahre

Mit dem Aufkommen der großen (und teuren) Beschleuniger in den Nachkriegsjahren wurden viele Experimente mit im Laboratorium erzeugten Teilchen mit hoher Geschwindigkeit möglich. Wir wollen hier nur ein oder zwei vorgeschlagene Experimente zur Messung der Lebensdauer von μ Mesonen in Abhängigkeit der Geschwindigkeit betrachten.

Im Radiation Laboratory in Berkeley, Kalifornien, untersuchten E. Martinelli und W. K. H. Panofsky [173] die Ruhe-Lebensdauer von positiv geladenen μ Mesonen und publizierten ihre Resultate im Jahre 1950. Sie ließen einen Zyklotronstrahl von Protonen auf eine Kohleprobe auftreffen, um Mesonen zu erzeugen. Von den nach allen Richtungen fliegenden Mesonen wurde ein nur schmaler Strahl ausgeblendet. Die positiv geladenen Mesonen bewegten sich entlang Spiralbahnen im magnetischen Feld des Zyklotrons. Die Idee des Experiments bestand darin, die mittlere Lebensdauer zu messen, indem man beobachtete, wie viele der Mesonen nach einer bestimmten Anzahl von Umläufen noch vorhanden waren (Bild 32). Es war unmöglich, Beobachtungen über zwei Umläufe hinaus durchzuführen. Je

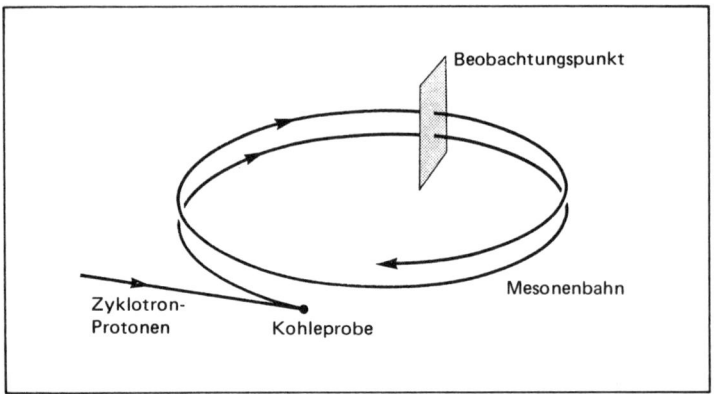

Bild 32 Der Anteil der Zerfälle von μ Mesonen während eines Umlaufs führt zur Berechnung der Lebensdauer

mehr Umläufe man jedoch verwenden kann, um so größer ist die Verläßlichkeit der Information aus dem Experiment. Die Zerfallsrate einer Anzahl von μ Mesonen, die in einem Inertialsystem ruhen, bestimmt sich nach dem allgemeinen Zerfallsgesetz für Teilchen, und zwar ist die Zahl der Zerfälle proportional zu den noch vorhandenen Teilchen. Mathematisch bedeutet dies, daß die Anzahl der noch nicht zerfallenen Teilchen exponentiell mit der Zeit abnimmt. Ist die mittlere Lebensdauer T und sei N_0 die Anzahl der Mesonen zur Zeit $t = 0$, dann ist die Anzahl N der zur Zeit t noch vorhandenen gegeben durch die Formel

$$N = N_0\, e^{-\frac{t}{T}}. \tag{5.3}$$

Martinelli und Panofsky beschäftigten sich hauptsächlich mit der Auswertung von T. In ihren frühen Experimenten dieser Art waren die relativistischen Effekte eher klein. Man konnte T in (5.3) als fast gleich mit der Lebensdauer von ruhenden Mesonen betrachten. Sie maßen die Anzahl der noch vorhandenen Teilchen nach jedem Umlauf, indem sie die Spuren der Teilchen in der Emulsion photografischer Platten beobachteten. Ist t_1 die Zeit im Laboratorium für einen Umlauf, dann ist der Anteil der noch vorhandenen Teilchen $e^{-\frac{t_1}{T}}$, und daraus läßt sich T berechnen. Tatsächlich bestimmten sie eine etwas zu kurze Lebensdauer ($T = 1{,}97 \cdot 10^{-8}$ s), und ein verläßlicher Wert der Lebensdauer, $2{,}54 \cdot 10^{-8}$ s wurde durch eine andere Gruppe von Berkeley [271], unter Verwendung einer anderen Technik, im Jahre 1957 erhalten. Martinelli und Panofsky jedoch machten den wichtigen Vorschlag, daß man mit einem genaueren Experiment unter Verwendung hochenergetischer Mesonen die relativistische Hypothese des Alterns feststellen könnte.

Falls die Energie der Mesonen genügend groß ist, damit relativistische Effekte wesentlich werden, und falls die Uhrenhypothese auf die Mesonen anwendbar ist, wird nach jedem Umlauf nur der Anteil $e^{-\frac{t_1'}{T}}$ der vorhandenen Mesonen überleben, wobei t_1' die Eigenzeit für den Umlauf gemessen durch die „Uhr" des Mesons ist. Für die Laborzeit t_1 haben wir $t_1' = \frac{t_1}{\gamma}$, wobei $\gamma = \frac{1}{\sqrt{(1 - V^2)}}$. Daher:

$$\text{Anteil der überlebenden Teilchen nach jedem Umlauf} = e^{-\frac{t_1}{\gamma T}} \qquad (5.4)$$

Ist γ merklich größer als 1, so sollte sich diese Tatsache sowohl qualitativ als auch quantitativ in den Beobachtungen bemerkbar machen.

Sehr klar zeigte sich der relativistische Effekt in einem äquivalenten, jedoch etwas anderem Hochenergieexperiment, welches von Durbin, Loar und Havens [80] der Columbia University, New York, im Jahre 1952 am Nevis Zyklotron durchgeführt wurde. Diese Wissenschaftler erhielten nur dann Übereinstimmung mit anderen Bestimmungen der Lebensdauer von positiv geladenen μ Mesonen, wenn sie die Zeitdilatation berücksichtigten. Die Wichtigkeit dieses Aspektes des Experimentes von Durbin u.a. wurde von W. Cochran [34; 35] im Jahre 1957 hervorgehoben. Er bemerkte jedoch, daß dieses Experiment einen Einwand, den Dingle bezüglich der Beobachtung von kosmischen μ Mesonen machte, [58] nicht entkräftet. Beide Experimente beinhalten Einwegmessungen. Dingle bestand darauf, daß Zeitmessungen über Wege in nur einer Richtung nicht als Evidenz für das asymmetrische Altern in der Kontroverse um das Uhrenparadoxon verwendet werden dürfen, weil diese Messungen eine (konventionelle) Synchronisation von Uhren erfordern.

Daher schlug Cochran ein Experiment vor, in dem sich die Mesonen entlang eines geschlossenen Weges mittels eines Magnetfeldes bewegen. (Die Anordnung hat viel gemeinsam mit dem Experiment von Martinelli und Panofsky.) Zum Vergleich sind die experimentellen Anordnungen von Durbin u.a. und Cochran in den Bildern 33.a) und 33.b) gezeigt.

Im ersten Fall wird der Magnet verwendet, um Mesonen unterschiedlicher Energie verschieden abzulenken, so daß nur die mit einer bestimmten Energie entlang des vorgegebenen Weges fliegen. In beiden Experimenten sind C_1, C_2 und C_3 „Koinzidenzzähler", die nur dann zählen, wenn ein Meson durch alle drei geht (und daher unerwünschte Teilchen nicht zählt), und C_4 ein Koinzidenzzähler, welcher die übrig gebliebenen Teilchen am Ende der Bahn zählt.

Eine weitere Variante vorschlagend, argumentierte Cochran, daß das Ergebnis, aus der Sicht der Resultate von Durbin u.a., eine Selbstverständlichkeit sei. Er betrachtete den Fall, daß die gekrümmte Bahn in Bild 33.b) durch eine rechteckige Bahn mit abgerundeten Ecken ersetzt wird. Ist L die Weglänge und V die

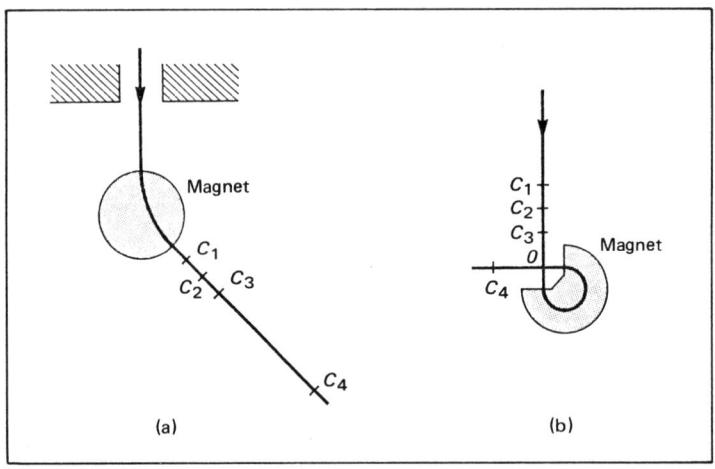

Bild 33 a) (nach Cochran). Die Anordnung des Experiments von Durbin u. a., b) Die Anordnung des von Cochran zuerst vorgeschlagenen Experiments

Geschwindigkeit der Mesonen, dann ist der Anteil der nach der Dauer (Laboratorium) $\frac{L}{V}$ vorhandenen entweder:

$$p = e^{-\frac{L}{VT}} \qquad \text{(ohne Zeitdilatation)} \qquad (5.5)$$

$$\text{oder} \quad p = e^{-\frac{L}{\gamma VT}} \qquad \text{(mit Zeitdilattation).} \qquad (5.6)$$

Man beachte, daß (5.5) auch der Anteil einer gedachten Anzahl von Mesonen, die im Punkt 0 ruhen, ist. Cochran argumentierte, daß, falls man den rechteckigen Weg um die Größe L' verlängert, die Anhänger des „symmetrischen Alterns" eine *weitere* Verminderung der Anzahl der überbleibenden Mesonen um den Faktor $e^{-\frac{L'}{VT}}$ erwarten müßten. Andererseits sollten die Anhänger des „asymmetrischen Alterns" in Gl. (5.6) eine weitere Reduktion um den Faktor $e^{-\frac{L'}{\gamma VT}}$ finden. Da die Resultate von Durbin u.a. für geradlinige Bahnen nur mit dem letzteren Reduktionsfaktor übereinstimmen, wird dadurch die „Asymmetrie" unterstützt.

Zum Abschluß ist es vielleicht nützlich, einige der früheren experimentellen Arbeiten über kosmische μ-Mesonen anzuführen, welche für die Uhrenhypothese besonders wichtig sind. Harold Ticho [224] beschreibt im Jahre 1947 einige Beobachtungen, die am Berg Climax, Colorado, in der Höhe von 3506 m über dem Meeresspiegel durchgeführt wurden, um festzustellen, wie die Lebensdauer positiv geladener μ-Mesonen von der Höhe abhängt. Er verwendete eine Quartz-Kristall-Uhr, um in direkter Messung die Lebensdauer einzelner Mesonen, die in einem 10 cm dicken Aluminium-Absorber gestoppt wurden, festzustellen. Ein Meson, das innerhalb des Absorbers zerfällt, sendet ein Elektron aus, welches fast immer den Absorber verläßt und daher eine Feststellung des Zerfalls von außen zuläßt. Ticho bekam einen etwas zu geringen Wert von $1{,}78 \cdot 10^{-6}$ s, der jedoch später durch einen unerwarteten Beitrag von negativ geladenen Mesonen erklärt wurde. Berücksichtigt man diesen Beitrag, so erhält man den erwarteten Wert. Es scheint daher, daß die enorm großen Beschleunigungen, die durch das Abbremsen im Absorber hervorgerufen werden, keinen direkten Effekt auf das Altern haben. Auch andere Wissenschaftler [287] fanden heraus, daß die mittlere Lebensdauer von μ-Mesonen unbeeinflußt von der Abbremsung in verschiedenen Absorbern ist.

Crawford [41] bezieht sich in *Nature* (1957) auf eine private Mitteilung von Ticho im Hinblick auf seine Experimente sowie ähnliche in Chicago, in einer Höhe von 183 m, indem er schreibt,

„Gäbe es kein asymmetrisches Altern, hätte Ticho in Chicago eine um den Faktor von etwa 40 anomal reduzierte Rate beobachtet. Statt dessen beobachtete Ticho, sowohl in geringer als auch in großer Höhe ungefähr die erwartete Anzahl von Zerfällen in Ruhe. Daher wird die Annahme 2 (daß die Beschleunigung keinen Einfluß auf den Gang einer idealen Uhr hat; was Crawford für Mesonen annimmt) bestätigt."

5.3 Der Mössbauer-Effekt und die sechziger Jahre

Die Entdeckung von Rudolf L. Mössbauer (die 1958 bekannt wurde), daß ein Atomkern manchmal elektromagnetische Strahlung, in Form eines γ-Strahls, praktisch rückstoßfrei emittieren kann [286], ebnete den Weg für eine der aufregendsten Techniken der modernen Experimentalphysik. Einfach formuliert, zeigte diese Entdeckung, wie man Strahlung mit einer unglaublich präzisen Frequenz erzeugen kann. Der analoge Effekt für die Absorption des γ-Strahls gibt einem die Möglichkeit, die Frequenz zu überprüfen und festzustellen, ob sie auch nur die kleinste Veränderung zwischen Emission und Absorption erfahren hat. Dieses Resultat ist in experimentellen Tests der Relativitätstheorie und in anderen Gebieten der Physik so wichtig, daß wir diesen Abschnitt mit einer kurzen Besprechung des Mössbauer-Effekts beginnen.

Ein Atom, welches sich anfänglich in Ruhe in einem bestimmten Bezugssystem befindet, gibt durch Emission von Licht (d.h. eines Photons) einen bestimmten Betrag von Energie ab, indem es von einem Anfangszustand A in einen anderen

„Zustand", B, mit niederer Energie übergeht. Die möglichen Zustände eines Atoms haben genau definierte Energien. Ein Teil der entweichenden Energie wird durch den Rückstoß des Atoms verbraucht, ähnlich wie beim Abschuß einer Kanone ein Teil der Explosionsenergie in den Rückstoß der Kanone geht. Daher ist die Energie im emittierten Photon etwas geringer als notwendig wäre, um von einem ähnlichen Atom im niedrigeren Zustand B absorbiert zu werden; die Energie reicht nicht aus, um das Atom in den Zustand A zu heben. (Tatsächlich würde das Photon etwas mehr an Energie benötigen, weil es auch bei der Absorption einen Rückstoß gibt. Eine Substanz kann jedoch die eigene charakteristische Strahlung absorbieren, wenn die Temperatur geeignet ist, weil dann die Atome etwas mehr und unterschiedliche Energien durch die thermische Bewegung haben.)

Eine ähnliche Situation tritt bei der Emission von γ-Strahlen eines radioaktiven Kerns auf. In einem Kern kann jedoch das Gitter des Festkörpers eine eigene Bewegung des aussendenden Kerns verhindern, wenn die zur Verfügung stehende Rückstoßenergie zu klein ist. In diesem Fall wird der Impuls des Rückstoßes vom Kristall als Ganzes aufgenommen, und die gesamte Energie geht praktisch in den γ Strahl. (In der obigen Analogie zu der feuernden Kanone entspricht dies dem Fall, wenn die Kanone fest im Boden verankert ist.).z.B. gibt French [262] Zahlen für die Emission von einem radioaktiven Iridium Kristall ^{191}Ir, welcher von Mössbauer in seinen ursprünglichen Experimenten verwendet wurde. French berechnet, daß für einen Kristall mit etwa 10^{10} Atomen (eine sehr kleine Menge der Substanz, die etwa $3 \cdot 10^{-15}$ kg wiegt) nur ein Anteil von etwa $3 \cdot 10^{-17}$ der Energie in den Rückstoß geht. Da man weiß (theoretisch und experimentell), daß die Energie eines γ Strahls direkt proportional zu seiner Frequenz ist, folgt daraus, daß die Frequenz innerhalb sehr genauer Grenzen liegen muß.

Falls die Energie, die mit einer Emission oder Absorption verbunden ist, *absolut* festgelegt ist, wäre natürlich selbst eine so kleine Änderung wesentlich, um eine spätere Absorption zu verhindern. Die Energie ist jedoch nicht vollständig fixiert; es existiert eine hohe Wahrscheinlichkeit, daß sie nur um einen sehr kleinen Betrag von einem festen Mittelwert abweicht. Für das obige Beispiel von Iridium ist diese kleine Abweichung von der Größenordnung 1 Teil in 10^{10}. So klein dies auch ist, so ist im Vergleich der Effekt des Rückstoßes vernachlässigbar.

Das Ansprechen eines Absorbers bei einer Frequenzverschiebung von einfallenden γ Strahlen kann man mittels des Dopplereffekts untersuchen. Wird ein γ Strahl mit der Frequenz ν emittiert, dann scheint einem Absorber, der sich der Quelle mit einer kleinen Geschwindigkeit V nähert, die Frequenz von $k\nu$ vergrößert, wobei wie üblich

$$k = \sqrt{\frac{1 + V}{1 - V}} \cong 1 + V. \qquad (5.7)$$

Die größte Wahrscheinlichkeit für die Absorption ist für $V = 0$, jedoch ist dies auch für andere Werte von V möglich, solange V nicht eine bestimmte Größe überschreitet. Nach dem oben Gesagten ist dieser Wert etwa 10^{-10}.

Hier kommt es nur auf die relative Geschwindigkeit zwischen Quelle und Absorber an. Mössbauer montierte seine Iridium-Quelle am Umfang eines drehbaren Tisches, welcher langsam rotierte (Bild 34). Der Tisch war von einer Bleiabschirmung umgeben, außerhalb der sich ein Absorber und dahinter ein Detektor befand. Eine Öffnung in der Abschirmung erlaubte den Austritt von γ Strahlen vom Iridium-Kristall nur dann, wenn dieser sich direkt auf den Absorber A hinbewegte (oder wegbewegte). Jene Strahlen, die nicht in A absorbiert wurden, konnte man in D feststellen.

Beobachtungen mit unterschiedlichen Rotationsgeschwindigkeiten zeigten, daß ungefähr 1 % aller γ Strahlen rückstoßfrei von S emittiert wurden. Bei einer relativen Geschwindigkeit von S zu A von 0,02 m/s (dies entspricht etwa der Geschwindigkeit der Spitze eines Sekundenzeigers einer Wanduhr) wurden die Hälfte der γ Strahlen in A absorbiert. Dies entspricht einem Wert von $V = \dfrac{0{,}02}{3 \cdot 10^8}$ $= 7 \cdot 10^{-11}$ in Gl. (5.7) und ist daher in Übereinstimmung mit dem dort gesagten.

Viele spätere Experimente, die auf dem Mössbauer-Effekt beruhen, wurden auch mit anderen Substanzen, so etwa dem Eisen-Isotop ^{57}Fe durchgeführt, bei dem etwa 63 % der γ Strahlen rückstoßfrei emittiert werden. In ihrem berühmten Experiment verwendeten Pound und Rebka von der Harvard Universität [191]

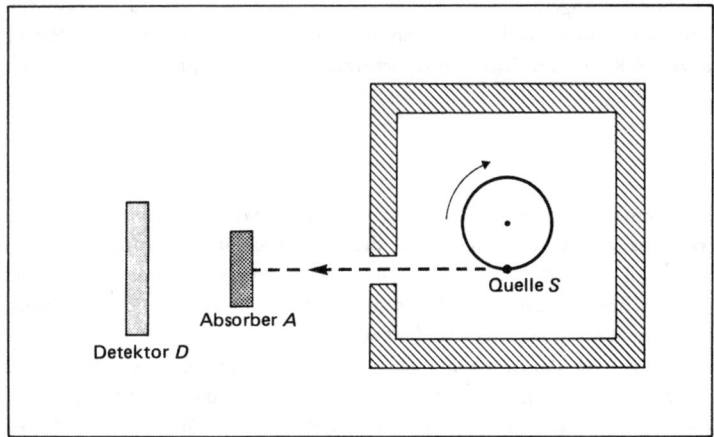

Bild 34 Das Mössbauer-Experiment. Ein Kristall der Strahlen aussendet rotiert; bei einer Geschwindigkeit von 0,02 m/s sinkt die Absorptionsrate auf die Hälfte

im Jahre 1960 dieses Isotop, um das Äquivalenzprinzip (Abschnitt 6.1) zu überprüfen. Sie beobachteten die Frequenzänderung von γ-Strahlen, die im Gravitationsfeld aufsteigen, wobei Quelle und Absorber sich auf unterschiedlichem Gravitationspotential befanden. Um dabei die Resonanz für die Absorption mittels
des Doppler-Effekts zu erhalten, mußte man den Absorber etwas langsamer als
die Spitze des Minutenzeigers der oben erwähnten Wanduhr bewegen!

Es gibt zwei Arten, den Mössbauer Effekt für eine experimentelle Bestätigung der Zeitdilatation zu verwenden; durch seine Temperaturabhängigkeit und
im Zusammenhang mit dem transversalen Doppler-Effekt. Die Temperaturabhängigkeit wurde zuerst von Pound und Rebka [190] und unabhängig davon von
einem Cambridger Studenten, B. D. Josephson, [139] im Jahre 1960 hervorgehoben. Durch die thermische Vibration eines emittierenden oder absorbierenden
Kerns tritt automatisch ein Doppler-Effekt erster Ordnung auf. Diese Vor- und
Zurückbewegung jedes Kerns (mit der Geschwindigkeit von etwa der eines Düsen-
flugzeuges) hat die Tendenz sich aufzuheben. Nach Pound und Rebka:

> „Thermisch angeregte Schwingungen verursachen nur eine kleine
> Linienverbreiterung durch den Doppler-Effekt erster Ordnung bei den Be-
> dingungen im Festkörper, weil sich jede Geschwindigkeitskomponente des
> Kerns fast vollständig zu Null über die Lebensdauer des Kerns herausmittelt."

Wichtig ist der Doppler-Effekt zweiter Ordnung, der hier eine ähnliche Rolle
spielt wie bei dem Ives-Stilwell-Experiment. Wir wissen, daß, falls ein emittierender
Kern eine Geschwindigkeit v im Laboratorium besitzt, die Zeitabläufe um den
Faktor $\sqrt{(1 - v^2)}$ oder ungefähr $1 - \frac{1}{2} v^2$ für kleine v wegen der Zeitdilatation verlangsamt erscheinen sollten. Nach der klassischen kinetischen Theorie ist der Mittelwert von $\frac{1}{2} v^2$ aller Kerne im Gitter proportional zu der Temperatur T, nach der
Formel:

$$\frac{1}{2} v^2 = \frac{3kT}{2M} = 2,4 \cdot 10^{-15} \, T, \tag{5.8}$$

wobei M die Kernmasse ist und k die *Boltzmann Konstante*. Daher erscheint die
emittierte Frequenz der γ-Strahlen wegen der thermischen Bewegung im Mittel
um etwa den Anteil $2,4 \cdot 10^{-15}$ für jeden Grad der Temperatur reduziert. Pound
und Rebka hoben hervor, daß die klassische Formel (5.8) nicht genau stimmt,
und daß ein besserer Wert etwa $2,21 \cdot 10^{-15} \, T$ wäre.

Haben Quelle und Absorber die gleiche Temperatur, dann werden beide
auf die gleiche Weise durch die thermische Bewegung beeinflußt; wichtig ist daher
die *Temperaturdifferenz* zwischen Quelle und Absorber. Ist die Quelle, sagen wir, T_1
K (Kelvin) heißer als der Absorber, dann wird die Frequenz der γ-Strahlung unterhalb
des Optimalwerts für die Absorption liegen, und zwar um den Faktor $2,21 \cdot 10^{-15} T_1$.

Pound und Rebka überprüften dies durch langsames Bewegen des Absorbers gegen die Quelle, so daß der Doppler-Effekt erster Ordnung die Frequenz-Verminderung kompensierte (Bild 35). Ihre Messungen ergaben für die Frequenzverringerung $(2,09 \pm 0,24) \, 10^{-15}$ pro Grad, was in guter Übereinstimmung mit den Voraussagen ist.

Sherwin [211] machte 1960 auf die Wichtigkeit dieses Experimentes aufmerksam und auch auf eines von der Harwell Gruppe von Hay, Schiffer, Cranshaw und Egelstaff [115] (siehe weiter unten) durchgeführten, als Beweis nicht nur für die Zeitdilatation, sondern auch für die Uhrenhypothese. Seiner Meinung nach gaben sie „den ersten experimentellen Beweis über Zeitmessungseigenschaften von beschleunigten Uhren, wie sie im klassischen „Uhrenparadoxon" der Relativitätstheorie auftreten." Die thermischen Vibrationen des Gitters beinhalten willkürlich gerichtete Beschleunigungen von der Größenordnung von $10^{16} \, g$, sowohl für die Quelle als auch den absorbierenden Kern, und diese Beschleunigungen scheinen keine Frequenzverschiebung in ^{57}Fe bis zu einer Genauigkeit von $1:10^{13}$ zu erzeugen.

Falls überhaupt eine schwache Stelle in dem Argument von Pound und Rebka existiert (die sich gar nicht mit der Kontroverse um das Uhrenparadoxon beschäftigten), so könnte sie in der Behauptung liegen, daß sich der Doppler-Effekt erster Ordnung, hervorgerufen durch die thermische Bewegung, gerade aufhebt. Schon eine leichte, unvollständige Aufhebung würde ihre Schlußfolgerungen ungültig machen. Andererseits wäre es eher verwunderlich, wenn dieser Unterschied gerade den richtigen Wert besitzt, um den erwarteten Effekt zweiter Ordnung vorzutäuschen. (Diese Frage wurde von Sherwin weiter diskutiert.)

Das Experiment von Hay u. a. (ebenfalls 1960 publiziert) war ein direkter Test des transversalen Doppler-Effekts. Hay verwendete einen kreisförmigen Streifen von Kobald ^{57}Co als Quelle, der um eine Achse und zwischen zwei kreisförmigen Platten angeordnet war. Ein zweiter konzentrisch angeordneter Streifen

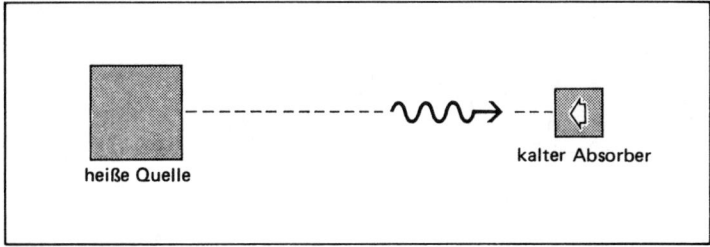

heiße Quelle

kalter Absorber

Bild 35 Für die Absorption in einem ruhenden Absorber haben die γ-Strahlen einer Quelle mit hoher Temperatur eine zu geringe Frequenz. Bei geeigneter Bewegung des Absorbers in Richtung der Quelle ist Absorption möglich

von Eisen ^{57}Fe befand sich nahe den Rändern der Scheiben vor dem Absorber (Bild 36). Die Achse wurde dann in eine Rotation von bis zu 500 Umdrehungen pro Sekunde versetzt. Die Rotation verringerte die charakteristische Frequenz des Absorbers (A) und der Quelle (S), jedoch nicht in gleichem Ausmaß, denn die letztere bewegt sich langsamer. Es seien die Radien von A und S R bzw. R_1. Dann ist die mittlere Geschwindigkeit der Kerne, (ausgedrückt als Bruchteile der Lichtgeschwindigkeit) $R\omega/c$ und $R_1\omega/c$, wobei ω die Winkelgeschwindigkeit der Rotation ist. Daher erreichen die γ-Strahlen von S den Absorber A mit einer Frequenz, die etwas unterhalb der optimalen Absorptionsfrequenz liegt, und zwar, wenn man die geeigneten Werte des Experimentes einsetzt, um den Anteil

$$\frac{1}{2}(R^2 - R_1^2)\frac{\omega^2}{c^2} = 2{,}44 \cdot 10^{-20}\,\omega^2 \qquad (5.9)$$

reduziert. Für eine Rotationsgeschwindigkeit von 500 Umdrehungen pro Sekunde erwartete man eine um 4 % geringere Absorptionsrate. Hay u.a. bestätigten dies experimentell mittels eines Zählers, der die nicht absorbierten γ-Strahlen fest-

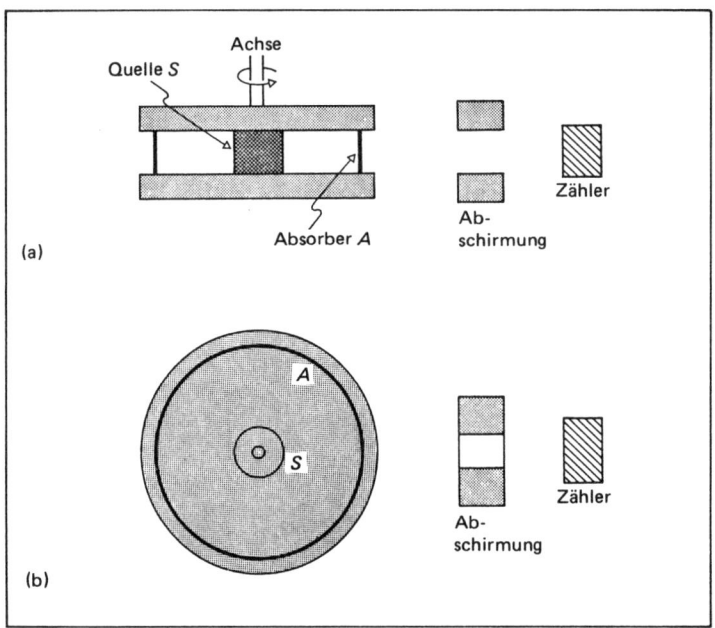

Bild 36 a) Schematische Anordnung des Experiments von Hay u.a., b) Draufsicht

stellte. Man kann dieses Experiment als eine weitere Rechtfertigung der Uhren-hypothese ansehen, da ziemlich große Beschleunigungen beteiligt sind. Das Resultat läßt sich auch aus der Sicht des Äquivalenzprinzips interpretieren. (siehe Kapitel 6).

Eine Eigenschaft dieses Experimentes ist es, daß es nicht die *Richtung* der Frequenzverschiebung testet; man kennt jedoch keine Theorie, die eine *Zeitkontraktion* anstatt einer *Zeitdilatation* erklärt.

Ein etwas anderes Experiment wurde im Jahre 1961 durch Champeney und Moon [32] mit einer ^{57}Co Quelle und einem ^{57}Fe Absorber durchgeführt, welche an gegenüberliegenden Enden eines Hochgeschwindigkeitsrotors fixiert waren (Bild 37). In diesem Fall wird die Zeitmessung sowohl für Quelle als auch für Absorber gleichermaßen durch die Rotation beeinflußt, so daß die Rate der festgestellten Strahlung unabhängig von der Rotationsgeschwindigkeit sein sollte. Ein Hauptanliegen dieses Experimentes, welches von der Birmingham Universität durchgeführt wurde, war eigentlich, die Vibrationen des Rotors festzustellen (welche sich in den Absorptionsraten durch den Doppler-Effekt bemerkbar machen müßten). Weiter wollte man verifizieren, daß eine *relative* transversale Bewegung von Quelle und Absorber keine Doppler-Verschiebung zweiter Ordnung verursacht. Das Resultat war wie erwartet. (Eine verfeinerte Analyse ist notwendig, um das Experiment vom Standpunkt eines mitbewegten beschleunigten Beobachters zu interpretieren!)

Weitere komplementäre Experimente wurden seither durchgeführt mit der Quelle nahe am Zentrum des Rotors und dem Absorber ganz außen, oder umgekehrt [144; 145; 30]. Einige dieser Experimente konnten auch die Richtung der Frequenzverschiebung ermitteln. (Und einige haben eher beiläufig sogar das Fehlen eines Ätherwindes auf der Erde bis auf 2 oder 3 Meter pro Sekunde bestätigt.)

Die meisten konventionellen Relativisten waren einer Meinung mit der Interpretation der Resultate dieser Experimente, andere jedoch, nicht unerwartet, waren nicht einverstanden. Bemerkenswert ist vielleicht der Standpunkt von Essen [97]

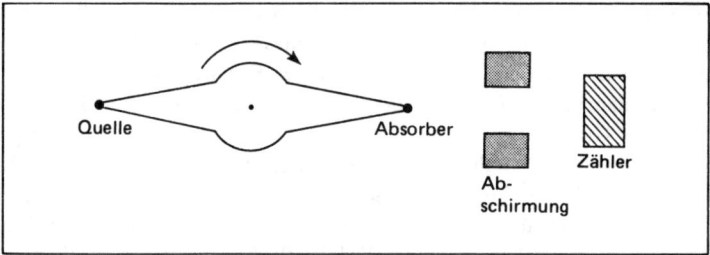

Bild 37 Das Experiment von Campeney und Moon

in Bezug auf die Arbeiten von Champeney und Moon, Champeney, Isaak und Khan [31] betreffend Einsteins Voraussage über die Verlangsamung bewegter Uhren:

> „Wie die Autoren feststellen, wird stillschweigend angenommen, daß die Beschleunigung keinen Effekt hat. Einstein jedoch fährt fort zu erklären, daß der Effekt, unrichtig vorausgesagt, von der Beschleunigung herrührt."

Ohne weiteren Kommentar beenden wir diesen Abschnitt mit Essens Schlußfolgerung:

> „Wenn, wie in dem Experiment von Champeney und Moon, Quelle und Absorber diesselbe Beschleunigung haben und sich in relativer Bewegung befinden, erhält man keine Frequenzverschiebung. Die befriedigendste Folgerung daraus ist, daß die Verschiebung durch unterschiedliche Beschleunigung und nicht durch relative Geschwindigkeiten hervorgerufen wird. Um dieses Resultat in Einklang zur speziellen Relativitätstheorie zu bringen, machen die Autoren eine Annahme, die, wie mir scheint, der speziellen Relativitätstheorie widerspricht, und eine zweite, die sowohl der allgemeinen Relativitätstheorie als auch dem Resultat ihrer eigenen Experimente widerspricht."

5.4 Die Verwendung von künstlichen Erdsatelliten

Oft schon wurde vorgeschlagen, künstliche Erdsatelliten zu verwenden, um die Relativitätstheorie zu testen. Bei der zehnten Jahrestagung der "Upper Atmosphere Rocket Research Panel" in Ann Arbor, Michigan, im Jahre 1956 (ein Jahr vor dem Start des Sputnik I), gab S. F. Singer [212] einen Überblick über einige der möglichen Experimente. Ein Test der allgemeinen Relativitätstheorie wäre die Messung der Präzession der elliptischen Bahn eines Satelliten (Periheldrehung). Diese Periheldrehung wurde bei der Bahn des Planeten Merkur um die Sonne gemessen. Ein anderes Experiment würde die Beeinflußung von Uhren im Gravitationspotential nach dem Äquivalenzprinzip messen. Eine Uhr, die in der Höhe der Satellitenbahn über einem festen Punkt der Erdoberfläche *ruht*, sollte nach dem Äquivalenzprinzip *schneller* gehen als eine auf der Erdoberfläche, da sie sich im höheren Gravitationspotential befindet (Kapitel 6). Daher unterliegt der Gang einer Uhr in einem Satelliten zwei entgegengesetzten Einflüssen, die sich teilweise oder ganz aufheben können. In sehr niederen Bahnen ist der Effekt durch die Gravitation minimal, während er in Bahnen über eine bestimmte Höhe (für Kreisbahnen ist dies 3200 km über der Erdoberfläche) wichtiger als die normale Zeitdilatation ist. Um daher den Effekt der speziellen Relativitätstheorie zu messen, würde man Satelliten in geringen Höhen verwenden, während hohe Bahnen geeignet sind, das Äquivalenzprinzip der allgemeinen Relativitätstheorie zu testen.

Singer schlug vor, daß man die Uhren von Satelliten mit denen auf der Erde mittels einer „Zählmethode" vergleichen sollte, bei welcher ein Signal erst nach einer großen Anzahl von „Tickern" zur Erde gesendet werden sollte, um unbekannte Faktoren, die die Übermittlung der Zeitsignale beeinflussen könnten, auszuschalten. Ein Paar von Caesium- oder ähnlicher Uhren wäre dafür geeignet. Andere Methoden, wie etwa der Vergleich von optischen oder Radiofrequenzen, sind weniger verläßlich. Singer strich heraus, daß für Satelliten in geringer Höhe eine Meßgenauigkeit von etwa $1 : 3 \cdot 10^9$ (d. i. eine Sekunde pro Jahrhundert) notwendig wäre, die jedoch Atomuhren erbringen.

Banesh Hoffmann [119] untersuchte mögliche Tests zur allgemeinen Relativitätstheorie auf ihre Durchführbarkeit, im speziellen die Auswirkungen der Erdrotation auf das Gravitationsfeld. Er kam zu dem Schluß, daß die notwendige Meßgenauigkeit durchaus herstellbar ist. M. Subotowicz [217] war derselben Ansicht, meinte jedoch, daß die Beobachtungen sich über ein Jahr erstrecken müßten.

Møller [181] betrachtete 1957 *Maser* Uhren, die durch Ammoniakmoleküle gesteuert werden, um die allgemeine Relativitätstheorie auf der Erdoberfläche zu testen. Er kam zu dem Schluß, daß selbst bei Verwendung von Bergen bis über 3 km Höhe die Meßgenauigkeit nicht ausreichte. Jedoch bemerkte er

„Obwohl es heute noch phantastisch klingen mag, ist es durchaus möglich, bevor Uhren mit einer höheren Genauigkeit gebaut werden, künstliche Satelliten zu verwenden, wodurch die fraglichen Effekte bis zu tausendmal größer werden."

Schon während dieses Buch geschrieben wird, nur etwa ein Dutzend Jahre nach den Veröffentlichungen von Møller, sind diese Tests möglich. In der Zwischenzeit gab es jedoch auch enorme Fortschritte in anderen Gebieten der Wissenschaft und Technologie. Die „Mössbauer-Revolution" macht es möglich, einfache Tests der relativistischen Zeitdilatation durchzuführen, und daher haben Satelliten viel von ihrer Anziehungskraft für diese Zwecke verloren. (Für eine weitere Diskussion der Tests mit Satelliten siehe den nächsten Abschnitt.)

6 Das Uhrenparadoxon in der allgemeinen Relativitätstheorie

„Es gibt gar nicht so wenige Physiker, die glauben, daß dieses Paradoxon nur mit der allgemeinen Relativitätstheorie aufgelöst werden kann. Dies beruhigt sie außerordentlich, denn von der allgemeinen Relativitätstheorie haben sie keine Ahnung."
Professor Alfred Schild. The American Journal of Physics

6.1 Das Äquivalenzprinzip

Vor einigen Jahren machte Herman Bondi in einem öffentlichen Vortrag die folgende Bemerkung: „Wenn ein Physiker Vögel beobachtet und dabei von einer Klippe fällt, braucht er sich um sein Fernglas keine Sorgen zu machen: er weiß, daß es neben ihm herunterfallen wird". Bondi beschrieb in bildlicher Weise das bekannte Gesetz von *Galilei*, wonach alle Körper im Gravitationsfeld mit der gleichen Beschleunigung fallen („alle Körper fallen mit gleicher Geschwindigkeit"), vorausgesetzt, nichtgravitative Kräfte wie der Luftwiderstand sind vernachlässigbar. Galileis Experimente, mit Holz- und Bleigewichten (nicht Physikern und Ferngläsern), die er vom hohen Turm von Pisa herabfallen ließ, begannen gegen Ende des 16. Jahrhunderts, obwohl R. H. Dicke [255] darauf hinwies, daß das Gesetz schon früher bekannt war und der primitive Mensch vielleicht bemerkte, daß eine mit Hilfe eines Steins von einem Baum heruntergeworfene Eidechse fast gleichzeitig mit dem Stein am Boden auftrifft.

In der Newtonschen Mechanik wird das Gesetz von Galilei mit der Annahme ausgedrückt, daß die schwere Masse eines Körpers proportional zu seiner trägen Masse ist. Die schwere Masse, m_G, ist durch ihre Anziehung auf andere schwere Körper definiert. Die schweren Massen verschiedener Körper vergleicht man, indem man sie wiegt. Die träge Masse, m_I, ist im Grunde etwas anderes. Sie ist ein Maß für den Beschleunigungswiderstand, den ein Körper der Anwendung einer gegebenen Kraft (wie zum Beispiel eine gewisse Anstrengung der Muskeln oder der Zug in einer über eine bestimmte Länge hinaus gedehnten Feder) entgegensetzt. Verschiedene Körper erfahren unter Einwirkung der Gravitation die gleichen Beschleunigungen nur dann, wenn die Gravitationskraft, die durch m_G bestimmt ist, proportional zum Beschleunigungswiderstand ist, der durch m_I bestimmt wird. Es ist ein unbefriedigender Zug der Newtonschen Gravitationstheorie, daß die strikte Proportionalität dieser beiden Arten von Masse zwar akzeptiert wird, aber keineswegs ein wesentlicher oder integraler Teil der Theorie ist (wie dies in der allgemeinen Relativitätstheorie der Fall ist).

Das Gesetz von Galilei ist für die allgemeine Relativitätstheorie wesentlich. Es ist daher wichtig zu untersuchen, wie gut dieses Gesetz durch modernere, präzise Experimente untermauert ist. Das bekannteste dieser Art wurde von Baron Roland von Eötvös, einem Ungarn, zuerst im Jahr 1889 und nochmals in späteren Jahren [258, 259], durchgeführt. Die Vorgangsweise von Eötvös kann man illustrieren, indem man kleine Abweichungen von der Vertikalen eines Pendels (Senkschnur) betrachtet, das in Ruhe im Laboratorium aufgehängt ist. Der Winkel der Pendeluhr wird durch zwei auf das Pendelgewicht wirkende Kräfte bestimmt: die Schwereanziehung zum Erdmittelpunkt hin und die Zentrifugalkraft, die von der Achse der Erdrotation weg gerichtet ist. Die erstere Kraft ist gravitativ, die letztere inertial, da sie die Tendenz des Pendelgewichts darstellt, sich auf einer geraden Linie tangential zur Erdoberfläche zu bewegen. Wenn daher zwei Pendel zwei verschiedene Pendelgewichte haben, für die die Verhältnisse m_G/m_I ungleich sind, würden sie gegen die Vertikale leicht unterschiedlich geneigt sein.

Eötvös legte Gewichte aus verschiedenen Materialien auf einen leichten, horizontalen Waagebalken. Dieser wieder war an einer dünnen Platin-Iridium-Schnur aufgehängt. Außer wenn der Waagebalken im Erdmeridian liegt, sollten Unterschiede im Verhältnis m_G/m_I für die beiden Gewichte zu einer Verdrehung der Aufhängung um einen kleinen Winkel führen. Dies sollte festgestellt werden, indem man den Apparat um $180°$ dreht, so daß sich die Rollen der beiden Gewichte vertauschen und sich die Richtung der Verdrehung umkehrt. Eötvös konnte keine derartige Verdrehung der Aufhängung relativ zum Rest der Apparatur feststellen. Er schloß, daß die Beschleunigung seiner Gewichte unter der Gravitation innerhalb der Meßgenauigkeit gleich waren. Es ist ein Charakteristikum von Torsionswaagen, daß sie äußerst präzise Messungen ermöglichen. Eötvös behauptete eine Genauigkeit von etwa $5 \cdot 10^{-9}$ erreicht zu haben. (Dicke meinte, daß dies ein eher optimistischer Wert sei. Wenn zum Beispiel der Baron dem Apparat zu nahe gekommen wäre, hätte seine eigene Masse das Ergebnis mehr beeinflussen können, als dem behaupteten experimentellen Fehler entsprach!) Nichtsdestoweniger kann kein Zweifel bestehen, daß das Eötvös-Experiment, das Gewichte aus einer Vielfalt von Materialen wie Messing, Kork, Glas, etc. verwendete, das Gesetz von Galilei stark untermauert.

Ein anderes interessantes Resultat ist das von L. Southerns [299], der dieses Gesetz auch für Uran bestätigte. In solcher Weise wurde demonstriert, daß auch die der nuklearen Bindungsenergie entsprechende träge Masse eine entsprechende schwere Masse besitzt.

Dicke und seine Kollegen in Princeton trieben in den frühen 60er Jahren [255] die Genauigkeit des Eötvös-Experiments noch weiter. Aus verschiedenen technischen Gründen verwendeten sie die inertialen Kräfte, die von der Beschleunigung ihres Apparats gegen die *Sonne* herrührten, und nicht von der der Erdrotation. Ihre Anordnung bestand aus einer horizontalen, dreiecksförmigen Waage mit Gewichten (zwei aus Aluminium und eines aus Gold) an den Scheitelpunkten, die an einem Quarzfaden aufgehängt war. Dies alles befand sich in einem evakuierten Behälter. Bei der Elimination von Störeffekten war große Vorsicht geboten. Der ganze Apparat wurde in einer 3,66 m tiefen Grube aufgestellt und dort für lange Zeit ungestört belassen (wobei die notwendige Rotation von der Erde selbst ausgeführt wurde), wobei die Steuerung automatisch und stetig war. Dickes Team schloß, daß ,,Aluminium und Gold mit der gleichen Beschleunigung gegen die Sonne fallen, wobei die Beschleunigungen sich voneinander höchstens um 1 zu 10^{11} unterscheiden''. Dies bedeutete eine wenigstens zweihundertmal größere Genauigkeit als die von Eötvös.

Das Gesetz von Galilei ist fundamental für das *Äquivalenzprinzip*. Laut diesem ist ein Gravitationsfeld lokal von einer Beschleunigung des Bezugssystems nicht zu unterscheiden. Im Jahr 1911 schlug Einstein [84] dieses Prinzip zum erstenmal vor, wobei er in folgender Weise argumentierte: Man betrachte zwei Bezugssysteme. Das erste, K, ist in einem homogenen Gravitationsfeld, das zum Beispiel in einem kleinen Gebiet der Erdoberfläche vorliegt, in Ruhe. Das Feld übt auf freie Körper in der negativen z-Richtung die Beschleunigung g aus (Bild 38 a). Das zweite System, K', bezieht sich auf ein Raumgebiet, in dem sich kein Gravitationsfeld befindet. Es wird in der Richtung seiner z'-Achse mit der konstanten Rate g beschleunigt (Bild 38 b). (Uns betreffen hier nicht die Schwierig-

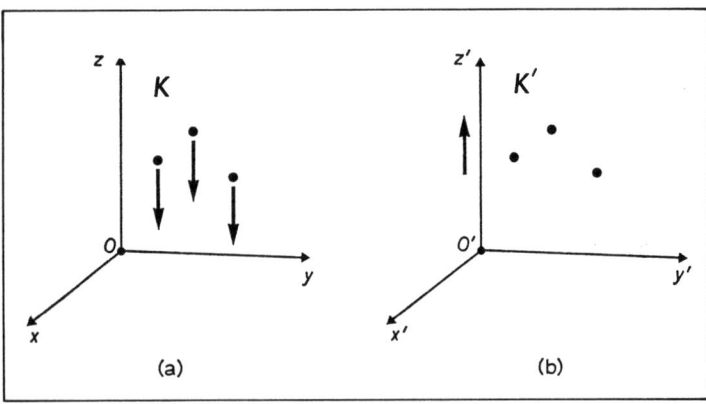

(a)   (b)

Bild 38 a) Das Bezugssystem K ruht in einem homogenen Gravitationsfeld. Freie Körper fallen mit konstanter Beschleunigung g. b) Das Bezugssystem K' wird konstant mit g beschleunigt. Es gibt kein Gravitationsfeld. Freie Körper ,,fallen'' mit konstanter Beschleunigung g.

keiten, ein solches beschleunigtes Bezugssystem zu definieren: die Newtonsche Näherung reicht aus.)

In den beiden Systemen ist die Bewegung freier Körper exakt die gleiche. Im einen Fall werden sie als unter der Wirkung eines „wirklichen" Gravitationsfelds beschleunigt angesehen; im anderen Fall gibt es ein „scheinbares" Gravitationsfeld aufgrund der Beschleunigung des Bezugssystems. Es scheint daher keinen Unterschied zwischen dem „wahren" und dem „scheinbaren" Feld zu geben, vorausgesetzt, daß das Gesetz von Galilei *strikt* gilt. Selbst ein kleiner Unterschied in den Fallbeschleunigungen verschiedener Substanzen im Gravitationsfeld würde das Argument ungültig machen.

Hingegen ist die Behauptung, daß die Systeme K und K' in jeder Hinsicht äquivalent sind, viel mehr als eine Reformulierung des Gesetzes von Galilei, das über nichtgravitative Vorgänge nichts aussagt. Es war zum Beispiel im Jahr 1911 nicht bekannt, ob elektromagnetische Experimente eine Unterscheidung zwischen den beiden Systemen ermöglichen. Einstein meinte, daß es keine Unterscheidungsmöglichkeit gibt, und sagte:

„Die Erfahrung des gleichen Fallens aller Körper im Gravitationsfeld ist eine der universellsten, die die Beobachtung der Natur hervorbrachte. Trotzdem hat dieses Gesetz seinen Platz in den Grundlagen unserer Vorstellungen über das physikalische Universum nicht gefunden."

„Wir gelangen aber zu sehr befriedigenden Interpretationen des Erfahrungssatzes, wenn wir annehmen, daß die Systeme K und K' physikalisch genau gleichwertig sind, d.h., wenn wir annehmen, man könne das System K ebenfalls als in einem von einem Schwerefeld freien Raum befindlich annehmen; dafür müssen wir K dann aber als gleichförmig beschleunigt betrachten."

Eine andere Art, die Gleichwertigkeit auszudrücken, ist die Feststellung, daß ein im homogenen Gravitationsfeld freifallendes Bezugssystem von einem Inertialsystem nicht unterscheidbar ist. Dies könnte von einem hartnäckigen Liftpassagier bestätigt werden, der sorgfältige Beobachtungen durchführt zwischen dem Zeitpunkt, in dem das Liftseil reißt und dem Augenblick, in dem er am Boden aufschlägt. Aber die Gravitationsfelder in der Natur sind nicht gleichförmig. Das Feld in der Nähe der Erdoberfläche ist radial in Richtung des Erdmittelpunkts gerichtet, und Gravitationsfelder verlaufen im allgemeinen unregelmäßig. Daher hat das Äquivalenzprinzip streng lokalen Charakter und gilt nur in jenen kleinen Gebieten, in denen die Änderung der Stärke und Richtung des Gravitationsfeldes vernachlässigbar ist. In seinem sehr persönlichen Zugang zur allgemeinen Relativitätstheorie betonte Fock [103] den Unterschied zwischen dem Gesetz der Proportionalität von träger und schwerer Masse und dem Äquivalenzprinzip. Das erstere ist ein integraler

Bestandteil der allgemeinen Relativitätstheorie, da es die Bahnen (kleiner) frei fallender Körper als unabhängig von ihrer inneren Zusammensetzung vorhersagt. Es ist daher „ein fundamentales Gesetz allgemeinen Charakters, während das Äquivalenzprinzip strikt lokal ist". (Weiter behauptet Fock allerdings, daß das Prinzip „in nicht uneingeschränkter Weise Teil von Einsteins Gravitationstheorie ist, wie sie durch die Gleichungen des Schwerefeldes ausgedrückt wird." Das ist ein eher extremer Standpunkt.)

Wir werden nun annehmen, daß das Prinzip gültig ist, und es in einer Näherungsrechnung verwenden, die die Wirkung eines Gravitationsfeldes auf den Uhrengang bestimmt. Nehmen wir an, daß eine Standarduhr A auf dem Boden plaziert ist und eine zweite, B, sich vertikal über A in der geringen Höhe H befindet. Wenn B während jeder Einheit der Zeit in ihrem System n Lichtsignale aussendet, wie groß ist dann der Abstand der in A empfangenen Signale? (In dieser vollkommen statischen Situation muß man annehmen, daß aufeinanderfolgende Signale für den Flug von einer Uhr zur anderen die gleiche Zeit brauchen, und daher die Abstände beim Empfang der Signale das von A aus gesehene Maß für den Uhrengang von B darstellen.)

In Bild 39. a) haben wir K als das (annähernd inertiale) Bezugssystem der Erde, mit z-Achse vertikal nach oben, gewählt. Eine „äquivalente" Situation ist eine, in der es kein Gravitationsfeld gibt und in der A und B starr in der Entfernung H voneinander getrennt werden. Beide werden mit g in der Richtung AB beschleunigt. Es sei K_0 ein Inertialsystem, in dem A und B anfangs ruhen und in dem kein Gravitationsfeld existiert. Wir müssen nur die ersten paar Signale betrachten. In K_0 werden diese Signale von B ungefähr die Zeit H benötigen (mit

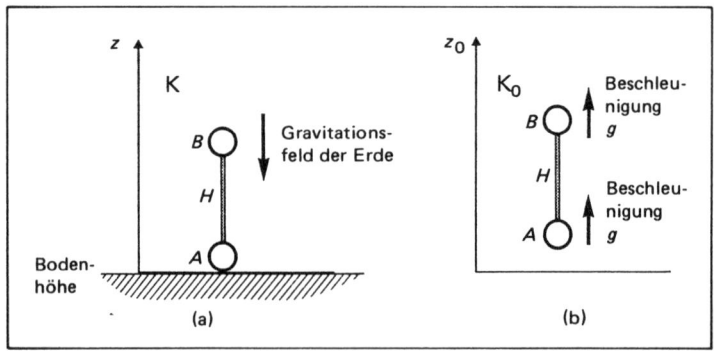

Bild 39 a) Uhr B ruht in der Höhe H über Uhr A, die sich am Boden befindet. b) Uhren A und B sind in der festen Entfernung H voneinander und werden im System K_0, in dem kein Gravitationsfeld existiert, mit g beschleunigt.

Geschwindigkeit 1), um A zu erreichen, da sich A während des Hinfliegens eines Lichtsignales wenig bewegt. Daher kommen die Signale gerade dann an, wenn die Geschwindigkeit von A gH ist (in der Newtonschen Näherung). Aufgrund der Formel für den Doppler-Effekt wird die Empfangsrate wegen der Bewegung von A um den Faktor $1 + gH$ erhöht. Daher ist seine Empfangsrate

$$n' = (1 + gH)\, n \tag{6.1}$$

Die Größe gH ist der Betrag, um den das Gravitationspotential bei B den bei A im ursprünglichen Problem übertrifft (Bild 39 a)). Eine detailliertere Analyse führt zu dem allgemeinen Resultat, daß eine Standarduhr, die an einem Punkt fixiert ist, in dem das Gravitationspotential um U höher ist als im Beobachtungspunkt, immer um den Faktor $1 + U$ vorgeht. Wenn sich eine Uhr an einem Punkt befindet, in dem das Potential niedriger als im Beobachtungspunkt ist, scheint sie nachzugehen, und wieder ist der Faktor $1 + U$, wobei U nun negativ ist. Wenn wir daher eine Uhr langsam an die Spitze eines Gebäudes heben und sie nach langer Zeit wieder zum Boden herabsenken, müßten wir feststellen, daß sie nun vorgeht.

Ein Beispiel für einen Uhrenmechanismus sind die Schwingungen eines Atoms oder die Frequenz des von ihm emittierten Lichts. Das Gravitationspotential nahe der Sonnenoberfläche ist niedriger als das der Erde (da man mehr Arbeit benötigt, um einen massiven Körper aus dem Gravitationsfeld der Sonne zu entfernen, als man wiedergewinnen würde, wenn man ihn zur Erdoberfläche herabsenkt). Daher sollten die Spektrallinien des Sonnenlichts gegen das rote Ende des Spektrums verschoben sein, wenn das Licht mit dem aus unseren irdischen Quellen verglichen wird. Das Ausmaß dieser Rotverschiebung ist sehr klein und entspricht einer Frequenzänderung von nur 2 zu einer Million. Frühe Versuche diese Rotverschiebung zu messen, waren unzuverlässig. Sodann schien es, daß Beobachtungen des Lichts vom dichten Begleitstern des Sirius, wo der Effekt deutlicher ausfällt, das vorhergesagte Resultat besser bestätigten [295]. Aber in jüngerer Zeit verwendete J. Brault, ein Student Dickes, ein von ihm selbst entworfenes, spezielles Spektrometer, um die Rotverschiebung des Sonnenlichtes aufs Neue zu messen. Er bestätigte den vorhergesagten Betrag innerhalb einer Genauigkeit von etwa 5 Prozent [255].

Man kann die Formel für die gravitative Rotverschiebung auch unter Verwendung des Gesetzes von der Erhaltung der Energie herleiten. Wenn ein Photon mit Frequenz ν_B von B ausgesandt wird, sind seine Masse m und Energie E durch die Relationen

$$m = E = h\nu_B \tag{6.2}$$

verknüpft, wobei h die Plancksche Konstante ist. Wenn das Photon von B zu einem Punkt niedrigeren Potentials fällt, gewinnt es aus dem Gravitationsfeld Energie. Bei der Ankunft in A beträgt dieser Energiegewinn mU.

Das ergibt als Gesamtenergie

$$h\nu_A = h\nu_B + mU \qquad (6.3)$$

Indem wir m mittels (6.2) durch $h\nu_B$ ersetzen, erhalten wir das erwartete Resultat:

$$\nu_A = \nu_B (1 + U).$$

Wir bemerken hier, daß die Rotorexperimente unter Verwendung des Mössbauer-Effekts, die in Kapitel 5 beschrieben wurden, mit Hilfe des Äquivalenzprinzips interpretiert werden können. Die Zentrifugalkraft auf ein Teilchen mit Einheitsmasse, das in der Entfernung r vom Mittelpunkt auf einem Rotorarm befestigt ist, beträgt $r\omega^2$, wobei ω die Winkelgeschwindigkeit der Rotation ist. Die von einer solchen Kraft geleistete Arbeit ist, wenn das Teilchen sich vom Radius R_1 zum Radius R nach außen bewegt,

$$\omega^2 \int_{R_1}^{R} r\, dr = \frac{1}{2}\omega^2 (R - R_1),$$

was man auch als den Potentialabfall zwischen R_1 und R im „scheinbaren" Gravitationsfeld des rotierenden Bezugssystems des Rotors auffassen kann. Das Resultat (5.9) folgt daraus sofort, wenn man die verschiedenen Zeiteinheiten berücksichtigt, die dort verwendet werden.

Wenden wir uns nun der Frage des Ganges von Satellitenuhren zu. Zwei Effekte müssen hauptsächlich berücksichtigt werden: ein gravitativer und einer aufgrund der Doppler-Verschiebung. Wenn wir die Erde als perfekt kugelförmig ansehen, dann ist aufgrund der Newtonschen Theorie das Gravitationspotential in einem äußeren Punkt in Entfernung r vom Mittelpunkt gleich $\frac{-GM}{r}$, wobei M die Masse der Erde und G die Gravitationskonstante ist. Daher übertrifft das Potential im Radius r das auf der Erdoberfläche (Radius r_0) um den Betrag

$$U = GM \left(\frac{1}{r_0} - \frac{1}{r} \right).$$

Eine Uhr, die in einem Bezugssystem, das der Erde folgt, ruht (aber nicht rotiert), und sich im Radius r befindet, würde vom Boden aus gesehen mit diesem Wert für U um den Faktor $1 + U$ vorgehen.

Für einen Satelliten in einer Kreisbahn ist die Geschwindigkeit im nichtrotierenden System aufgrund der Newtonschen Dynamik $v = \sqrt{\frac{GM}{r}}$, was zum Zeitdilatationsfaktor

$$\sqrt{(1 - v^2)} \doteq 1 - \frac{1}{2}v^2 = 1 - \frac{GM}{2r}$$

führt, der in umgekehrter Richtung wie der gravitative Effekt wirkt. Wenn wir die relativ langsame Bewegung der Uhren auf dem Erdboden, im gegebenen Bezugssystem, vernachlässigen, finden wir, daß der Gang der Satellitenuhr schneller (oder langsamer) um den Faktor

$$(1 + U) \left(1 - \frac{1}{2}v^2\right) \simeq 1 + U - \frac{1}{2}v^2 = 1 + GM \left(\frac{1}{r_0} - \frac{3}{2r}\right) \qquad (6.4)$$

ist.

Wenn die Höhe des Satelliten gerade 3200 km beträgt (die Hälfte des Erdradius), ist r gleich $\frac{3r_0}{2}$, und der Wert von (6.4) ist 1. In diesem kritischen Fall heben einander die beiden Effekte auf, und die Satellitenuhr geht gleich wie die auf dem Erdboden. Oberhalb dieser Höhe wird die Satellitenuhr schneller (was einen Weg nahelegt, McCreas Prinzip der Unmöglichkeit zu verletzen, wenn auch nur in sehr geringem Ausmaß!) und unterhalb dieser kritischen Höhe wird sie langsamer. In Bild 40 wird die Abhängigkeit des Uhrengangs (in Sekunden pro Jahrhundert) von der Höhe (km) gezeigt.

Cochran [36] wies darauf hin, daß ein anderes Beispiel einer „bewegten" Uhr, die gegenüber irdischen Uhren vorgeht, auftritt, wenn die erstere vertikal in die Höhe geworfen und dann wie ein Ball aufgefangen wird. (Die experimentelle Verifikation wäre hier natürlich schwierig.)

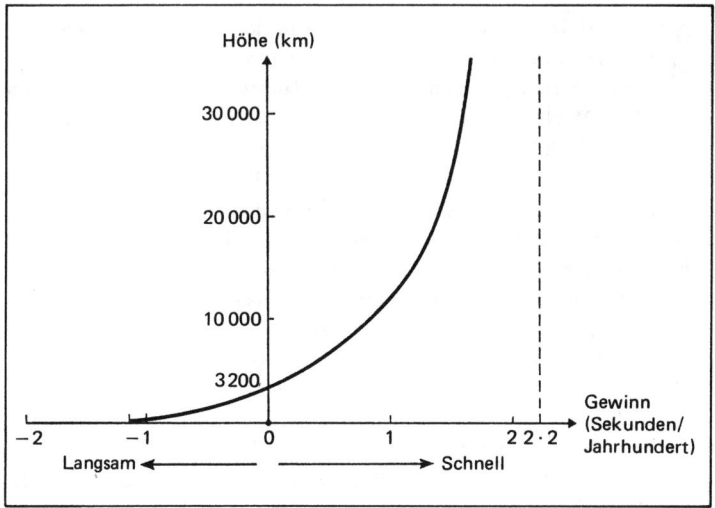

Bild 40 Abhängigkeit des Gangs einer Satellitenuhr von der Höhe der Kreisbahn

Banesh Hoffmann [120] betrachtete das Messen der Gangdifferenz einer *irdischen* Uhr zu Mittag und bei Mitternacht aufgrund der verschiedenen Entfernungen von der Sonne. Er stellte fest, daß der Effekt sich praktisch mit der Dopplerverschiebung weghebt, aber wies darauf hin, daß Abweichungen vom Äquivalenzprinzip innerhalb des Fehlers, der im Experiment von Pound und Rebka zugelassen ist (etwa 10 Prozent), von seinem eigenen Experiment gemessen werden könnten. Er betrachtete auch, gemeinsam mit W. T. Sproull, die Änderung im Uhrengang durch die Entfernungsänderung zwischen Erde und Sonne aufgrund der Elliptizität der Erdbahn [121]. Diese Änderung kommt durchaus in Betracht (die maximale relative Variation beträgt ungefähr $4.9 \cdot 10^{-16}$), aber die Messung erfordert unangenehmerweise den Vergleich des Gangs einer einzelnen Uhr in Intervallen von sechs Monaten.

Bisher haben wir das Äquivalenzprinzip verwendet, um das Verhalten von Uhren im Gravitationsfeld zu untersuchen. Wir werden es später in diesem Kapitel zu einer Behandlung des Uhrenparadoxons benützen.

6.2 Der Karussell-Zugang zur allgemeinen Relativitätstheorie

Das Studium rotierender Bezugssysteme, wie etwa das eines sich drehenden Karussells, spielte bei der Entstehung der allgemeinen Relativitätstheorie eine bedeutende Rolle. Es wird nützlich sein, diese Systeme als einen Einstieg in diese Theorie kurz zu untersuchen.

In der speziellen Relativitätstheorie, wie auch in der Newtonschen Theorie, sind Rotationen absolut, d.h. sie sind relativ zu einer vorher festgelegten, eher abstrakten Menge von Inertialsystemen. Hingegen glaubte Einstein (wie vor ihm Bishop Berkeley, Ernst Mach und andere), daß der Begriff der Rotation eines Körpers nur sinnvoll in Bezug auf seine Bewegung relativ zu anderen Körpern ist. Nehmen wir aber an, daß die Zentrifugalkraft, die ein Karussell-Fahrer verspürt, der Rotation relativ zu entfernter Materie (in Form von Galaxien) zugeschrieben wird. Sollten da nicht die Gesetze der Physik vorhersagen, daß eine entsprechende nach außen gerichtete Kraft auch auf Passagiere eines „stationären" Karussells wirkt, um das sich die entfernten Galaxien drehen? Einsteins erstes Ziel bei der Konstruktion der neuen Theorie war es, jede Unterscheidung dieser zwei Aspekte ein und derselben Relativbewegung zu eliminieren: „Die Gesetze der Physik müssen so beschaffen sein, daß sie in bezug auf beliebig bewegte Bezugssysteme gelten." [85]

Der Begriff eines beschleunigten Systems (im speziellen der eines rotierenden) ist, wie wir wissen, schwer zu definieren, weil es keine wirklich befriedigende Definition für die Starrheit des „Gerüsts" des Bezugssystems gibt. Der beste Ausweg aus dieser Schwierigkeit ist es, zulässigen Systemen so wenige Einschränkungen wie möglich aufzuerlegen, und fast jedes vorstellbare Schema zur Bezeichnung von Ereignissen bei der Formulierung der physikalischen Gesetze zuzulassen. Daher sind all diese Schemata in gleicher Weise akzeptabel. Jedes Ereignis soll durch eine Menge von vier Zahlen oder *Koordinaten* (x^1, x^2, x^3, x^4) beschrieben werden, von denen die ersten drei raumartigen Charakter und die vierte zeitartigen Charakter haben. Das heißt, daß, wenn die Koordinaten zweier Ereignisse, mit Ausnahme einer kleinen Differenz in ihren x^4-Werten, übereinstimmen, diese Ereignisse in irgendeinem Sinn zu verschiedenen *Zeiten* und nicht an verschiedenen *Orten* stattfinden. (Genauer, man nimmt an, daß ein Beobachter sich im Prinzip so bewegen kann, daß er sich in beiden Ereignissen befinden kann, und daß seine Uhr verschiedene Zeiten für diese zeigen würde, wobei das spätere das mit der größeren x^4-Koordinate ist. Man nimmt aber *nicht* an, daß x^4 der Ablesung irgendeiner Standarduhr entspricht.) Andererseits finden zwei Ereignisse mit gleichen x^4-Koordinaten, aber wenig verschiedenen Werten der x^1-, x^2- oder x^3-Koordinaten, gleichzeitig aber an verschiedenen *Orten* im lokalen Inertialsystem eines freifallenden Beobachters statt. Es ist in diesem Sinn, daß man die ersten drei Koordinaten als *raumartig* bezeichnet.

Die Feststellung, daß jedes derartige Koordinatensystem so gut wie jedes andere bei der Formulierung der Gesetze der Physik ist, heißt *Prinzip der allgemeinen Kovarianz* und wurde zunächst in Einsteins (1916) Papier („Die Grundlage der allgemeinen Relativitätstheorie") in der folgenden Weise [85] formuliert:

„Die allgemeinen Naturgesetze sind durch Gleichungen auszudrücken, die für alle Koordinatensysteme gelten, d.h. die beliebigen Substitutionen gegenüber kovariant sind."

Tatsächlich weiß man heute, daß praktisch jede Theorie mit hinreichender Erfindungsgabe (inbegriffen die Newtonsche Theorie) in allgemein kovarianter Form angeschrieben werden kann.

Die allgemeine Relativitätstheorie entstand sodann durch eine Kombination der beiden Prinzipien von *allgemeiner Kovarianz* und *Äquivalenz*. Aufgrund des letzteren ist das scheinbare Gravitationsfeld, das aus der Beschleunigung eines Bezugssystems resultiert, von einem wirklichen Gravitationsfeld nicht unterscheidbar. Daher sollte jede Theorie, die in zufriedenstellender Weise mit beliebigen Koordinatensystemen fertig wird, auch Gravitationsfelder in natürlicher Weise beschreiben können. Dies ist nicht der Fall bei der Newtonschen und der speziellen Relativitätstheorie.

Das Studium des rotierenden Karussells legt nahe, daß die neue Theorie geometrisch sein sollte. Wir können das aus dem folgenden Beispiel Einsteins ersehen. Stellen wir uns einen auf den Boden gezeichneten Kreis vor, der nahe beim kreisförmigen Rand des Karussells liegt. Nehmen wir weiter an, daß ein auf dem Boden ruhender Beobachter und ein Karussellfahrer beide versuchen, den Wert der Zahl π zu bestimmen, indem sie Umfang und Radius dieser beiden Kreise mit identischen, kurzen Maßstäben abmessen. Im Inertialsystem S des Bodens mögen m aneinandergelegte Stäbe den Umfang des Kreises auf dem Boden ausfüllen, und n aneinandergelegte Stäbe sollen entlang des Radius benötigt werden (Bild 41). Dann ist

$$\frac{m}{2n} = \pi = 3,14159\ldots$$

Es sei die Zahl der Stäbe auf dem Karussell, die um den Rand herum benötigt werden, gleich m'. Von S aus gesehen bewegt sich jeder dieser Stäbe entlang seiner eigenen Länge parallel zu einem der m Stäbe auf dem Boden, und zeigt daher die Fitzgerald-Lorentz-Kontraktion. Daher werden mehr von den kontrahierten Stäben rund um den (effektiv) gleichen Kreis benötigt. Daher ist m' größer als m. Dies ist natürlich ein absolutes Resultat, das nicht von den Beobachtern, die die beiden Zahlen vergleichen, abhängt. Betrachten wir nun die Stäbe, die entlang der Radien in den beiden Systemen liegen. In S bewegen sich die Karussell-Stäbe transversal zu denen auf dem Boden. Daher gibt es keine Fitzgerald-Lorentz-Kontraktion. (Wenigstens ist dies der Fall, wenn wir annehmen, daß die Länge

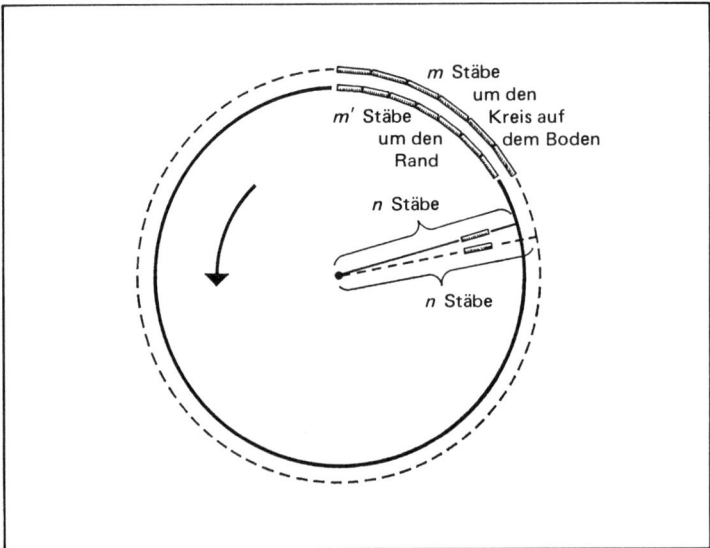

Bild 41 Durchgehende Linien beziehen sich auf das Karussell und durchbrochene Linien beziehen sich auf den Boden. Die zwei Kreise stimmen nahezu überein.

eines kurzen Stabes nur von seiner Geschwindigkeit, aber nicht von seiner Beschleunigung abhängt — die *Stab-Hypothese*. Wir halten fest, daß irdische Experimente, die die Kontraktionsformel bestätigen, gerade in solchen rotierenden Systemen durchgeführt wurden, und zwar dem der Erde, in dem vergleichbare Beschleunigungen vorliegen.) Daher liegt die gleiche Zahl von Stäben entlang eines Radius in beiden Systemen. Daraus folgt, daß eine Karussell-Rechnung für π den größeren Wert $m'/2n$ ergibt.

Aus diesem Gedankenexperiment kann man den Schluß ziehen, daß die räumliche Geometrie auf dem rotierenden Karussell, wie sie durch Standardmaßstäbe bestimmt wird, nicht dieselbe ist wie auf einer euklidischen Ebene. Wir würden zum Beispiel feststellen, daß, wenn ein Karussell-Fahrer drei Punkte A, B, C auf dem Karussell als Endpunkte eines Dreiecks wählt, dessen Seiten Geodäten sind (Linien kürzester Länge aufgrund seiner Messungen), die Winkel in A, B und C zusammen nicht genau 180° ergeben, sondern etwas weniger. (Geodätische Dreiecke auf der Erdoberfläche, die aus Bögen von Großkreisen bestehen, haben die *umgekehrte* Eigenschaft.)

Arzeliès [2] gab eine ausführlichere Diskussion rotierender Karussells. Er beantwortet viele mögliche Einwände und zitiert viele Arbeiten. Vielleicht sollte man hier eine spezifische Eigenschaft der Zeitmessung erwähnen. Es möge eine große Zahl von Standarduhren, C_1, C_2, ... C_n, in gleichem Abstand auf einem Kreis befestigt sein, der konzentrisch zum Rand des Karussells ist. Wenn der Radius des Kreises r und die Winkelgeschwindigkeit der Rotation ω ist, wird von S aus gesehen jede Uhr um den Dilatationsfaktor $\sqrt{(1 - r^2\omega^2)}$ nachgehen. Wenn aber der Fahrer versucht, die Uhren mit Hilfe der Einstein-Vorschrift zu synchronisieren, ist er zum Scheitern verurteilt. Er möge C_2 mit C_1 synchronisieren, sodann C_3 mit C_2, und so weiter. Wenn er dies mit C_n getan hat, wird er feststellen müssen, daß diese mit der benachbarten Uhr C_1 nicht synchronisiert ist. Fielen solche Rotationseffekte deutlicher aus als sie dies tatsächlich bei niedrigen Geschwindigkeiten tun, wäre das Leben auf der Erde sehr kompliziert!

Eine wesentliche Eigenschaft der euklidischen Ebene ist die allgemeine Gültigkeit des Lehrsatzes von Pythagoras. Wenn etwa dx, dy die Differenzen der kartesischen Koordinaten (x, y) zweier benachbarter Punkte bezeichnet, ist die Entfernung dl zwischen ihnen durch

$$dl^2 = dx^2 + dy^2 \tag{6.5}$$

gegeben. Nur wenn die Geometrie einer Fläche die der euklidischen Ebene ist, können ihre Punkte so durch (x, y) bezeichnet werden, daß (6.5) gilt. Daher ist dies nicht auf der Oberfläche einer Kugel oder auf einer rotierenden Scheibe möglich.

Die Geometrie der zweidimensionalen Minkowski-Raum-Zeit (x, t) ist ‚pseudo-euklidisch' und hat einige analoge Züge zu denen der euklidischen Ebene. Hier ist die Größe, die dl in (6.5) entspricht, keine gewöhnliche Entfernung, sondern eine reelle oder imaginäre Größe ds, die mit zwei benachbarten Ereignissen mit um dx, dt verschiedenen Koordinaten verknüpft ist, wobei

$$ds^2 = dt^2 - dx^2 \qquad (6.6)$$

Wenn die fraglichen Ereignisse auf der Weltlinie eines bewegten Körpers liegen, ist $\frac{ds}{dt}$ die momentane Geschwindigkeit v und, wegen (6.6),

$$\begin{aligned} ds &= \sqrt{(dt^2 - dx^2)} \\ &= dt \sqrt{\left\{ 1 - \left(\frac{dx}{dt} \right)^2 \right\}} \\ &= dt \sqrt{(1 - v^2)}, \end{aligned} \qquad (6.7)$$

was das Eigenzeit-Intervall zwischen den Ereignissen darstellt. Die Eigenzeit hängt nicht vom verwendeten Inertialsystem ab. Wir erhalten daher in einem anderen System (x', t') denselben Wert für die Größe ds aus der Formel

$$ds^2 = dt'^2 - dx'^2 \qquad (6.8)$$

Dies kann man auch direkt aus den Gleichungen für die Lorentztransformation (2.9) herleiten.

Es ist die Grundlage der allgemeinen Relativitätstheorie, daß die vierdimensionale Raum-Zeit eine *Riemannsche* Struktur besitzt. Das heißt, daß ihre geometrischen Eigenschaften mit Hilfe einer meßbaren Größe ds beschrieben werden, die mit jedem Paar benachbarter Ereignisse, deren Koordinaten (von der früher beschriebenen allgemeinen Art) um dx^1, dx^2, dx^3, dx^4 differieren, verknüpft ist und daß ds^2 quadratisch in den dx ist. Weiter nimmt man an, daß (wie im obigen Fall) der Wert von ds unabhängig vom verwendeten Koordinatensystem ist und daß, wenn die Ereignisse auf einer Weltlinie liegen, ds das Eigen-Zeit-Intervall zwischen ihnen ist. Bei völliger Abwesenheit von schwerer Masse ist die Raum-Zeit die pseudo-euklidische Raum-Zeit von Minkowski, für die die *Metrik ds^2*, in offensichtlicher Verallgemeinerung von (6.6),

$$ds^2 = dt^2 - dx^2 - dy^2 - dz^2 \qquad (6.9)$$

in den einem Inertialsystem entsprechenden Koordinaten ist.

Bei Anwesenheit gravitierender Materie nimmt man an, daß die Geometrie in einer bestimmten Weise, die durch die Gleichungen der Gravitationstheorie vorgeschrieben ist, gekrümmt wird. Um das Gesetz von Galilei einzubauen, ist es notwendig anzunehmen, daß die Bewegung freier Testteilchen nur entlang von Wegen stattfindet, die durch die Raum-Zeit selbst ausgezeichnet sind, denn diese Wege dürfen nicht von der Masse oder der Zusammensetzung der Test-Körper abhängen.

Es gibt nur sehr wenige Klassen solcher Wege. Als Verallgemeinerung der Trägheits-
bewegung von Test-Teilchen in der Minkowski-Raum-Zeit ist es natürlich anzunehmen (wie das die allgemeine Relativitätstheorie auch tut), daß die Weltlinien dieser Körper immer (zeitartige) *Geodäten* sind. (Wenn das Eigen-Zeit-Intervall
($\int ds$) entlang einer bestimmten Weltlinie zwischen den Ereignissen A und B grös-
ser als das entlang jeder anderen Weltlinie zwischen ihnen ist, heißt der erstere
Weg eine zeitartige Geodäte.) Die Annahme geodätischer Bewegung für freifallende
Körper stimmt in glänzender Weise mit der Beobachtung überein. Hingegen können
die Gleichungen, die diese Wege in der Raumzeit bestimmen, auch andere Lösungen
– ebenfalls Geodäten genannt – haben, die nicht jene größter Eigenzeit sind.

Es gibt ein bekanntes Analogon bei gekrümmten zweidimensionalen Flächen.
Der kürzeste Weg von, sagen wir, London nach New York kann bestimmt werden,
indem man zwischen den Orten dieser Städte auf einem Globus eine Faden legt.
Dieser wird natürlich entlang des Bogens eines Großkreises liegen, und alle kürzesten
Wege zwischen Punktepaaren auf einem Globus liegen entlang solcher Bögen. Aber
es existiert auch ein zweiter Teil eines Großkreises von London nach New York
(der verbleibende größere des ursprünglichen Großkreises). Dieser stellt nicht den
kürzesten Weg dar. Aber dieselben mathematischen Gleichungen liefern ohne Unterschied die zwei Arten von Wegen.

Wenn in der allgemeinen Relativitätstheorie solche Situationen (mit zeitartigen Geodäten, die nicht Wege größter Eigenzeit sind) nicht existierten, würde die
Theorie sicher für einen Beobachter im freiem Fall zwischen zwei Ereignissen das
größtmögliche Altern vorhersagen. Tatsächlich tritt dies immer ein, wenn die Ereignisse sehr nahe zusammenliegen und wir Wege freien Falls nur mit *wenig* verschiedenen vergleichen, denen etwa Raumschiffe mit *sehr* schwachen Motoren folgen würden. Eine Analyse der Bedingungen, wann geodätische Wege solche größter
Eigenzeit sind, führte Robert Boyer [14] durch.

Mikhail [176] betrachtete ein Beispiel zweier Uhren, die sich voneinander
trennen und wieder zusammenkommen, wobei jede in der Zwischenzeit frei fällt.
Die Situation ist die gleiche wie die von Cochran untersuchte (Abschnitt 6.1). Ein
in einer Kreisbahn um die Erde fliegendes Raumschiff wirft eine Uhr nach oben,
d.h. radial von der Erde weg und fängt sie bei der nächsten Runde auf. Hier sind
die Weltlinien des Satelliten beide Geodäten in der Raum-Zeit eines kugelförmigen
gravitierenden Körpers, für den die Metrik (die auf Schwarzschild zurückgeht)

$$ds^2 = \left(1 - \frac{2m}{r}\right) dt^2 - dr^2 \bigg/ \left(1 - \frac{2m}{r}\right) - r^2 d\theta^2 - r^2 \sin^2\theta \, d\phi^2$$

ist, wobei m eine Massenkonstante, r eine radiale Koordinate, θ und ϕ (geographi-
sche) Breite und Länge und t eine Zeit-Koordinate ist. Mikhail findet, so wie
Cochran, heraus, daß eine Satellitenuhr für den Zeitraum der Trennung eine kürzere Zeit anzeigt als die geworfene Uhr.

In unserer Behandlung des Zwillingsparadoxons in der speziellen Relativitätstheorie legten wir großen Wert auf die dynamische Asymmetrie aufgrund des Faktums, daß der *eine* Zwilling einen Raketenmotor benützt und der andere nicht. Nun finden wir aber, daß, bei Anwesenheit eines wirklichen Gravitationsfeldes das Vergehen der Zeit in asymmetrischer Weise sogar dann auftreten kann, wenn keiner der Zwillinge einen Motor benützt. Eine Asymmetrie liegt aber sowohl im ersteren wie auch beim gegenwärtigen Problem vor, und zwar in der Verschiedenheit der Aspekte, die für Beobachter entlang verschiedener Wege in der Raum-Zeit auftreten können.

6.3 Und nocheinmal: das Paradoxon

Wir werden abschließend einige Versuche beschreiben, das Uhrenparadoxon in der Minkowski-Raum-Zeit unter Anwendung von Techniken aus der allgemeinen Relativitätstheorie „aufzulösen". Die Notation ist die aus Abschnitt 4.1.

Einstein scheint der erste gewesen zu sein, der dieses Problem mit Hilfe der allgemeinen Relativitätstheorie behandelte [86]. Er veröffentlichte keine detaillierten Rechnungen, aber beschrieb in allgemeinen Worten den Standpunkt des Reisenden M. Wenn M beschleunigt wird, kann er sich wegen des Äquivalenzprinzips auf den Standpunkt stellen, daß seine Motoren ihn gegen ein homogenes Gravitationsfeld in Ruhe halten. Da R keine Motoren benützt, fällt er in diesem Gravitationsfeld frei. Betrachten wir nun lediglich den Zeitraum des Umkehrens nach Zurücklegen eines Weges: R wird durch das Feld zu M hin beschleunigt und ist daher in einem Punkt höheren Gravitationspotentials als M. Aber Uhren in einem höheren Gravitationspotential gehen schneller. Daher ist die Zeit, die entlang $M_1 N_1$ verrinnt, größer als die entlang $M'N'$ in Bild 24. Paradoxon liegt nunmehr keines vor.

Eine detaillierte, wenn auch genäherte Rechnung der Zeitmessung während der verschiedenen Stadien der Reise, wie M sie erlebt, wurde von Tolman im Jahr 1934 mit ähnlichen Überlegungen [227] durchgeführt. Aber sein Argument beinhaltet einen Zirkelschluß, worauf Builder [18] besonders hinwies. Denn die Abhängigkeit des Ganges einer Uhr vom Gravitationspotential wurde von Tolman durch Betrachtung von Beobachtungen in einem beschleunigten System, unter Verwendung des Äquivalenzprinzips, berechnet. Wenn die so erhaltene Formel auf das scheinbare, von M's Beschleunigung herrührende, Gravitationsfeld angewandt wird, kann nichts gefolgert werden, das nicht auch direkt durch Untersuchung von M's System ohne Einführung des Scheinfeldes gefunden werden kann. Builder:

„Diese umständliche Prozedur brachte es zu Wege, das Paradoxon eher zu verschleiern als aufzulösen. Man braucht kaum darauf hinzuweisen, daß diese Vorgangsweise ungültig wäre, wenn die spezielle Relativitätstheorie nicht tatsächlich auf das betrachtete Problem anwendbar wäre."

Im Jahr 1943 später in einer ähnlichen Diskussion in seinem Buch, gab Möller [178;179] eine vollständige und exakte Behandlung, indem er ein starr beschleunigtes Bezugssystem,- wie das in Abschnitt 4.1 beschriebene, einführte. Seine Vorgangsweise kann man mit Bild 25 veranschaulichen. Die Substitution (siehe 4.4)

$$1 + ax = (1 + aX) \cosh aT, \qquad\qquad (6.10)$$

$$at = (1 + aX) \sinh aT \qquad\qquad (6.11)$$

bringt die zweidimensionale Minkowski-Metrik (6.6) in eine Form, die sich auf die X-, T-Koordinaten des beschleunigten Beobachters bezieht, d.h.

$$ds^2 = (1 + aX)^2 \, dT^2 - dX^2. \qquad\qquad (6.12)$$

(Die Substitution ist genau genommen nicht für die ganze Minkowski-Raum-Zeit zulässig. Sie gilt aber in dem hier interessierenden Gebiet.) Die Welt-Linien, für die X konstant ist, sind jene der in der Figur dargestellten hyperbolischen Bewegungen.

Ein Vergleich zwischen dem Gang von Uhren, die in verschiedenen Punkten des beschleunigten Systems „ruhen", kann direkt mit (6.12) durchgeführt werden. Auf jeder derartigen Weltlinie, $X = X_1$, ist das Eigen-Zeit-Intervall ds mit dem Intervall der Koordinaten-Zeit dT durch

$$ds = (1 + aX_1) \, dT$$

verknüpft. Auf der Welt-Linie von M in Bild 25 ist $X = 0$. Daher ist

$$ds = dT.$$

Wir sehen daher beim Vergleich dieser Gleichungen, daß im System von M die Uhr in $X = X_1$ um den Faktor $1 + aX_1$ schneller geht als seine eigene.

Møller untersuchte die Bewegung freier Testkörper im X-, T-System und definierte durch Vergleich mit der Newtonschen Theorie ein Gravitationspotential. (Die möglichen Bewegungen können direkt aus (6.10) und (6.11) bestimmt werden, da sie, wie man weiß, im xt-Diagramm gerade Linien sind, ohne daß man auf die Geodätengleichungen für die Metrik (6.12) zurückgreift.) Es stellt sich heraus, daß das Potential für kleine Werte von X ungefähr durch aX gegeben ist, wie das obige Resultat andeutet. Nachdem er das Gravitationspotential mit dem Koeffizienten von dT^2 in der Metrik in Beziehung gesetzt hatte, konnte Møller seine Beschreibung im Rahmen des beschleunigten Bezugssystems vollenden.

Es ist klar, daß solche Überlegungen (wie die Tolmans und eine weitere Variante von Fock [103]) keinen Wert für die von einer Uhr angezeigte Zeit zwischen zwei Ereignissen entlang einer Weltlinie geben können, als einfach die Eigenzeit

$\int ds$ entlang dieses Weges. Der einzige Sinn, ein beschleunigtes System in das Problem einzuführen, könnte darin bestehen, daß man die tatsächlichen Beobachtungen demonstriert, die der „reisende" Zwilling von der Uhr des Erdenzwillings machen könnte. Wie wir aber gesehen haben, haben solche Systeme wenig Bezug zu Beobachtungen, die ein beschleunigter Beobachter M tatsächlich durchführen könnte. Er würde eine Armee von Helfern benötigen, die überall im Raum verteilt sind und *die von M beabsichtigte Bewegung im vorhinein* wissen müßten.

Die Irrelevanz dieser beschleunigten Systeme kann noch auf andere Weise gezeigt werden. Wir wissen, daß die Frequenz eines Photons und daher seine Energie und Masse vom Gravitationspotential abhängen. Man kann das Gesetz von der Erhaltung der Energie verwenden, um zu zeigen, daß auch die Masse jedes Testkörpers mit dem Gravitationspotential variiert. Wenn M seine Raketen anwirft, gibt es in seinem System einen plötzlichen Wechsel des Potentials. Das ergibt eine plötzliche Änderung der trägen Masse eines entfernten Testkörpers. Da aufgrund der allgemeinen Relativitätstheorie sich der Impuls nicht in unstetiger Weise ändert, *gibt es keinen Sprung in der Geschwindigkeit des Testkörpers.* Jedes Bezugssystem, in dem freie Testkörper unstetige Änderungen ihrer Geschwindigkeit erleiden, muß in unangenehmer Weise mit Beobachtungen zusammenhängen.

Diese Unstetigkeit in der Geschwindigkeit bei Møllers Abhandlung wurde zuerst von Leffert und Donahue [154] bemerkt. Møller [182] gab hierauf eine detaillierte physikalische Erklärung.

Wir sehen, daß die allgemeine Relativitätstheorie bei Abwesenheit wirklicher Gravitationsfelder, und hierauf haben sich die meisten Dispute konzentriert, wenig zur Interpretation des Uhrenparadoxons beiträgt. Glücklicherweise nimmt das Ausmaß experimenteller Bestätigung für die Zeitdilatation rapide zu. Wenn dieses Phänomen zu guter Letzt ein vertrauter Zug wissenschaftlicher Beobachtungen geworden ist, wird das „Paradoxon" des asymmetrischen Alterns seine verblüffende Wirkung verlieren. Ob es schließlich ein wichtiger Faktor in der Raumfahrt wird, muß man abwarten; aber es besteht eine Chance ....

Anhang

Die Beziehung zwischen der Beschleunigung eines Punktes P, der in einem Inertialsystem $S\,(x,\,t)$ in der x-Richtung bewegt wird, und seiner Beschleunigung in einem zweiten, parallelen System $S'\,(x',\,t')$, das sich mit der Geschwindigkeit V entlang Ox bewegt, erhält man wie folgt.

Es sei v die Geschwindigkeit des Massenpunkts in S und v' die Geschwindigkeit in S'. Wegen (2.12) und (2.10) haben wir

$$v = \frac{v' + V}{1 + \frac{Vv'}{c^2}}\,,$$

$$t = \frac{1}{\beta}\left[t' + \frac{Vx'}{c^2}\right],$$

wobei $\beta = \sqrt{\frac{1 - V^2}{c^2}}$. Wir nehmen die Differentiale beider Seiten

$$dv = \frac{dv'}{1 + \frac{Vv'}{c^2}} - \frac{v' + V}{\left(1 + \frac{Vv'}{c^2}\right)^2}\left[\frac{V}{c^2}\right]dv$$

$$= \frac{1 - \frac{V^2}{c^2}}{\left(1 + \frac{Vv'}{c^2}\right)^2}\,dv'$$

$$= \frac{\beta^2\,dv'}{\left(1 + \frac{Vv'}{c^2}\right)^2}\,,$$

$$dt = \frac{1}{\beta}\left[dt' + \frac{V\,dx'}{c^2}\right]$$

$$= \frac{1}{\beta}\,dt'\left[1 + \frac{Vv'}{c^2}\right].$$

Indem wir die beiden Gleichungen durcheinander dividieren, erhalten wir für die Beschleunigung in S

$$\frac{dv}{dt} = \frac{\beta^3}{\left(1 + \frac{Vv'}{c^2}\right)^3}\,\frac{dv'}{dt'}\,,\tag{A.1}$$

wobei $\frac{dv'}{dt'}$ die Beschleunigung in S' ist.

Wenn S' das augenblicklich mitbewegte System im Punkt P ist, dann ist $v' = 0$, $V = v$; und wenn $\frac{dv'}{dt'} = a$, folgt aus (A.1)

$$\frac{dv}{dt} = \beta^3 a \qquad\qquad\qquad (A.2)$$

Das ist gerade Gleichung (3.3).

Bibliographie

a) Das Uhrenparadoxon. Ausgewählte Zitate

[1] *Armstrong, H. L.:* "Controversy Concerning Time Dilatation", Amer. J. Phys., **28**, 504 (1960). (Pendeluhr im Lift.)

[2] *Arzeliès, H.:* Relativistic Kinematics, Pergamon, Oxford (1966). (Ausgezeichnete Behandlung vieler Details. Über 100 Zitate zum Uhrenparadoxon.)

[3] *Arzeliès, H.:* Relativité Généralisée, Gravitation, Fascicules 1 und 2, Gauthier-Villars, Paris (1961 und 1963). (Uhrenparadoxon in der allgemeinen Relativitätstheorie und viele Zitate.)

[4] *Badessa, R. S., Kent, R. L.* und *Nowell, J. C.:* "Short-time Measurement of Time Dilatation in an Earth Satellite", Phys. Rev. Lett., **3**, 79 (1959)

[5] *Barrett, W.:* Nature, **216**, 524 (1967)

[6] *Benedikt, E. T.:* "The Clock Paradox in Vertical Free Fall", 7th Annual Meeting of the American Astronautical Society, Preprint 61—43 (1961). (Betrachtet Bedingungen, unter denen die „reisende Uhr" die größere Zeit anzeigt.)

[7] *Benton, Mildred C.:* The Clock Problem (Clock Paradoxon) in Relativity, Washington, U.S. Naval Research Laboratory, Bellevue, D. C., Bibliography No. 15 (1959). (Mit Bibliographie von nahezu 250 Aufsätzen)

[8] *Bergmann, O.:* „Einige Bemerkungen zum Uhrenparadoxon", Acta Phys. Austriaca, **11**, 377 (1957)

[9] *Blass, G. A.:* "On the Clock Paradox in Relativity Theory", Amer. Math. Monthly, **67**, 754 (1960)

[10] *Boas, M. L.:* "The Clock Paradox", Science, **130**, 1471 (1959) (Kurze Darstellung der geodätischen Länge in der Minkowski-Raum-Zeit)

[11] *Bondi, H.:* "The Space Traveller's Youth", Discovery, **18**, 505 (1957). (Leicht lesbar. Führt den *k*-Kalkül ein.)

[12] *Born, M.:* Die Relativitätstheorie Einsteins. (zus. m. W. Biem) Springer, Berlin-Göttingen-Heidelberg (1964) (Enthält Diskussion des Uhren-Paradoxons. „Daher beruht das Uhrenparadoxon auf einer falschen Anwendung der speziellen Relativitätstheorie, und zwar auf einem Fall, auf den die allgemeine Relativitätstheorie angewendet werden sollte.")

[13] *Born, M.:* "Special Theory of Relativity", Nature, **197**, 1287 (1963). (Antwort auf H. Dingle [72]. „Obwohl mich frühere Erfahrungen gelehrt haben, daß eine Diskussion mit Dingle über Relativitätstheorie zu keiner Übereinstimmung führt, muß ich auf eine Herausforderung antworten, die gegen die ‚wissenschaftliche Integrität' von mir selbst und anderen gerichtet ist.")

[14] *Boyer, R. H.:* "The Clock Paradox in General Relativity", Nuovo Cim., **33**, 345 (1964). (Kritik von [219]. Wendet Methoden aus der Variationsrechnung auf Geodäten in der Raum-Zeit an.)

[15] *Bradbury, T. C.:* "Relativistic Theory of the Behaviour of Clocks", Amer. J. Phys., **28**, 443 (1960). (Betrachtet Bezugssysteme in beliebiger Bewegung.)

[16] *Brewster, W. R.:* "Life Span Same in Space as on Earth", Science News Letter (15. Dezember 1956), 371

[17] *Brown, G. B.:* "What is wrong with Relativity?", Bull. Inst. Phys. **18**, 71 (1967). („Der Trick, sie nur scheinbare Widersprüche (Paradoxa zu nennen, konnte an der Unhaltbarkeit der speziellen Relativitätstheorie als physikalischer Theorie nichts ändern." Zusammenfassung der in umfangreicher Korrespondenz geäußerten Kritik unter Mitwirkung von H. Bondi, Mitglied der Royal Society (FRS.) und Kollegen und R. E. Peierls, FRS. ibid., **19**, 22 (1968).)

[18] *Builder, G.:* "The Resolution of the Clock Paradox", Austral. J. Phys. **10**, 246 (1957). (Lange und detaillierte Abhandlung. Vorkenntnisse in spezieller Relativitätstheorie ausreichend.)

[19] *Builder, G.:* "The Clock-retardation Problem", Austral. J. Phys., **10**, 424 (1957). (Verteidigt ein früheres Papier [18] gegen Angriffe von seiten H. Dingles [60].)

[20] *Builder, G.:* "The 'Clock Paradox' ", Bull. Inst. Phys. **8**, 210 (1957). (Antwort auf H. Dingle [55])

[21] *Builder, G.:* "Ether and Relativity", Austral. J. Phys. **11**, 279 (1958). (Betrachtet Relativitätstheorie als mit dem Äther verträglich. „Es gibt keine Alternative zur Ätherhypothese.")

[22] *Builder, G.:* "The Resolution of the Clock Paradox", Phil Sci., **26**, 135 (1959). (Betrachtet den Gang bewegter Uhren. Vorhergesagte Verlangsamung ist nicht paradox. Allgemeine Relativitätstheorie fügt dem nichts hinzu.)

[23] *Burcham, W. E.:* "Nuclear Resonant Scattering without Recoil (The Mössbauer Effect)", Sci. Prog. **48**, 630 (1960). (Darstellung früher Anwendungen des Mössbauer-Effekts.)

[24] *Campbell, J. W.:* "The Clock Problem in Relativity", Phil. Mag., **15**, 48 (1933). (Näherungsweise Behandlung unter Zuhilfenahme eines Gravitationspotentials.)

[25] *Campbell, J. W.:* "The Clock Problem in Relativity", Phil. Mag., **16**, 529 (1933). (Lange Arbeit. Führt verschiedene Uhrengänge im Zusammenhang mit beschleunigten Bezugssystemen ein.)

[26] *Campbell, J. W.:* "The Clock Problem in Relativity", Phil. Mag., **19**, 715 (1935). (Längeres Zeitintervall entlang einiger gestörter geodätischer Wege im Schwarzschild-Feld.)

[27] *Campbell, J. W.:* "The Nature of Time", Nature, **145**, 426 (1940). (Kritik von Dingles Massen- und Volumens-Uhren [50].)

[28] *Campbell, J. W.:* "The Clock Paradox", Can Aero. J., **4**, 316 (1958)

[29] *Chambadal, P.:* Réalite et Convention, Appendix: "Le Voyageur de Langevin", A. Colin, Paris (1960). (In Fortsetzung eines Disputs mit Arzeliès, Siehe [2], S. 195.)

[30] *Champeney, D. C., Isaak, G. R. und Khan, A. M.:* "A Measurement of Relativistic Time Dilatation using the Mössbauer Effect", Nature, **198**, 1186 (1963)

[31] *Champeney, D. C., Isaak, G. R. und Khan, A. M.:* "A Time Dilatation Experiment based on the Mössbauer Effect", Proc. Phys. Soc., **85**, 583 (1965)

[32] *Champeney, D. C. und Moon, P. B.:* "Absence of Doppler Shift for Gamma Ray Source and Detector on Same Circular Orbit", Proc. Phys. Soc., **77**, 350 (1961)

[33] *Chazy, J.:* Théorie de la Relativité et Mecanique Céleste, Vol. 2, Gauthier-Villars, Paris (1930). (Getrennte und wiedervereinigte Uhren zeigen gleiche Zeit an.)

[34] *Cochran, W.:* "A Suggested Experiment on the Clock Paradox", Nature **179**, 977 (1957). (Schlägt Verbesserung eines von F. S. Crawford [41] vorgeschlagenen Experiments vor, das (wie Cochran behauptet) bereits durchgeführt worden ist.)

[35] *Cochran, W.:* "A Suggested Experiment on the Clock Paradox", Proc. Camb. Phil. Soc., **53**, 646 (1957). (Ausarbeitung von [34].)

[36] *Cochran, W.:* "The Clock Paradox", Vistas in Astronomy, **3**, 78 (1960). (Allgemeine Diskussion und Vorschlag des π-Meson-Experiments.)

[37] *Coleman, J. A.:* Relativity for the Layman, S. 71, Penguin Books, London (1959). (Behauptet, daß, wenn zwei Beobachter sich relativ zu einander bewegen, die Zeitdilatation nur anzuwenden ist, wenn die Relativgeschwindigkeit konstant ist. Im Fall eines von der Erde abhebenden und später zurückkehrenden Raumschiffs gibt es keinen verbleibenden Effekt.)

[38] *Costa de Beauregard, O.:* "Relation entre le Temps Propre d'un Horloge Terrestre et le Temps Astronomique de Schwarzschild à l'Approcimation de 10^{-12}". J. Phys. et Radium, **18**, 17 (1957). (Betrachtet Wirkung der Erdbewegung, Erd- und Sonnenmasse auf irdische Uhren.)

[39] *Costa de Beauregard, O.:* "Fragilité des Thèses Antirelativistes de P. Dive et de F. Prunier", Revue Scientifique (15. April 1948), 424. (Teil eines Disputs mit P. Dive. Siehe auch [79]. Für weitere Zitate, siehe [2]).

[40] *Crampin, J., McCrea, W. H.* und *McNally, D.:* "A Class of Transformations in Special Relativity", Proc. Roy. Soc. **A.**, **252**, 156 (1959) (Siehe auch [248].)

[41] *Crawford, F. S.:* "Experimental Verification of the Clock Paradox of Relativity", Nature, **179**, 35 (1957). (Berichtet über durchgeführte und mögliche Meson-Experimente. Siehe [34].)

[42] *Crawford, F. S.:* "The 'Clock Paradox' of Relativity", Nature, **179**, 1071 (1957). (Unterstützt Einstein gegen Dingle [59] in Fragen der Synchronisation.)

[43] *Crocco, G. A.:* Berichtet in "The Times", 19. September 1956

[44] *Crowell, A. D.:* "Observations of a Time Interval by a Single Observer", Amer. J. Phys. **29**, 370 (1961)

[45] *Cullwick, E. G.:* Electromagnetism and Relativity, Longmans, London (1957). (,,Die Lorentztransformation ist ausdrücklich für den Fall vorgesehen, in dem die Systeme sich voneinander weg bewegen. Die Schwierigkeiten treten auf, wenn die Systeme sich einander wieder nähern." Schließt, daß ,,sowohl das Paradoxon als auch seine behauptete Auflösung falsch sind".)

[46] *Cullwick, E. G.:* "The Clock Paradox", J. Inst. Elect. Eng., **9**, 164 (1963)

[47] *Darwin, C. G.:* "The Clock Paradox in Relativity", Nature, **180**, 976 (1957) (Standardresultate mit Hilfe des Dopplereffekts.)

[48] *Davidson, W.:* "Use of an Artificial Satellite of test the Clock Paradox and General Relativity", Nature, **188**, 1013 (1960). (Eine alternative Herleitung zu der von S. F. Singer [212] der Formel für die Verlangsamung einer Satellitenuhr auf einer Kreisbahn.)

[49] *Dingle, H.:* "Modern Aristotelianism", Nature, **139**, 784 (1937)

[50] *Dingle, H.:* "The Relativity of Time", Nature, **144**, 888 (1939). (Führt Masse- und Volumensuhren mit Hilfe des Sanduhrprinzips ein.)

[51] *Dingle, H.:* "The Nature of Time", Nature, **145**, 427 (1940) (Verteidigt Massen- und Volumensuhren gegen Angriffe von J. W. Campell [27])

[52] *Dingle, H.:* "The Rate of a Moving Clock", Nature, **146**, 391 (1940). (Beantwortet Argumente aus der ,,Flut von Briefen", die er zu [50] erhalten hat.)

[53] *Dingle, H.:* "The Time Concept in Restricted Relativity", Amer. J. Phys. **10**, 203 (1942) (Antwort auf die Kritik seines Buches "The Special Theory of Relativity" und seiner Sanduhren durch P. S. Epstein [89].)

[54] *Dingle, H.:* "The Time Concept in Restricted Relativity, Amer. J. Phys. **11**, 228 (1943).
(Weitere Erwiderung auf Epstein [89/90].)

[55] *Dingle, H.:* "What does Relativity mean?", Bull. Inst. Phys. **7**, 314 (1956). (Greift viele
Autoren an. „Eine Situation, in der die materielle Zukunft der Welt in den Händen
von Männern ist, die ein Werkzeug handhaben, dessen Natur sie mißverstehen, ist äußerst
gefährlich."

[56] *Dingle, H.:* "Relativity and Space Travel", Nature, **177**, 782 (1956). (Antwortet auf
seine Gegner in Fragen der Gleichzeitigkeit und der Uhrensynchronisation.)

[57] *Dingle, H.:* Nature, **177**, 785 (1956) („McCrea [161] schweift vom Thema ab, und ich
beabsichtige nicht ihm zu folgen.")

[58] *Dingle, H.:* "Relativity and Space Travel", Nature, **178**, 680 (1965). („Abschließende
Feststellung" in der Polemik mit McCrea.)

[59] *Dingle, H.:* "A Problem in Relativity Theory", Proc. Phys. Soc. **A, 69**, 925 (1956)

[60] *Dingle, H.:* "The Resolution of the Clock Paradox", Austral. J. Phys. **10**, 418 (1957).
(Antwort auf G. Builder [18]. Dynamische Asymmetrie erlaubt es nicht notwendiger
Weise, „die Bewegung von M von der Bewegung von R zu unterscheiden".)

[61] *Dingle, H.:* Bull. Inst. Phys. **8**, 212 (1957). (Weitere Antwort auf Builder [19].)

[62] *Dingle, H.:* "Space Travel and Ageing", Discovery, **18**, 174, (April 1957) (Brief an den
Herausgeber)

[63] *Dingle, H.:* Nature, **179**, 865 (1957). (Antwort auf F. S. Crawford [41]. Diskutiert
Verwechslung von Koordinatenzeit und beobachteter Zeit.)

[64] *Dingle, H.:* "The 'Clock Paradox' of Relativity", Nature, **179**, 1242 (1957). (Weitere
Antwort auf Crawford [42]. In einem absoluten Sinn zeigt kein beobachtbares Phänomen, welche der beiden Uhren sich bewegt hat.)

[65] *Dingle, H.:* Nature, **180**, 500 (1957). (Antwort auf J. H. Fremlin [106]. Es geht um
„Zeit-über-Entfernungen".)

[66] *Dingle, H.:* "The Clock Paradox in Relativity", Nature, **180**, 1275 (1957). (Änderung
bei der Doppler-Verschiebung ist für beschleunigte Beobachter verspätet. Kritisiert
Darwin [47].)

[67] *Dingle, H.:* "The Interpretation of the Special Relativity Theorie", Bull. Inst. Phys. **9**,
314 (1958)

[68] *Dingle, H.:* "The Clock Paradox of Relativity", Science, **127**, 158 (1958). (Brief an
den Herausgeber. Antwortet zahlreichen Gegnern.)

[69] *Dingle, H.:* "The Doppler Effect and the Foundations of Physics I", Brit. J. Phil. Sci.,
11, 11 (1960)

[70] *Dingle, H.:* "The Doppler Effect and the Foundations of Physics II", Brit. J. Phil Sci.,
11, 113 (1960). (Verspäteter Dopplereffekt.)

[71] *Dingle, H.:* "Relativity and Electromagnetism: An Epistemological Appraisal", Phil.
Sci., **27**, 233 (1960). (Gang verschiedener Uhren.)

[72] *Dingle, H.:* "Special Theory of Relativity". Nature, **195**, 985 (1962). (Drückt Ärger
über das Fehlen eines Kommentars zu der in [71] und [78] aufgezeigten Inkonsistenz
der speziellen Relativitätstheorie aus. Ernste Konsequenzen wären möglich.)

[73] *Dingle, H.:* "Special Theory of Relativity", Nature, **197**, 1248 (1963). (Beantwortet
viele Erwiderungen auf [72].)

[74] *Dingle, H.:* Nature, **197**, 1287 (1963). (Antwort auf Max Born [13], betreffend [72].)

[75] *Dingle, H.:* "The Case against Special Relativity", Nature, **216**, 119 (1967). (Ungeachtet des fünf Jahre vorher in der Relativitätstheorie erkannten Irrtums „wird die Theorie weiterhin akzeptiert und verwendet, als ob sie nie in Frage gestellt worden wäre". Zeigt „irrige Schlußfolgerung" Einsteins auf und warnt vor der Gefahr, die droht, wenn man sich auf die Theorie verläßt.)

[76] *Dingle, H.:* "The Case against the Theory of Special Relativity", Nature, **217**, 19 (1968). (Bemerkungen zu McCreas Antwort [167] auf [75].)

[77] *Dingle, H.:* "Time in Relativity Theory: Measurement or Coordinate?", in: The Voices of Time (herausgegeben von J. T. Fraser), S. 455, Allen Lane The Penguin Press, London (1968)

[78] *Dingle, H.* und *Samuel, Viscount.* A Threefold Cord, Allen and Unwin, London (1961)

[79] *Dive, P.:* "A propos d'un Article de C. de Beauregard, Revue Scientifique (Dezember 1948), 727 (Siehe [39].)

[80] *Durbin, R., Loar, H. H.* und *Havens, W. W.:* "The Lifetime of the π^+ and π^- Mesons", Phys. Rev., **88**, 179 (1952)

[81] *Eddington, Sir Arthur G.:* „Raum, Zeit und Schwere" Vieweg, Braunschweig (1923)

[82] *Eddington, Sir Arthur G.:* „Das Weltbild der Physik und ein Versuch seiner philosophischen Deutung", Vieweg, Braunschweig (1939)

[83] *Einstein, A.:* „Zur Elektrodynamik bewegter Körper", Ann. d. Phys., **17**, 891 (1905). Siehe auch H. A. Lorentz, A. Einstein, H. Minkowski, „Das Relativitätsprinzip", Teubner, Stuttgart (1958), S. 26

[84] *Einstein, A.:* „Über den Einfluß der Schwerkraft auf die Ausbreitung des Lichtes", Ann. d. Phys., **35**, 898 (1911). Siehe auch H. A. Lorentz, et. al. a.a.O., S. 72

[85] *Einstein, A.:* „Die Grundlage der allgemeinen Relativitätstheorie", Ann. d. Phys., **49**, 767 (1916). Siehe auch H. A. Lorentz, et. al. a.a.O., S. 81

[86] *Einstein, A.:* „Dialog über Einwände gegen die Relativitätstheorie", Die Naturwiss., **6**, 697 (1918). (Auflösung des Paradoxons unter Verwendung der allgemeinen Relativitätstheorie.)

[87] *Einstein, A.:* Über die spezielle und allgemeine Relativitätstheorie, Vieweg, Braunschweig (1954)

[88] *Eisenlohr, H.:* "Another Note on the Twin Paradox", Amer. J. Phys., **36**, 635 (1968). (Kommentare zu [156])

[89] *Epstein, P. S.:* "The Time Concept in Restricted Relativity", Amer. J. Phys., **10**, 1 (1942). (Kritik von H. Dingle, The Special Theory of Relativity und [50]. Siehe auch [53].)

[90] *Epstein, P. S.:* "The Time Concept in Restricted Relativity – A Rejoinder", Amer. J. Phys., **10**, 205 (1942). (Antwort auf [53]. Betont Realität von Kontraktion und Dilatation. „Freiwillige Possenreisserei" auf seiten Dingles.)

[91] *Essen, L.:* "The Clock Paradox of Relativity", Nature, **180**, 1061 (1957). (Paradoxon beruht auf Irrtum in Einsteins 1905-Arbeit [83]. Uhr besteht aus zwei Teilen: Impulse, die den Zeitstandard liefern, und Ziffernblatt. Ist für symmetrisches Altern.)

[92] *Essen, L.:* Proc. Roy. Soc. A, **270**, 312 (1962). (Behauptet, daß Einstein im Appendix von [87] für zwei verschiedene Größen dasselbe Symbol verwendet.)

[93] *Essen, L.:* Air, Space and Instruments, hrsg. von S. Lees, McGraw-Hill, New York (1963)

[94] *Essen, L.:* J. Inst. Elect. Eng., **9**, 389 (1963). (Antwort auf Wilkinson [239] und andere.)

[95] *Essen, L.:* "Basic Concepts of Measurement and the Michelson-Morley Experiment", Nature, **199**, 684 (1963). („Es wurde gezeigt, daß das Uhrenparadoxon nur dadurch zustandekommt, daß während der Argumentation die Bedeutung der Symbole geändert wird.")

[96] *Essen, L.:* "Bearing of Recent Experiments on the Special and General Theories of Relativity", Nature, **202**, 787 (1964). (Kritisiert die Interpretation des Rotor-Experiments mit Hilfe des Mössbauer-Effekts durch Champeney und Moon [32].)

[97] *Essen, L.:* "A Time Dilatation Experiment based on the Mössbauer Effect", Proc. Phys. Soc., **86**, 671 (1965). (Weist neuerlich auf einen „Irrtum" in [32] hin. Siehe auch [96]. Bringt neue Interpretation eines Experiments von „Moon et al.", scheint sich aber auf Champeney, Isaak und Khan [31] zu beziehen. Behauptet, daß die Autoren „eine Annahme machen, die der speziellen Relativitätstheorie widerspricht, und eine, die der allgemeinen Relativitätstheorie und ihren experimentellen Folgerungen widerspricht".)

[98] *Essen, L.:* "The Error in the Special Theory of Relativity", Nature, **217**, 19 (1968). (Laut Essen erklärte McCrea den scheinbaren Widerspruch in Dingles Resultaten, indem er darauf hinwies, daß Einstein zwei Symbole für vier Größen verwendete. Essen hatte das schon früher diskutiert. Einsteins Resultat folgt „aus einer impliziten Annahme, nämlich daß die den geschlossenen Weg zurücklegende Uhr tatsächlich langsamer geht als jene, die als stationär angesehen wird und nicht nur relativ zum stationären Beobachter langsamer zu gehen scheint.")

[99] *Euler, H.* und *Heisenberg, W.:* „Theoretische Gesichtspunkte zur Deutung der kosmischen Strahlung." Ergebn. Exakt. Naturwiss., **17**, 1 (1938). (Eine frühe Studie der Lebensdauer von fliegenden µ-Mesonen.)

[100] *Fahy, E. F.:* "The Clock Paradox in Relativity", Austral. J. Phys., **11**, 586 (1958). (Kommentiert Dingles Vorschlag eines „verspäteten" Doppler-Effekts [66].)

[101] *Farley, F. J. M., Bailey, J.* und *Picasso, E.:* "Experimental Verifications of the Special Theory of Relativity", Nature, **217**, 17 (1968)

[102] *Fisher, Sir Ronald A.:* "Space-travel and Ageing", Discovery, **18**, 56 (Feber 1957). (Konfrontiert McCrea mit gewissen Argumenten.)

[103] *Fock, V. A.:* Theorie von Raum, Zeit und Gravitation, Akademie-Verlag, Berlin (1960). (Verwendet allgemeine Relativitätstheorie ohne das Äquivalenzprinzip.)

[104] *Fokker, A. D.:* "Accelerated Spherical Light Wave Clocks in Chronogeometry", Physica, **22**, 1279 (1956).

[105] *Fokker, A. D.:* "The Clock Paradox in So-called Relativity Theory", Physica, **24**, 1119 (1958).

[106] *Fremlin, J. H.:* "Relativity and Space Travel", Nature **180**, 499 (1957)

[107] *Frye, R. M.* und *Brigham, V. M.:* "Paradox of the Twins", Amer. J. Phys. **25**, 553 (1957). (Antwort auf W. R. Brewster von der Harvard Medical School.)

[108] *Fullerton, J. H.:* Nature, **216**, 524 (1967). (Brief an den Herausgeber in Beantwortung von [75].)

[109] *Gamba, A.:* "Time Dilatation and Information Theory", Amer. J. Phys. **33**, 61 (1965). (Konventionelles Argument vom Doppler-Effekt-Typ.)

[110] *Golay, M. J. E.:* "Note on Relativistic Clock Experiment", Amer. J. Phys., **25**, 495 (1957). (Uhren in verschiedenen Höhen.)

[111] *Goodhart, C. B.:* Discovery, **18**, 519 (Dezember 1957). (Biologisches Altern beim Uhren-Paradoxon. Konzentriert sich aber auf den Effekt der Temperatur auf das Altern.)

[112] *Grünbaum, A.:* "The Clock Paradox in the Special Theory of Relativity", Phil. Sci., **21**, 249 (1954)

[113] *Gunn, J. A.:* The Problem of Time. An Historical and Critical Study, Allen and Unwin, London (1929).

[114] *Halsbury, Lord:* "Space Travel and Ageing", Discovery, **18**, 174 (April 1957). (Problem dreier Uhren.)

[115] *Hay, H. J., Schiffer, J. P., Cranshaw, T. E.* und *Egelstaff, P. A.:* "Measurement of the Red Shift in an Accelerated System using the Mössbauer Effect in Fe", Phys. Rev. Lett., **4**, 165 (1960)

[116] *Hill, E. L.:* "On the Kinematics of Uniformly Accelerated Motions and Classical Electromagnetic Theory", Phys. Rev., **72**, 143 (1947)

[117] *Hill, E. L.:* "The Relativistic Clock Problem", Phys. Rev., **72**, 236 (1947). (Gleichförmig beschleunigte Bewegungen mit Hilfe von konformen Transformationen. Einige originelle Lösungen.)

[118] *Hlavaty, V.:* "Proper Time, Apparent Time and Formal Time in the Twin Paradox", J. Math. Mech., **9**, 733 (1960). (Formale Diskussion vom eher mathematischen als physikalischen Standpunkt aus.)

[119] *Hoffmann, B.:* "General Relativistic Red Shift and the Artificial Satellit", Phys. Rev., **106**, 358 (1957). (Von der täglichen Rotation und Asymmetrie der Erde herrührende Effekte.)

[120] *Hoffmann, B.:* "Noon-Midnight Red Shift", Phys. Rev., **121**, 337 (1961)

[121] *Hoffmann, B.* und *Sproull, W. T.:* "Clock Rates at Perihelion and Aphelion", Amer. J. Phys. **29**, 640 (1961)

[122] *Hurst, C. A.:* "Acceleration and the Clock Paradox", J. Austral. Math. Soc., **2**, 120 (1961). (Untersucht gleichförmige Beschleunigung und betrachtet Grenzfall unendlicher Beschleunigung.)

[123] *Infeld, L.:* "Clocks, Rigid Rods and Relativity Theory", Amer. J. Phys., **11**, 219 (1943). (Geschrieben auf Einladung des Herausgebers „um in emotionsloser Weise die Differenzen zwischen Epstein [89; 90] und Dingle [53; 54] darzustellen. Betont die „periodischen" und „aperiodischen" Aspekte von Uhren.)

[124] *Isaak, G. R.:* "The Clock Paradox and the General Theory of Relativity", Austral. J. Phys., **10**, 207 (1957)

[125] *Ives, H. E.:* "Graphical Exposition of the Michelson-Morley Experiment", J. Opt. Soc. Amer., **27**, 177 (1937).

[126] *Ives, H. E.:* "Light Signals on Moving Bodies as measured by Transported Rods and Clocks", J. Opt. Soc. Amer., **27**, 263 (1937). (Relativ zum Äther bewegte Maßstäbe und Uhren)

[127] *Ives, H. E.:* "The Aberration of Clocks and the Clock Paradox", J. Opt. Soc. Amer., **27**, 305 (1937). (Setzt Eigenschaften transportierter Uhren in Beziehung zur Aberration des Sternlichts.)

[128] *Ives, H. E.:* "Apparent Lengths and Times in Systems experiencing the Fitzgerald-Larmor-Lorentz Contraction", J. Opt. Soc. Amer., **27**, 310 (1937).

[129] *Ives, H. E.:* "Derivation of the Lorentz Transformation Equations", Phil. Mag., **36**, 392 (1945)

[130] *Ives, H. E.:* "Historical Note on the Rate of a Moving Clock", J. Opt. Soc. Amer., **37**, 810 (1947). (Verschiedene Lesarten der Lorentz-Transformation. Konsistenz mit optischen Experimenten.)

[131] *Ives, H. E.:* "The Measurement of the Velocity of Light by Signals sent in One Direction", J. Opt. Soc. Amer., **38**, 879 (1948)

[132] *Ives, H. E.:* "Extrapolation from the Michelson-Morley Experiment", J. Opt. Soc. Amer., **40**, 185 (1950). (Ein-Weg-Messungen der Lichtgeschwindigkeit. Zeit-über-Entfernungen wird als weitgehend unbestimmt angenommen. Erhält Lorentztransformation mit ausgezeichnetem „isotropem" Koordinatensystem.)

[133] *Ives, H. E.:* „The Clock Paradox in Relativity Theory", Nature, **168**, 246 (1951)

[134] *Ives, H. E.* und *Stilwell, G. R.:* "An Experimental Study of the Rate of a Moving Atomic Clock", J. Opt. Soc. Amer., **28**, 215 (1938). (Doppler-Effekt 2. Ordnung bei Kanalstrahl-Quellen.)

[135] *Ives, H. E.* und *Stilwell, G. R.:* "An Experimental Study of the Rate of a Moving Atomic Clock II", J. Opt. Soc. Amer., **31**, 369 (1941). (Fortsetzung und Verfeinerung der Experimente in [134]. Behandelt Argumente von Jones [138].)

[136] *Jaynes, E. T.:* "Relativistic Clock-Experiments", Amer. J. Phys., **26**, 197 (1958)

[137] *Jeffreys, H.:* "The Clock Paradox in Special Relativity" Austral. J. Phys., **11**, 583 (1958). (Vergleicht Analysen von Builder [18] und Dingle [60]. Schließt, daß die spezielle Relativitätstheorie keine eindeutige Antwort gibt.)

[138] *Jones, R. C.:* "On the Relativistic Doppler Effect", J. Opt. Soc. Amer., **29**, 337 (1939). (Theorie des Ives-Stilwell-Experiments. Siehe [135].)

[139] *Josephson, B. D.:* "Temperature-dependent Shift of X-Rays emitted by a Solid", Phys. Rev. Lett., **4**, 341 (1960)

[140] *Kennedy, R. J.* und *Thorndike, E. M.:* "Experimental Establishment of the Relativity of Time", Phys. Rev., **42**, 400 (1932).

[141] *Kermack, W. O., McCrea, W. H.* und *Whittaker, E. T.:* "On Properties of Null Geodesics and the Application to the Theory of Radiation", Proc. Roy. Soc. Edin., **53**, 31 (1933)

[142] *Kopff, A.:* The Mathematical Theory of Relativity, Methuen, London (1923). (Verwendet Äquivalenzprinzip und scheinbares Gravitationsfeld für beschleunigte Beobachter.)

[143] *Kowalski, K. L.:* "Relativistic Reaction Systems and the Asymmetry of Time-scales", Amer. J. Phys., **28**, 487 (1960)

[144] *Kronsbein, J.* und *Farber, E. A.:* "Time Retardation in Static and Stationary Spherical and Elliptic Spaces", Phys. Rev., **115**, 763 (1959).

[145] *Kündig, W.:* "Measurement of the Transverse Doppler Effect using the Mössbauer Effect", Bull. Amer. Phys. Soc., **7**, 350 (1962).

[146] *Kündig, W.:* "Measurement of the Transverse Doppler Effect in an Accelerated System", Phys. Rev., **129**, 2371 (1963). (Beschreibung des Rotor-Experiments, das auf dem Mössbauer-Effekt beruht.)

[147] *Kuronoma, E.:* "A New Solution of the Clock Paradox", Prog. Theor. Phys. Japan, **25**, 508 (1961). (Doppler-Effekt und Gleichzeitigkeit.)

[148] *Kutliroff, D.:* "Time Dilatation Derivation", Amer. J. Phys. **31**, 137 (1963)

[149] *Landsberg, P. T.:* Nature, **220**, 1182 (1968). (Antwort auf H. Dingle [76].)

[150] *Lange, L.:* "The Clock Paradox in the Theory of Relativity", Amer. Math. Monthly, **34**, 22 (1927). (Bezweifelt Gültigkeit der Uhrenhypothese.)

[151] *Langevin, P.:* "L'Evolution de l'Espace et du Temps", Scientia, **10**, 31 (1911). (Früher Klassiker, sehr detailliert.)

[152] *Larmor, J.:* Aether and Matter, Cambridge University Press (C.U.P.), London (1900)

[153] *Lass, H.:* "Accelerated Frames of Reference and the Clock Paradox", Amer. J. Phys., **31**, 274 (1963).

[154] *Leffert, C. B.* und *Donahue, T. M.:* "Clock Paradox and the Physics of Discontinuous Gravitational Fields", Amer. J. Phys., **26**, 514 (1958). (Zeigt, daß die plötzlichen Änderungen bei Gravitationsfeldern, wie sie bei Möller [179] vorkommen, Unstetigkeiten in der Geschwindigkeit der inertialen Uhr im beschleunigten Ruhesystem der anderen Uhr bewirken.)

[155] *Leroux, J.:* "Sur une Forme Nouvelles des Formules de Lorentz' ", C. R. Acad. Sci, Paris, **197**, 394 (1933)

[156] *Levi, L.:* "The Twin Paradox Revisited", Amer. J. Phys., **35**, 968 (1967)

[157] *Lowry, E. S.:* "The Clock Paradox" Amer. J. Phys., **31**, 59 (1963).

[158] *McCrea, W. H.:* "The Clock Paradox in Relativity Theory", Nature, **167**, 680 (1951). (Behandelt Längenänderung auf Grund der Fitzgerald-Lorentz-Kontraktion.)

[159] *McCrea, W. H.:* "The Fitzgerald-Lorentz Contraction – Some Paradoxes and their Solution", Sci. Proc. Roy. Dublin Soc., **26**, 27 (1952).

[160] *McCrea, W. H.:* "A Time-keeping Problem connected with Gravitational Red Shift", Helv. Phys. Acta Suppl., **4**, 121 (1956). (Kreisbahnen in einem zentralen Gravitationsfeld.)

[161] *McCrea, W. H.:* "Relativity and Space Travel", Nature, **177**, 784 (1956). (Antwort auf Dingle [56]. Betont Asymmetrie der Raum-Zeit-Wege. „Dingles ‚Paraphrase' auf Einsteins Papier ist eine Travestie.")

[162] *McCrea, W. H.:* "Relativity and Space Travel", Nature, **178**, 681 (1956). („Abschließende Feststellung" in der Polemik mit Dingle; siehe [58]. Beantwortet mehrere Punkte, betreffend Inertialsysteme, Beschleunigungen, etc.)

[163] *McCrea, W. H.:* "A Problem in Relativity Theory: Reply to H. Dingle", Proc. Phys. Soc. **A, 69**, 935 (1956). (Antwort auf [59].)

[164] *McCrea, W. H.:* Discovery, **18**, 57 (Feber 1957). (Antwort auf Fisher [102].)

[165] *McCrea, W. H.:* Discovery, **18**, 175 (April 1957). (Brief an den Herausgeber.)

[166] *McCrea, W. H.:* "Relativistic Ageing", Nature, **179**, 909 (1957). (Das „Prinzip der Unmöglichkeit".)

[167] *McCrea, W. H.:* "Why the Special Theory is Correct", Nature, **216**, 122 (1967). (Antwort auf [75].)

[168] *MacDuffee, C. C.:* "Arc Lengths in Special Relativity", Proc. Camb. Phil. Soc., **56**, 176 (1960)

[169] *McMillan, E. M.:* "The Clock Paradox and Space Travel", Science, **126**, 381 (1957). (Demonstriert Asymmetrie durch Einführung eines beschleunigten Bezugssystems. Untersucht Durchführbarkeit weiter Weltraumreisen.)

[170] *McMillan, E. M.:* Science, **127**, 160 (1958). (Antwort auf Kritik seiner Arbeit [169] durch Dingle [68].)

[171] *McVittie, G. C.:* "Remarks on Planetary Theory in General Relativity", Astronom. J., **63**, 448 (1958). („In einem Sinn haben sowohl Dingle als auch McCrea recht, entsprechend den verschiedenen Definitionen der physiologischen Zeit für die Zwillinge, die möglich sind.")

[172] *Maritain, J.:* "Einstein et la Notion du Temps", Revue Univ. (Juli 1920), 358

[173] *Martinelli, E.* und *Panofsky, W. K. H.:* "The Lifetime of the Positive π Meson", Phys. Rev., **77**, 465 (1950)

[174] *Metz, A.:* La Relativité, Chiron, Paris (1923)

[175] *Metz, A.:* "Une Définition Relativiste de la Simultanéité", C. R. Acad. Sci. Paris. **180**, 1827 (1925)

[176] *Mikhail, F. I.:* "The Relativistic Clock Problem", Proc. Camb. Phil. Soc., **48**, 608 (1952). (Beispiel freier sich trennender und wiedervereinigender Uhren in der Schwarzschild-Raum-Zeit, die verschiedene Zeiten anzeigen.)

[177] *Milne, E. A.* und *Whitrow, G. J.:* "On the So-called 'Clock Paradox' of Special Relativity", Phil. Mag., **40**, 1244 (1949). (Das asymmetrische Resultat in der kinematischen Relativitätstheorie ist nicht paradox.)

[178] *Möller, C.:* "On Homogeneous Gravitational Fields in the General Theory of Relativity", Det. kgl. danske vid. selsk. matfys. meddr., **20**, Nr. 19 (1943).

[179] *Möller, C.:* Relativitätstheorie, Bibliographisches Institut, Mannheim (1968)

[180] *Möller, C.:* "Old Problems in the in the General Theory of Relativity viewed from a New Angle", Det. kgl. danske vid. selsk. mat-fys. mddr., **30**, Nr. 10 (1955) (Dynamik „idealer" Standarduhren.)

[181] *Möller, C.:* "On the Possibility of Terrestrial Tests of the General Theory of Relativity", Nuovo Cim., **6**, Suppl. 1, 381 (1957). (Satellitenuhren)

[182] *Möller, C.:* "Motion of Free Particles in Discontinuous Gravitational Fields", Amer. J. Phys., **27**, 491 (1959). (Physikalische Erklärung der Resultate von [154].)

[183] "News and Views", Nature, **216**, 113 (1967). (Editorial in Zusammenhang mit [75] und [167].)

[184] The Observer (1956). ("Can Space Travel Postpone Death?", von John Davy, 29. April. Viele Briefe an den Herausgeber vom 6., 13. und 20. Mai.)

[185] *Page, L.:* "A New Relativity", Phys. Rev., **49**, 254 (1936). („Äquivalente" beschleunigte Bezugssysteme. In Verfolgung der kinematischen Ideen von Milne.)

[186] *Palacios, J.:* "The Relativistic Behaviour of Clocks", Rev. Acad. Ci. Madrid, **56**, 287 (1962). (Dieser Autor schrieb auch viele andere Arbeiten. Er glaubt, daß das Uhrenparadoxon die Notwendigkeit einer Revision der Relativitätstheorie anzeigt. Weitere Zitate finden sich in [2].)

[187] "Paradox Persists, The", J. Inst. Elect. Eng., **9**, 459 (1963). (Diskussion der „noch nie dagewesenen Flut von Briefen zum Uhrenparadoxon" im Jahr 1963 durch den Herausgeber. Einige weitere Briefe in verschiedenen Ausgaben im Jahr 1964. Die Zeitschrift erhielt in diesem Jahr den Titel "Electronics and Power".)

[188] *Pierce, J. R.:* "Relativity and Space Travel", Proc. Inst. Radio Eng., **47**, 1053 (1959). (Zeigt Asymmetrie mit Doppler-Verschiebung-Argument. Siehe auch S. 1778.)

[189] *Pilgeram, L. O.:* "Time Dilatation", Science, **138**, 1180 (1962). (Von Hoerner [231] „macht ungerechtfertigte Annahmen, wenn er versucht, Einsteins Relativitätstheorie auf die biologische Zeit anzuwenden".)

[190] *Pound, R. V.* und *Rebka, Jr., G. A.:* "Variation with Temperature of the Energy of Recoil-free Gamma Rays from Solids", Phys. Rev. Lett., **4**, 274 (1960).

[191] *Pound, R. V.* und *Rebka, Jr., G. A.:* "Apparent Weight of Photons", Phys. Rev. Lett., **4**, 337 (1960). (Test der gravitativen Frequenz-Verschiebung mit Hilfe des Mössbauer-Effekts.)

[192] *Proell, W.:* "Relativity and Space Travel", J. Space Flight, **1**, 8 (1949).

[193] *Prokhovnik, S. J.:* The Logic of Special Relativity, C.U.P., London (1967).

[194] *Rapier, P. M.:* "A Proposed Test of the Asymmetrical Ageing Absurdity using Clock Satellites", Rev. Acad. Madrid, **57**, 77 (1963).

[195] *Rasetti, F.:* "Mean Life of Slow Mesotrons", Phys. Rev., **59**, 613 (1941).

[196] *Robinson, J. D.* und *Feenberg, E.:* "Time Dilatation and the Doppler Effect", Amer. J. Phys., **25**, 490 (1957).

[197] *Romain, J. E.:* "Time Measurement in Accelerated Frames of Reference", Rev. Mod. Phys., **35**, 376 (1963). (Verständliche Darstellung beschleunigter Systeme in der flachen Raum-Zeit. Beurteilung alternativer Zugänge via Uhren-Hypothese oder Unveränderlichkeit der Lichtgeschwindigkeit im Vakuum.)

[198] *Romer, R. H.:* "Twin Paradox in Special Relativity", Amer. J. Phys., **27**, 131 (1959).

[199] *Rosser, W. F. V.:* An Introduction to the Theory of Relativity, Butterworths, London (1964). (Kritik des Uhren-Paradoxons. Eher experimentell eingestellt.)

[200] *Rossi, B.* und *Hall, D. B.:* "Variation of the Rate of Mesotrons with Momentum", Phys. Rev., **59**, 223 (1941).

[201] *Rossi, B., Hilberry, N.* und *Hoag, J. B.:* "The Variation of the Hard Component of Cosmic Rays with Height and the Disintegration of Mesotrons", Phys. Rev., **57**, 461 (1940).

[202] *Rowland, E. N.:* "A Note on Space Travel in a Gravitational Field", J. Brit. Interpl. Soc., **16**, 216 (1957).

[203] *Sänger, E.:* The Attainability of the Stars, Rand Corporation, Santa Monica, Calif. (1956). (Vortrag, gehalten am 7. Internationalen Astronautischen Kongreß. Zeit-Dilatation und Raketentechnik.)

[204] *Sänger, E.:* Berichtet in The Sunday Times (23. September 1956). („Atomangetriebene Raumschiffe, die sich der Lichtgeschwindigkeit annähern können, sind nun in greifbarer Nähe.")

[205] *Sänger, E.:* "Flight Mechanics of Photon Rockets", Aero Dig., **73**, 68 und 72 (1956).

[206] *Schild, A.:* "The Clock Paradox in Relativity Theory", Amer. Math. Monthly, **66**, 1 (1959). (Eine der klarsten Darstellungen des Uhren-Paradoxons.)

[207] *Schlegel, R.:* "New Clock Problems in Special Relativity", Bull. Am. Phys. Soc., **2**, 239 (1957).

[208] *Schlegel, R.:* Time and the Physical World, Michigan State Univ. Press, East Lansing, Mich. (1961).

[209] *Scott, G. D.:* "On Solutions of the Clock Paradox", Amer. J. Phys. **27**, 580 (1959).

[210] *Sears, F. W.:* Amer. J. Phys., **32**, 570 (1964). (Kurze Notiz. Ist das Wort „Dilation" oder „Dilatation" vorzuziehen? Bevorzugt das letztere.)

[211] *Sherwin, C. W.:* "Some Recent Experimental Tests of the Clock Paradox", Phys. Rev., **120**, 17 (1960).

[212] *Singer, S. F.:* "Application of an Artificial Satellite to the Measurement of the General Relativistic Red Shift", Phys. Rev. **104**, 11 (1956).

[213] *Singer, S. F.:* "Space Vehicles as Tools for Research in Relativity", J. Astronautics, 4, Nr. 3, 49 (1957).

[214] *Singer, S. F.:* "Relativity and Space Travel", Nature 179, 977 (1957). (Argumentiert gegen McCrea [161; 162]. Schlägt Satellitenexperiment vor.)

[215] *Sokolov, A. A.:* "The Clock Paradox in the Motion of Charged Particles in a Magnetic Field", Sov. Phys. Dokl., 5, 287 (1960). (Explizite Rechnung.)

[216] *Stehling, K. R.:* "Space Travel and Relativity or How to Keep from Growing Old", Jet Propul., 26, 1105 (1956). (Literaturübersicht.)

[217] *Subotowicz, M.:* "Satellites for checking Einstein's Relativity Theory", Missiles and Rockets, 2, 57 (1957). (Verlangsamung einer Satellitenuhr während eines Jahres ist meßbar.)

[218] *Swann, W. F. G.:* "Certain Matters in Relation to the Restricted Theory of Relativity, with Special Reference to the Clock Paradox and the Paradox of the Identical Twins. I. Fundaments", Amer. J. Phys., 28, 55 (1960). "II. Discussion of the Problem of the Identical Twins." 28, 319 (1960).

[219] *Tangherlini, F. R.:* "Postulational Approach to Schwarzschild's Exterior Solution with Application to a Class of Interior Solutions", Nuovo Cim., 25, 1081 (1961).

[220] *Taylor, N. W.:* "Note on the Harmonic Oscillator in General Relativity", J. Austral. Math. Soc., 2, 206 (1961). (Schwingungen um das Zentrum in Schwarzschilds Innenraumlösung.)

[221] *Terrell, J.:* "Relativistic Observations and the Clock Problem", Nuovo Cim., 16, 457 (1960)

[222] *Thiruvenkatachar, V. R.:* "Relativity and Space Travel", Current Science, 27, Nr. 9, 327 (1958).

[223] *Thomson, Sir George:* Ein Physiker blickt in die Zukunft, Europa-Verlag, Zürich (1956).

[224] *Ticho, H.:* "The Mean Life of Mesons at an Altitude of 11.500 ft.", Phys. Rev., 72, 255 (1947).

[225] *Ticho, H.* und *Schein, M.:* "The Mean Life of Negative Mesotrons in Sodium Fluoride", Phys. Rev., 73, 81 (1948).

[226] "Time Out", Scientific American, 195, Nr. 6, 58 (Dezember 1956). (Editorial zur Kontroverse Dingle–McCrea.)

[227] *Tolman, R. C.:* Relativity, Thermodynamics and Cosmology, Clarendon, Oxford (1934). (Näherungsweise Lösung im Rahmen der allgemeinen Relativitätstheorie unter Verwendung des Äquivalenzprinzips.)

[228] *Tornebohm, H.:* "The Clock Paradox and Notion of Clock Retardation in the Special Theory of Relativity", Theorie (Lund), 29, 79 (1963).

[229] *Voigt, W.:* „Über das Dopplerische Prinzip", Ges. Wiss. Göttinger Nachr. 10, 41 (1887). (Zitiert von Ives [130] als der früheste Vorschlag, daß eine „natürliche" Uhr in Bewegung ihren Gang ändert.)

[230] *Von Hoerner, S.:* "The Search for Signals from Other Civilizations", Science, 134, 1839 (1961).

[231] *Von Hoerner, S.:* "The General Limits of Space Travel", Science, 137, 18 (1962).

[232] *Von Hoerner, S.:* "Time Dilatation", Science, 138, 1180 (1962). (Brief in Beantwortung von Pilgeram [189].)

[233] *Von Krzywoblocki, M. Z.:* "Time-dilatation Dilemma and Scale Variation", A.I.A.A. J., 2, 2213 (1964). (Akzeptiert Hypothese von R. Schlegel, daß makroskopische thermodynamische Prozesse („Clausius"-Prozesse) zeitinvariant sind und, im Gegensatz zu „Lorentz"-Prozessen, unabhängig von den relativistischen Transformationen.)

[234] *Von Laue, M.:* Die Relativitätstheorie, Vieweg, Braunschweig (1952).

[235] *Weston, B.:* Discovery, 18, 174 (April 1954). (Brief an den Herausgeber. Antwortet McCrea [165].)

[236] *Whiteman, M.:* The Philosophy of Space and Time, Allen and Unwin, London (1967). („Wenn wir eine Theorie *ad hoc* nennen, wollen wir damit ausdrücken, daß sie in irgendeinem Sinne „künstlich" .... arm an Substanz ... ist. Um unser Urteil möglichst zu präzisieren, können wir Punkte für die „ad-hoc-heit" einer Theorie vergeben. Das Maximum sei 5. Zum Beispiel (erste Spalte):
Kontraktion und Zeit-Dilatation (heute): 5 0
Ptolemäische Epizyklen (200 v. Chr.) 4 1
elementare Arithmetik 0 5
Die zweite Spalte ... könnte man als den konventionellen Index der Naturwissenschaftler bezeichnen.")

[237] *Withrow, G. J.:* The Natural Philosophy of Time, Nelson, London und Edinburgh (1961). (In deutscher Sprache ist vom selben Autor erhältlich: Von nun an bis in Ewigkeit. (im Original: What is Time?), Econ Verlag, Düsseldorf (1972).)

[238] *Whittaker, K. J. R.:* Von Euklid zu Eddington, Humboldt-Verlag, Wien-Stuttgart (1952).

[239] *Wilkinson, K. J. R.:* "An Analysis of the Clock Paradox", J. Inst. Elect. Eng., 9, 10 (1963). (Orthodoxe Diskussion mit Hilfe von Linien der Gleichzeitigkeit. Weist Argumente von Cullwick und Dingle zurück. Weitere Kommentare: ibid., 9, 165 (1963); 9, 217 (1963).)

[240] *Winterberg, F.:* „Relativistische Zeitdilatation eines künstlichen Satelliten", Astronautica Acta, 2, 25 (1956). (Nachgehen von Satellitenuhren, wie von der allgemeinen Relativitätstheorie vorhergesagt, ist meßbar.)

[241] *Witten, L.:* "Experimental Aspects of General Relativity Theory", J. Astronautics, 4, Nr. 3, 46 (1957).

b) Andere Zitate

[242] *Adams, W.:* Proc. Nat. Acad., 11, 382 (1925).

[243] *Allen, C. W.:* Astrophysical Quantities, Athlone Press, London (1963).

[244] *Alväger, T., Farley, F. J. M., Kjellman, I. und Wallin, I.:* Phys. Lett., 12, 260 (1964).

[245] *Bjorklund, R., Crandall, W. E., Moyer, B. J. und York, H. F.:* Phys. Rev., 77, 213 (1950).

[246] *Bohm, D.:* The Special Theory of Relativity, Benjamin, New York (1965).

[247] *Bondi, H.:* Cosmology, University Press, Cambridge (1961).

[248] *Born, M. und Biem, W.:* Proc. Acad. Sci. Amst. B, 61, 110 (1958).

[249] *Brown, F. A.:* "Living Clocks", Science, 130, 1535 (1959).

[250] *Brown, F. A.:* "Biological Clocks", BSCS Pamphlet Nr. 2, Amer. Inst. of Biol. Sciences, Heath, Boston (1962).

[251] *Builder, G.:* "The Constancy of the Velocity of Light", Austral. J. Phys. 11, 458 (1958).

[252] *Bünning, E.:* The Physiological Clock, Academic Press, New York (1964).

[253] *Cloudsley-Thomson, J. L.:* "Time Sense of Animals", in "The Voices of Time", edited by J. T. Fraser, Allen Lane The Penguin Press, London (1966).

[254] *De Sitter, W.:* Proc. Acad. Sci. Amst., **15**, 1297 (1913); **16**, 395 (1913).

[255] *Dicke, R. H.:* "Experimental Relativity", in: Relativity, Groups and Topology, hg. von de Witt und de Witt, Blackie, London and Glasgow (1964). Siehe auch *Dicke, R. H.:* "The Eötvös Experiment", Scientific American, **205**, Nr. 6, 92 (1961); und: The Theoretical Significance of Experimental Relativity, Blackie, London und Glasgow (1964).

[256] *Dyson, F. J.:* „Interstellar Transport", Physics Today, **21**, 41 (Oktober 1968).

[257] *Einstein, A.:* „Autobiographisches" in: Albert Einstein als Philosoph und Naturforscher (hg. von Paul Arthur Schilpp). W. Kohlhammer, Stuttgart (1951): Reprint 1979, Vieweg, Braunschweig

[258] *Eötvös, Baron Ronald v.:* Math. u. Naturw. Bers. aus Ungarn, **8**, 65 (1890).

[259] *Eötvös, R. v., Pekar, D.* und *Fekete, E.:* Ann. d. Phys., **68**, 11 (1922).

[260] *Flavell, J. H.:* The Developmental Psychology of Jean Piaget, Van Nostrand Reinhold, Princeton (1963).

[261] *Fraisse, P.:* The Psychology of Time, Harper and Row, New York (1963).

[262] *French, A. P.:* Special Relativity, Nelson, London (1968). dt.: Die spezielle Relativitätstheorie, Vieweg, Braunschweig (1971)

[263] *Grünbaum, A.:* Amer. J. Phys., **23**, 450 (1955).

[264] *Hamner, K. C.:* "Experimental Evidence for the Biological Clock", in: The Voices of Time, hg. von J. T. Frazer, Allen Lane The Penguin Press, London (1966).

[265] *Hamner, K. C.:* "Endogenous Rhythms in Controlled Environments", in Environmental Control of Plant Growth, Academic Press, New York (1963).

[266] *Hesse, M. B.:* Forces and Fields, Nelson, London (1961).

[267] *Hoffmann, B.:* Phys. Rev., **121**, 337 (1960).

[268] *Holton, G.:* in: Relativity Theory: Its Origins and Impact on Modern Thought, hg. von L. Pearce Williams, Wiley, New York (1968).

[269] *Hoyle, F.:* Das grenzenlose All. Der Vorstoß der modernen Astrophysik in den Weltraum. Kiepenheuer und Witsch, Köln-Berlin (1955).

[270] *Jaffe, B.:* Michelson and the Speed of Light, Heinemann, London (1961).

[271] *Jakobson, M., Schultz, A.* und *Steinberger, J.:* Phys. Rev., **81**, 894 (1951).

[272] *Jeans, Sir James:* The Mysterious Universe, University Press, Cambridge (1930).

[273] *Lattes, C. M. G., Muirhead, H., Occhialini, G. P. S.* und *Powell, C. F.:* Nature, **159**, 694 (1947).

[274] *Lodge, Sir Oliver:* J. Nature, **46**, 165 (1892).

[275] *Lovell, Sir Bernard:* The Individual and the Universe, BBC Reith Lectures 1958, in Buchform veröffentlicht von Oxford University Press, London (1959).

[276] *Lovell, Sir Bernard:* Neue Wege zur Erforschung des Weltraumes, Vandenhoeck und Ruprecht, Göttingen (1962).

[277] *Lorentz, H. A.:* Proc. Acad. Sci. Amst., **6**, 809 (1904). (Abgedruckt in H. A. Lorentz, A. Einstein, H. Minkowski, Das Relativitätsprinzip, Teubner, Stuttgart (1958), S. 6

[278] *Marder, L.:* An Introduction to Relativity, Longman, London und Harlow (1968).

[279] *Menzel, D. H., Bhatnager, P. L.* und *Sen, H. K.:* Stellar Interiors, Chapman and Hall, London (1963).

[280] *Michelson, A. A.:* Amer. J. Sci (3), **22**, 20 (1881).

[281] *Michelson, A. A.* und *Morley, E. W.:* Amer. J. Sci. (3), **34**, 333 (1887).

[282] *Miller, D. C.:* Rev. Mod. Phys., **5**, 203 (1933). (Siehe auch die Erklärung von Millers Resultat durch Shankland, et. al., Rev. Mod. Phys., **27**, 157 (1955).

[283] *Miller, G. A.* und *Taylor, W. G. J.:* Acoust. Soc. Am., **20**, 171 (1948)

[284] *Milne, E. A.:* Kinematical Relativity, Clarendon, Oxford (1948).

[285] *Minkowski, H.:* „Raum und Zeit", Vortrag gehalten auf der 80. Versammlung der Deutschen Naturforscher und Ärtze in Köln, 21. September 1908. (Siehe auch A. Einstein, et. al., a.a.O., S. 54.)

[286] *Mössbauer, R. L.:* Zeit Phys., **151**, 124 (1958); Naturwiss., **45**, 538 (1958).

[287] *Nereson, N.* und *Rossi, B.:* Phys. Rev., **64**, 199 (1943).

[288] *Piaget, J.:* Le Développement de la Notion de Temps chez l'Enfant, Presses Universitaire de France, Paris (1946).

[289] *Poincaré, H.:* Bull. des Sc. Math (2), **28**, 302 (1904). (Eine englische Übersetzung ist in The Monist (Jänner 1905) erschienen.)

[290] *Rindler, W.:* Special Relativity, Oliver and Boyd, Edinburgh (1960).

[291] *Robb, A. A.:* Geometry of Space and Time, 2. Auf., Macmillan, New York (1936); A Theory of Space and Time, C.U.P., London (1914).

[292] *Robertson, H. P.:* Rev. Mod. Phys., **21**, 378 (1949). (Siehe auch die axiomatische Behandlung von Schwartz [296].)

[293] *Rossi, H., Hilberry, N.* und *Hoag, J. B.:* Phys. Rev., **57**, 461 (1940).

[294] *Sadler, D. H.:* Quart. J. Roy. Ast. Soc., **9**, 281 (1968).

[295] *St. John, C. E.:* Astrophys. J., **67**, 195 (1928); *Adams, W. S.:* Proc. Nat. Acad., **11**, 382 (1925).

[296] *Schwartz, H. M.:* Amer. J. Phys., **30**, 697 (1962).

[297] *Singh, Jagjit:* Great Ideas and Theories of Modern Cosmology, Constable, London (1961).

[298] *Smith, A. U.:* Biological Effects of Freezing and Supercooling, Arnold, London (1961).

[299] *Southerns, L.:* Proc. Roy. Soc. **A**, **84**, 325 (1910).

[300] *Spencer Jones, H.:* Mon. Not. Roy. Ast. Soc., **99**, 541 (1939).

[301] *Spencer Jones, H.:* General Astronomy, 4. Aufl., Edward Arnold, London (1961).

[302] *Wittaker, Sir Edmund T.:* "Some Disputed Questions in the Philosophy of the Physical Sciences", Phil. Mag. (7), **33**, 353 (1942).

[303] *Wittaker, Sir Edmund T.:* History of the Theories of Aether and Electricity: The Classical Theories, Nelson, London (1951).

[304] *Wittaker, Sir Edmund T.:* History of the Theories of Aether and Electricity: The Modern Theories (1920—1926), Nelson, London (1953).

[305] *Woodrow, W.:* In: Handbook of Experimental Psychology, hg. von S. S. Stevens, Wiley, New York (1951).

Sachwortverzeichnis

Facetten der Physik

Ludwig Boltzmann

Populäre Schriften

Eingeleitet und ausgewählt von E. Broda. 1979. IV, 290 S. DIN A 5.
(Facetten der Physik) 29,80 DM

Boltzmann gehört zu den Großen der klassischen Physik. Seine Wirkung war aber
nicht auf die Fachwissenschaft beschränkt. Er hatte die Fähigkeit, prägnant und
verständlich zu formulieren und damit eine breitere Öffentlichkeit anzusprechen.
Dieses Buch — ein auszugsweiser Reprint der Originalausgabe von 1905 — gewährt
einen Einblick in das „öffentliche Wirken" Boltzmanns. Das Vorwort von Prof.
Broda, Wien, führt in das Leben und Werk Boltzmanns ein.

Robert L. Weber und Eric Mendoza

Kabinett physikalischer Raritäten

Eine Anthologie zum Mit-, Nach- und Weiterdenken.
(A Random Walk in Science, dt., aus dem Engl. übers. v. H. Kühnelt.) Mit vielen
Abb. 1979. XIII, 210 S. DIN C 5. (Facetten der Physik). Kart. 24,80 DM

Das Buch bietet Abhandlungen, Kurzbeiträge, Aphorismen, Anekdoten und
Karikaturen in Prosa, Poesie und Bild zum Generalthema Physik. Es bereitet
jedem allgemein gebildeten Leser wissenschaftliche Kurzweil und gewährt humor-
volle Einblicke.

Wichtig für jeden, der die elementarsten physikalischen Grundbegriffe schon
gehört hat und anregende Unterhaltung auf gehobenem Niveau sucht.